全国高等院校应用型创新规划教材·计算机系列

3ds Max 2012 基础教程

丁　刚　唐　琳　胡　昶　主　编

阎　双　黄　攀　副主编

清华大学出版社

北　京

内 容 简 介

3ds Max 2012 是 Autodesk 公司推出的功能强大的三维动画制作软件,是动画设计界应用最广泛的一款软件,它将三维动画的设计和处理推向了一个更高的层次。

本书分为 10 章,分别介绍了 3ds Max 2012 基础知识、基础模型的创建与编辑、对象的基本操作、基本编辑操作、网格建模、NURBS 建模、材质与贴图、灯光与摄影机、动画、项目实践。本书每章都围绕综合实例来介绍,以利于读者对 3ds Max 2012 基本功能的掌握和应用。

本书内容翔实,结构清晰,语言流畅,实例分析透彻,操作步骤简洁实用,可作为各类院校相关专业以及社会培训班的教材,也适合广大初学 3ds Max 2012 的用户使用。

本书提供的下载资源中,包含书中部分实例的视频教学文件、素材文件等,读者可以随时调用素材文件学习案例的制作方法,或跟随教学视频进行学习,以更快、更好地掌握所学的知识。

图书在版编目(CIP)数据

3ds Max 2012 基础教程/丁刚,唐琳,胡昶主编. --北京:清华大学出版社,2016(2018.2重印)
(全国高等院校应用型创新规划教材·计算机系列)
ISBN 978-7-302-42468-0

Ⅰ. ①3…   Ⅱ. ①丁… ②唐… ③胡…   Ⅲ. ①三维动画软件—高等学校—教材   Ⅳ. ①TP391.41

中国版本图书馆 CIP 数据核字(2015)第 310886 号

责任编辑:汤涌涛
封面设计:杨玉兰
责任校对:闻祥军
责任印制:李红英
出版发行:清华大学出版社
　　　　　网　　　址:http://www.tup.com.cn, http://www.wqbook.com
　　　　　地　　　址:北京清华大学学研大厦 A 座　　　邮　　编:100084
　　　　　社 总 机:010-62770175　　　　　　　　　邮　　购:010-62786544
　　　　　投稿与读者服务:010-62776969, c-service@tup.tsinghua.edu.cn
　　　　　质量反馈:010-62772015, zhiliang@tup.tsinghua.edu.cn
　　　　　课件下载:http://www.tup.com.cn, 010-62791865
印 装 者:北京鑫海金澳胶印有限公司
经　　销:全国新华书店
开　　本:185mm×260mm　　　印　张:23　　　字　数:559 千字
版　　次:2016 年 2 月第 1 版　　　　　印　次:2018 年 2 月第 2 次印刷
定　　价:46.00 元

产品编号:066052-01

前　言

随着计算机技术的飞速发展,其应用领域也越来越广泛,三维动画技术也在各个方面得到了广泛的应用,伴随着的是动画制作软件的层出不穷,3ds Max 是这些动画制作软件中的佼佼者。使用 3ds Max 可以完成多种工作,包括影视制作、广告动画、建筑效果图、室内效果图、模拟产品造型设计和工艺设计等。

3ds Max 是目前 PC 平台上最优秀的 3D 动画软件之一,也是使用最广泛、销售量最大的 3D 建模、渲染及动画制作工具。3ds Max 强大的功能使得它的应用领域非常广泛。

本书内容全面,几乎覆盖了 3ds Max 2012 中文版的所有选项和命令;语言通俗易懂,讲解清晰,前后呼应;以最小的篇幅、最易读懂的语言来讲述每一项功能和每一个实例。

本书实例丰富,与实践紧密结合。每一个实例都倾注了作者的实战经验,每一个功能都经过技术认证。

本书主要有以下几大优点:

- 内容全面。几乎覆盖了所有的计算机应用基础知识。
- 语言通俗易懂,讲解清晰,前后呼应。以最小的篇幅、最易读懂的语言来讲述每一项功能和每一个实例。
- 实例丰富,技术含量高,与实践紧密结合。每一个实例都倾注了作者多年的实践经验,每一个功能都经过技术验证。
- 版面美观,图例清晰,并具有针对性。每一个图例都经过作者精心策划和编辑。只要仔细阅读本书,就能学到很多知识和技巧。

本书主要由天津广播电视大学的丁刚副教授、江西农业大学软件学院的胡昶老师编写,其他参与本书编写的还有唐琳、阎双、黄攀、张林、于海宝、王雄健、刘蒙蒙、李向瑞、荣立峰、王玉、刘峥、张云、罗冰、陈月娟、陈月霞、刘希林、黄健、黄永生、田冰、徐昊、温振宁、刘德生、宋明、刘景君、张锋、相世强、徐伟伟、王海峰等老师,在此一并表示感谢。

本书适合普通高等院校、大中专院校和计算机培训学校动漫媒体方向的专业作为教材使用,也可供动画制作从业人员及爱好者学习和参考。

由于作者水平有限,书中不足之处在所难免,敬请广大读者批评指正。

编　者

目录

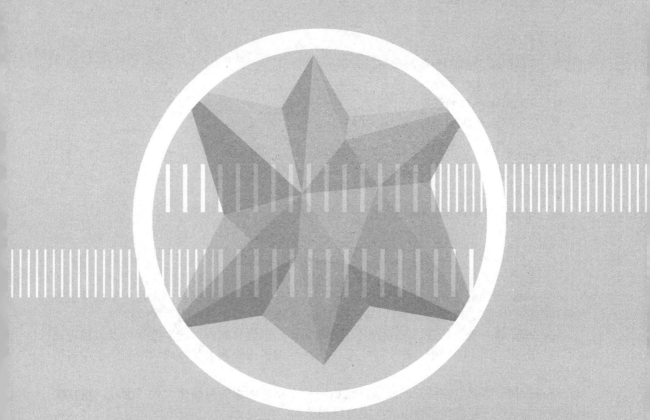

第 1 章

3ds Max 2012 基础知识

本章要点：

● 3ds Max 的功能和界面介绍。
● 3ds Max 文件的操作。
● 3ds Max 单位的设置。
● 3ds Max 的视图操作。
● 3ds Max 的动画制作流程。

学习目标：

● 掌握文件的操作。
● 掌握单位和视图操作设置。

1.1 3ds Max 概述

3ds Max 是当前世界上最为流行的三维制作软件，从它推出的第一天起，就获得了各界极高的赞誉。它是 PC 平台上可以与高档 Unix 工作站产品相媲美的多媒体软件。

3ds Max 在广告、影视、工业设计、建筑设计、多媒体制作、辅助教学以及工程可视化等领域得到了广泛的应用。在它推出后，已经连续多次荣获大奖，成功地制作了很多著名的作品。

动画的制作随着电脑科技的发展，已迈向一个充满创意的商品化时代。因此，现代动画的制作与成长，都跟我们的生活环境息息相关。

熟悉 3D 制作的人都知道，与其他的 3D 程序相比，在建模、渲染和动画等许多方面，3ds Max 提供了全新的制作方法。通过使用该软件，可以很容易地制作出大部分对象，并把它们放入经过渲染的近乎真实的场景中，从而创造出美丽的 3D 世界。但是，与学习其他软件一样，要想灵活地应用 3ds Max，应该从基本概念入手。

Autodesk 3ds Max 2012 版本仍然具有两个产品：一个是用于游戏以及影视制作的 3ds Max 2012；另一个是用于建筑、工业设计以及视觉效果制作的 Autodesk 3ds Max Design 2012。本书主要是以 3ds Max Design 2012 软件来讲解效果图的制作。

1.2 3ds Max 2012 的功能介绍

3ds Max 2012 具有强大的功能，其主要功能和应用领域包括如下几个方面。

1. 建筑领域

3D 技术在我国的建筑领域中得到了广泛的应用。早期的建筑动画由于 3D 技术上的限制和创意制作上的单一化，所制作出的建筑动画只是简单的摄影及运动动画。随着现在 3D 技术的提升，及创作手法的多元化，建筑动画拥有了从脚本创作到精良的模型制作、后期的电影剪辑手法，以及原创音乐音效、情感式的表现方法，使得建筑动画制作综合水准越来越高，而动画的成本却比以前更低。

2. 规划领域

规划领域的规划效果图及动画制作包括道路、桥梁、隧道、立交桥等。

3. 三维动画制作

三维动画技术模拟真实物体的方式使其成为一个有用的工具。由于它具有精确性、真实性和无限的可操作性，所以被应用到诸多领域。在影视广告制作方面，这项新技术能够给人耳目一新的感觉，受到了众多用户的欢迎。三维动画可以用于广告和电影电视剧的特效制作(如爆炸、烟雾、下雨、光效等)、特技(撞车、变形、虚幻场景或角色等)、广告产品展示、片头飞字等。

4. 园林景观领域

园林景观 3D 动画是将园林规划建设方案用 3D 动画表现的一种方案演示方式，其效果真实、立体、生动，是传统效果图所无法比拟的。园林景观动画将传统的规划方案，从纸上或沙盘上演变到了电脑中，真实地还原了一个虚拟的园林景观。

目前，动画在以三维技术制作大量植物模型方面有了一定的技术突破和制作方法，使得用 3D 软件制作出的植物更加真实，动画在植物种类上也积累了大量的数据资料，使得园林景观植物动画更加生动。

5. 产品演示

产品动画涉及：工业产品动画，如汽车动画、飞机动画、轮船动画、火车动画、舰艇动画、飞船动画；电子产品动画，如手机动画、医疗器械动画、监测仪器仪表动画、治安防盗设备动画；机械产品动画，如机械零部件动画、油田开采设备动画、钻井设备动画、发动机动画；产品生产过程动画，如产品生产流程、生产工艺等三维动画制作。

6. 模拟动画

模拟动画制作，通过动画模拟一切过程，如制作生产过程、交通安全演示动画(模拟交通事故过程)、煤矿生产安全演示动画(模拟煤矿事故过程)等演示动画的制作。

7. 片头动画

片头动画创意制作，包括宣传片片头动画、游戏片头动画、电视片头动画、电影片头动画、节目片头动画、产品演示片头动画、广告片头动画等。

8. 广告动画

动画是广告普遍采用的一种表现方式。动画广告中，有一些画面是纯动画的，还有一些画面是实拍和动画结合的。在表现一些实拍无法完成的画面效果时，就要用到动画来完成，或将两者结合。如广告用的一些动态特效，就是采用 3D 动画完成的。现在很多广告，从制作的角度看，几乎都或多或少地用到了动画。

9. 影视动画

影视三维动画涉及影视特效创意、前期拍摄、影视 3D 动画、特效后期合成、影视剧特效动画等。制作影视特效动画的计算机设备硬件均为 3D 数字工作站。影视三维动画从简单的影视特效到复杂的影视三维场景，都能表现得淋漓尽致。

10. 角色动画

角色动画制作涉及 3D 游戏角色动画、电影角色动画、广告角色动画、人物动画等。

11. 虚拟现实

虚拟现实的最大特点，是用户可以与虚拟环境进行人机交互，将被动式观看变成更逼真的互动体验。360 度实景、虚拟漫游技术已在网上看房、房产建筑动画片、虚拟楼盘电子楼书、虚拟现实演播室、虚拟现实舞台等诸多项目中得到采用。

12. 医疗卫生

三维动画可以形象地演示人体内部组织的细微结构和变化，给学术交流和教学演示带来了极大的便利。可以将细微的手术放大到屏幕上，进行观察和学习，对医疗事业的发展具有重大的现实意义。

13. 军事科技等

三维技术最早应用于飞行员的飞行模拟训练，除了可以模拟现实中飞行员要遇到的恶劣环境外，也可以模拟战斗机飞行员在空战中的格斗，以及投弹等训练。

现在，三维技术的应用范围更为广泛，不单可以使飞行学习更加安全，同时，在军事上，三维动画可用于导弹弹道的动态研究、爆炸强度及爆炸后的碎片轨迹研究等，还可以通过三维动画技术来模拟战场，进行军事部署和演习。此外，还可以用在航空航天以及导弹变轨等技术研究中。

14. 生物化学工程

生物化学领域很早就引入了三维技术，用于研究生物分子之间的结构组成。复杂的分子结构无法靠想象来研究，所以，三维模型可以给出精确的分子构成，相互组合方式可以利用计算机进行计算，简化了大量的研究工作。遗传工程利用三维技术对 DNA 分子进行结构重组，可产生新的化合物，给研究工作带来了极大的帮助。

1.3　3ds Max 2012 的工作界面

在进入 3ds Max 2012 的正式学习之前，先了解 3ds Max 2012 的工作界面，3ds Max 2012 的操作界面如图 1-1 所示。

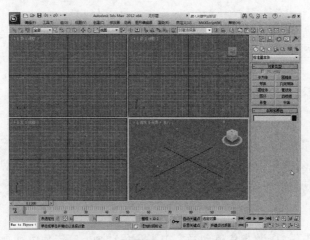

图 1-1　3ds Max 2012 的操作界面

1.3.1　菜单栏

菜单栏位于 3ds Max 2012 界面的顶端，其排列与标准的 Windows 软件中的菜单栏类似，其中包括"编辑"、"工具"、"组"、"视图"、"创建"、"修改器"、"动画"、"图形编辑器"、"渲染"、"自定义"、"MAXScript"和"帮助"，共 12 个项目，如图 1-2 所示。

图 1-2　菜单栏

下面对菜单栏中的每个项目分别进行介绍。

1. 编辑

主要用于进行一些基本的编辑操作。如撤消和重做命令，分别用于撤消和恢复上一次的操作；而克隆和删除命令，分别用于复制和删除场景中选定的对象，它们都是动画制作过程中很常用的命令集。

2. 工具

主要用于提供各种各样常用的命令，其中的命令选项大多对应工具栏中相应的按钮，主要用于对象的各种操作，如对齐、镜像和间隔工具等命令。

3. 组

主要用于对 3ds Max 中的群组进行控制，如将多个对象成组和解除对象成组等。

4. 视图

主要用于控制视图区和视图窗口的显示方式，如是否在视图中显示网格和还原当前激活的视图等。

5. 创建

主要用于创建基本的物体、灯光和粒子系统，如长方体、圆柱体和泛光灯等。

6. 修改器

主要用于调整物体，如 NURBS 编辑、摄影机的变化等。

7. 动画

该菜单中的命令选项归纳了用于制作动画的各种控制器，以及动画预览功能，如 IK 解算器、变换控制器及生成预览等。

8. 图形编辑器

主要用于查看和控制对象运动轨迹、添加同步轨迹等。

9. 渲染

主要用于渲染场景和环境的设置。

10. 自定义

主要用于自定义制作界面的相关选项，如自定义用户界面、配置系统路径，以及视图的设置等。

11. MAXScript

主要用于提供操作脚本的相关选项，如新建脚本和运行脚本等。

12. 帮助

该菜单包括了丰富的帮助信息和 3ds Max 2012 中的新功能等相关信息。

1.3.2　工具栏

3ds Max 2012 的工具栏位于菜单栏的下方，由若干个工具按钮组成，分为主工具栏和标签工具栏两部分。其中包含变动工具、着色工具等，还有一些是菜单中的快捷键按钮，可以直接打开某些控制窗口，例如材质编辑器、轨迹控制器等，如图 1-3 所示。

图 1-3　3ds Max 2012 的工具栏

在 3ds Max 中，还有一些工具未在工具栏中出现，它们会以浮动工具栏的形式显示。在菜单栏中选择"自定义"→"显示 UI"→"显示浮动工具栏"命令，可以打开"轴约束"、"层"、"捕捉"等浮动工具栏，如图 1-4 所示。

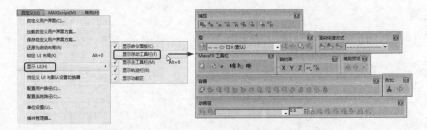

图 1-4　3ds Max 2012 的浮动工具栏

1.3.3　动画时间控制区

动画时间控制区位于状态行与视图控制区之间，它们用于控制动画的时间。通过动画时间控制区，可以开启动画制作模式，可以随时对当前的动画场景设置关键帧，并且完成的动画可在处于激活状态的视图中进行实时播放，如图 1-5 所示为动画时间控制区。

图 1-5 动画时间控制区

1.3.4 命令面板

命令面板由"创建"、"修改"、"层次"、"运动"、"显示"和"应用程序"这 6 个部分构成，这 6 个面板可以分别完成不同的工作。命令面板区包含大多数造型和动画命令，可以进行丰富的参数设置，如图 1-6 所示。

图 1-6 命令面板

1.3.5 视图区

视图区在 3ds Max 操作界面中所占面积最大，是进行三维创作的主要工作区域。一般分为"顶"视图、"前"视图、"左"视图和"透"视图这 4 个工作窗口，通过这 4 个工作窗口，可以从不同的角度观察和创建各种造型。

1.3.6 状态行与提示行

状态行位于视图下方，分为当前状态行和提示信息行两部分，用于显示当前状态及选择锁定方式，如图 1-7 所示。

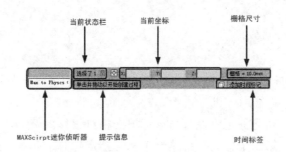

图 1-7 状态行与提示行

1. 当前状态栏

显示当前选择对象的数目和类型。如果是同一类型的对象，它可以显示出对象的类别。若显示为"未选定任何对象"，就表示当前没有物体被选择，如果场景中有灯光等多个不同类型的对象被选择，则显示为"选择了 x 个实体"。

2. 提示信息

针对当前选择的工具和程序，提示下一步的操作指导。图 1-7 中的提示信息为"单击并拖动以开始创建过程"。

3．当前坐标

显示的是当前鼠标指针的世界坐标值或变换操作时的数值。当鼠标指针不操作物体，只在视图上移动时，它会显示当前的世界坐标值；如果使用变换工具，将根据工具、轴向的不同而显示不同的信息。例如使用移动工具时，它依据当前的坐标系统显示位置的数值；使用旋转工具时，显示当前活动轴上的旋转角度；使用缩放工具时，显示当前缩放轴上的缩放比例。

4．栅格尺寸

显示当前栅格中一个方格的边长尺寸，它的值会随视图显示的缩放而变化。例如放大显示时，栅格尺寸会缩小，因为总的栅格数是不变的。

5．MAXScript 迷你侦听器

分为粉色和白色上下两个窗格，粉色窗格是"宏录制器"窗格，用于显示最后记录的信息；白色窗格是脚本编写窗格，用于显示最后编写的脚本命令，Max 会自动执行直接输入到白色窗格中的脚本语言。

6．时间标签

这是一个非常快捷的方式，即通过文字符号指定特定的帧标记，使用户能够迅速跳到想去的帧。

未设定时，它是个空白框，当单击或右击此处时，会弹出一个小菜单，有"添加标记"和"编辑标记"两个命令。选择"添加标记"命令，可以打开"添加时间标记"对话框，将当前帧加入到标签中，如图 1-8 所示。

(1) 时间

显示标记要指定的当前帧。

(2) 名称

在此文本框中，可以输入一个文字串，即标签名称，它将与当前的帧号一起显示。

(3) 相对于

指定其他的标记，当前标记将保持与该标记的相对偏移。例如，在 10 帧指定一个时间标记，在 30 帧指定第二个标记，将第一个标记指定相对于到第二个标记。这样，如果第一个标记移至第 30 帧，则第二个标记自动移动到第 50 帧，以使两个标记之间保持 20 帧。这个相对关系是一种单方面的偏移，系统不允许建立循环的从属关系，如果第二个标记的位置发生变化，第一个标记不会受到影响。

(4) 锁定时间

选中此复选框，可以将标签锁定到一个特殊的帧上。

(5) 编辑时间标记

对话框中的各选项与"添加时间标记"对话框中的选项相同，这里不再介绍。

如图 1-9 所示为"编辑时间标记"对话框。

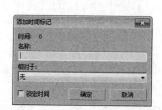
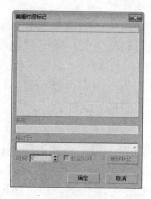

图 1-8 "添加时间标记"对话框　　　　图 1-9 "编辑时间标记"对话框

1.3.7 视图控制区

视图控制区位于视图的右下角，如图 1-10 所示。其中的控制按钮可以控制视图区各个视图的显示状态，例如视图的缩放、旋转、移动等。另外，视图控制区中的各按钮会因所用视图的不同而呈现不同的状态，例如在摄影机视图、灯光视图中的视图控制区。

图 1-10 视图控制区

1.4 文件的操作

Microsoft Office Word 2010 版本与前期版本相比，它的界面效果更加亲切、操作更为简易、功能更为齐全。在学习 Word 2010 的操作之前，首先应该熟悉它的启动、退出方法和操作界面。

1.4.1 打开文件

下列方法之一可打开文件。

方法 1：单击 按钮，在弹出的下拉列表中选择"打开"选项，弹出"打开文件"对话框。在下拉列表的右侧，显示出了最近使用过的文件，在文件上单击，即可将其打开。

方法 2：在"打开文件"对话框中，选择要打开的文件后，单击"打开"按钮，或者双击该文件名，即可打开文件。

1.4.2 保存文件

"保存"命令在 3ds Max 2012 中都用于对场景文件的保存，但它们在使用和存储方式上，又有不同之处。

选择"保存"命令，可以将当前场景快速保存，覆盖旧的同名文件，这种保存方法没有提示。如果是新建的场景，第一次使用"保存"命令和"另存为"命令的效果相同，系统都会弹出"文件另存为"对话框进行命名。

而使用"另存为"命令进行场景文件存储时，可以以一个新的文件名称来存储当前场景，以便不改动旧的场景文件。

下列方法之一可保存文件。

方法 1：单击⑥按钮，在弹出的下拉列表中选择"保存"选项，在弹出的对话框中输入新的文件名称。

方法 2：按 Ctrl+S 组合键，即可弹出"文件另存为"对话框。

1.4.3 合并文件

在 3ds Max 中，经常需要把其他场景中的一个对象加入到当前场景中，这种操作称为合并文件。

单击⑥按钮，在弹出的下拉列表中选择"导入"→"合并"选项，在弹出的"合并文件"对话框中选择要合并的场景文件，单击"打开"按钮，选择要合并的对象，即可合并文件。然后，在弹出的"合并"对话框中单击"确定"按钮完成合并。

💡 注意：在列表中，可以按住 Ctrl 键选择多个对象，也可以按住 Alt 键，从选择集中减去对象。

1.4.4 导入与导出文件

要在 3ds Max 中打开非 Max 类型的文件(如 DWG 格式等)，则需要用到"导入"命令；要把 3ds Max 中的场景保存为非 Max 类型的文件(如 3DS 格式等)，则需要用到"导出"命令。它们的操作与文件打开和文件另存为的操作十分类似，如图 1-11 所示。

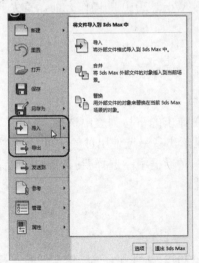

图 1-11 执行"导入"或"导出"命令

在 3ds Max 中，可以导入的文件格式有 3DS、PRJ、AI、DEM、XML、DWG、DXF、FBX、HTR、IGE、IGS、IGES、IPT、IAM、LS、VW、LP、MTL、OBJ、SHP、STL、TRC、WRL、WRZ、XML 等；可以导出的文件格式有 3DS、AI、ASE、ATR、BLK、DF、DWF、DWG、DXF、FBX、HTR、IGS、LAY、LP、M3G、MTL、OBJ、STL、VW、W3D、WRL 等。

1.4.5　重置场景

单击⑤按钮，在弹出的下拉列表中选择"重置"选项，可以清除所有的数据，恢复到系统初始的状态。

如果场景保存后又做了一些改动，则选择"重置"命令后，系统会提示是否保存当前场景，如图 1-12 所示。

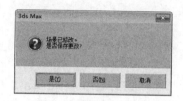

图 1-12　提示是否保存更改

1.5　单　位　设　置

创建对象时，有时，为了达到一定的精确程度，必须设置图形单位，选择菜单栏中的"自定义"→"单位设置"命令，弹出"单位设置"对话框，如图 1-13 所示，在"显示单位比例"选项组中单击"公制"单选按钮，并在下拉列表中选择"厘米"，它表示在 3ds Max 2012 的工作区域中实际显示的单位。单击"系统单位设置"按钮，在弹出的对话框中也选择"厘米"，它表示系统内部实际使用的单位，如图 1-14 所示，设置完成后，单击"确定"按钮即可。

图 1-13　"单位设置"对话框

图 1-14　"系统单位设置"对话框

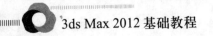

提示：根据我国的 GB 标准，如果没有明确要求，单位默认为毫米。

1.6 视图操作

视图控制区位于视图的右下角，其中的控制按钮可以控制视窗区各个视图的显示状态，例如视图的缩放、旋转、移动等。另外，视图控制区中的各按钮会因所用视图不同而呈现不同的状态，例如在顶(前、左)视图、透视图、摄影机视图中。

1.6.1 选择视图

视图区在 3ds Max 操作界面中占据主要面积，是进行三维创作的主要工作区域。一般分为"顶"视图、"前"视图、"左"视图和"透视"视图这 4 个工作窗口，通过这 4 个不同的工作窗口，可以从不同的角度去观察创建的各种造型。

1.6.2 控制视图

在屏幕右下角有 8 个图形按钮，它们是当前激活视图的控制工具，实施各种视图的显示方式。根据视图种类的不同，相应的控制工具也会有所不同，如图 1-15 所示。

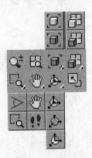

图 1-15 当前激活视图的控制工具

1. 缩放按钮

在任意视图中单击并上下拖动，可拉近或推远视景。

2. 缩放所有视图按钮

单击并上下拖动，同时在所有标准视图内进行放缩显示。

3. 最大化显示按钮

将所有物体以最大化的方式显示在当前激活的视图中。

4. 最大化显示选定对象按钮

将所选择的物体以最大化的方式显示在当前激活视图中。

5. 所有视图最大化显示按钮

将所有视图以最大化的方式显示在全部标准视图中。

6. 所有视图最大化显示选定对象按钮

将所选择的物体以最大化的方式显示在全部标准视图中。

7. 最大化视口切换按钮

将当前激活视图切换为全屏显示，快捷键为 Alt+W。

8. 环绕按钮

将视图中心用作旋转中心。如果对象靠近视图的边缘，它们可能会旋出视图范围。

9. 选定的环绕按钮

将当前选定对象的中心用作旋转的中心。当视图围绕其中心旋转时，选定对象将保持在视图中的同一位置上。

10. 环绕子对象按钮

将当前选定子对象的中心用作旋转的中心。当视图围绕其中心旋转时，当前选择的子对象将保持在视图中的同一位置上。

11. 平移视图按钮

单击并四处拖动，可以进行平移观察。配合 Ctrl 键，可以加速平移。键盘快捷键为 Ctrl+P。

12. 穿行按钮

使用穿行按钮导航，可通过箭头方向键移动视图，正如在众多视频游戏中的 3D 世界中的导航一样。该特性用于透视和摄影机视图，不可用于正交视图或聚光灯视图。

13. 视野按钮

调整视图中可见的场景数量和透视张角量。

14. 缩放区域按钮

在视图中框选局部区域，将它放大显示，键盘快捷键为 Ctrl+W。

1.7　3ds Max 2012 的动画制作流程

根据实际制作流程，一个完整的影视类三维动画的制作，总体上可分为前期制作、动画片段制作与后期合成三个部分。

1.7.1　前期制作

前期制作是指在使用计算机制作前，对动画片进行的规划与设计，主要包括文学剧本创作、分镜头剧本创作、造型设计、场景设计。文学剧本是动画片的基础，要求将文字表述视觉化，即剧本所描述的内容可以用画面来表现，不具备视觉特点的描述(如抽象的心理描述等)是禁止的。

动画片的文学剧本形式多样，如神话、科幻、民间故事等，要求内容健康、积极向上、思路清晰、逻辑合理。

分镜头剧本，是把文字进一步视觉化的重要一步，是导演根据文学剧本进行的再创作，体现导演的创作设想和艺术风格，分镜头剧本的结构：图画+文字，表达的内容包括镜头的类别，及运动、构图和光影，运动方式和时间，音乐与音效等。其中每个图画代表一个镜头，文字用于说明如镜头长度、人物台词及动作等内容。

造型设计包括人物造型、动物造型、器物造型等设计，设计内容包括角色的外型设计与动作设计，造型设计的要求比较严格，包括标准造型、转面图、结构图、比例图、道具服装分解图等，通过角色的典型动作设计(如几幅带有情绪的角色动作，体现角色的性格和典型动作)，并且附以文字说明来实现。建筑多媒体造型可适当夸张、要突出角色特征，运动合乎规律。

场景设计，是整个动画片中景物和环境的来源，比较严谨的场景设计包括平面图、结构分解图、色彩气氛图等，通常用一幅图来表达。

1.7.2　动画片段制作

片段制作根据前期设计，在计算机中通过相关制作软件制作出动画片段，制作流程为建模、材质、灯光、摄影机控制、动画、渲染等，这是三维动画的制作特色。

建模：是动画师根据前期的造型设计，通过三维建模软件在计算机中绘制出角色模型。这是三维动画中很繁重的一项工作，需要出场的角色和场景中出现的物体都要建模。建模的灵魂是创意，核心是构思，源泉是美术素养。通常使用的软件有 3ds Max、Auto CAD、Maya 等。建模常见的方式有：多边形建模——把复杂的模型用一个个小三角面或四边形组接在一起表示(放大后不光滑)；样条曲线建模——用几条样条曲线共同定义一个光滑的曲面，特性是平滑过渡性，不会产生陡边或皱纹，因此非常适合有机物体或角色的建模和动画。细分建模——结合多边形建模与样条曲线建模的优点而开发的建模方式。建模不在于精确性，而在于艺术性，如《侏罗纪公园》中的恐龙模型。

材质贴图：材质即材料的质地，就是为模型赋予生动的表面特性，具体体现在物体的颜色、透明度、反光度、反光强度、自发光及粗糙程度等特性上；贴图是指把二维图片通过软件的计算贴到三维模型上，形成表面细节和结构。对具体的图片，要贴到特定的位置，三维软件使用了贴图坐标的概念。一般有平面、柱体和球体等贴图方式，分别对应于不同的需求。模型的材质与贴图要与现实生活中的对象属性一致。

灯光：目的是最大限度地模拟自然界的光线类型和人工光线类型。三维软件中的灯光一般有泛光灯(如太阳、蜡烛等四面发射光线的光源)和方向灯(如探照灯、电筒等有照明方向的光源)。灯光起着照明场景、投射阴影及增添氛围的作用。通常采用三光源设置法：一个主灯，一个补灯和一个背灯。主灯是基本光源，其亮度最高，主灯决定光线的方向，角色的阴影主要由主灯产生，通常放在正面的 3/4 处，即角色正面左边或右面 45 度处。补灯的作用是柔和主灯产生的阴影，特别是面部区域，常放置在靠近摄影机的位置。背灯的作用是加强主体角色及显现其轮廓，使主体角色从背景中突显出来，背景灯通常放置在背面的 3/4 处。

摄影机控制：依照摄影原理，在三维动画软件中使用摄影机工具，实现分镜头剧本设计的镜头效果。画面的稳定、流畅是使用摄影机的第一要素。摄影机功能只有情节需要时才使用，不是任何时候都使用。摄影机的位置变化也能使画面产生动态效果。

动画：根据分镜头剧本与动作设计，运用已设计的造型，在三维动画制作软件中制作出一个个动画片段。动作与画面的变化通过关键帧来实现，设定动画的主要画面为关键帧，关键帧之间的过渡由计算机来完成。三维软件大都将动画信息以动画曲线来表示。动画曲线的横轴是时间(帧)，竖轴是动画值，可以从动画曲线上看出动画设置的快慢急缓、上下跳跃。如 3ds Max 的动画曲线编辑器。三维动画的"动"是一门技术，其中，人物说话的口型变化、喜怒哀乐的表情、走路动作等，都要符合自然规律，制作要尽可能细腻、逼真，因此，动画师要专门研究各种事物的运动规律。如果需要，可参考声音的变化来制作动画，如根据讲话的声音，制作讲话的口型变化，使动作与声音协调。对于人的动作变化，系统提供了骨骼工具，通过蒙皮技术，将模型与骨骼绑定，易产生合乎人的运动规律的动作。

渲染：是指根据场景的设置、赋予物体的材质和贴图、灯光等，由程序绘出一幅完整的画面或一段动画。三维动画必须渲染才能输出，造型的最终目的，是得到静态或动画效果图，而这些都需要渲染才能完成。渲染是由渲染器完成的，渲染器有线扫描方式(如 3ds Max 内建的 Line-scan)、光线跟踪方式(Ray-tracing)以及辐射度渲染方式(如 Lightscape 渲染软件的 Radiosity)等，其渲染质量依次递增，但所需的时间也相应地增加。较好的渲染器有Softimage 公司的 MetalRay 和皮克斯公司的 RenderMan(Maya 软件也支持 RenderMan 渲染输出)。通常输出为 AVI 类的视频文件。

1.7.3 后期合成

影视类三维动画的后期合成，主要是将先前所做的动画片段、声音等素材，按照分镜头剧本的设计，通过非线性编辑软件的编辑，最终生成动画影视文件。

三维动画的制作是以多媒体计算机为工具，综合文学、美工美学、动力学、电影艺术等多学科的产物。

实际操作中，要求多人合作、大胆创新、不断完善，紧密结合社会现实，反映人们的需求，倡导正义与和谐。

三维动画中的日景和夜景：很多人都看过三维动画，那么您知道什么是三维动画的日景和夜景吗？三维动画影片中，根据所要表现的时间不同，分为日景、黄昏和夜景。一般以日景为主，以夜景为辅。三维动画影片中，日景主要用来表现建筑、户型、园林景观等；而夜景一般用来表现商业业态，部分园林景观，例如，有特殊灯光效果的园林、水景、江景盘外围沿江风光带或外围车行线，在于渲染氛围，起到点睛的作用。

1.8 小型案例实训——个性化 3ds Max 2012 工作界面

下面将讲解如何个性化 3ds Max 2012 的工作界面。

(1) 启动软件后，单击左上角的图标按钮 ⬡，在弹出的下拉列表中单击"选项"，即可弹出"首选项设置"对话框，切换至"常规"选项卡，取消勾选"用户界面显示"选项组中的"使用大工具栏按钮"，即可改变工具栏的大小，如图 1-16 所示。

(2) 在菜单栏中选择"自定义"→"自定义用户界面"命令，在弹出的"自定义用户界面"对话框中，选择"键盘"选项卡，在左边的列表中选择要设置快捷键的命令，然后在"热键"文本框中输入快捷键字母，如图 1-17 所示，单击"指定"按钮后，设置成功。其中"指定到"文本框中显示的是已经使用了该快捷键的命令，以防止用户重复设置，"移除"按钮可以移除已设置的快捷键。

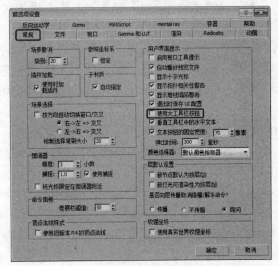

图 1-16　用户界面显示

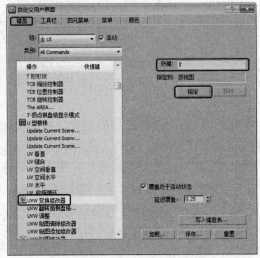

图 1-17　设置热键

提示：一般在 1024×768 分辨率下，"工具栏"中的按钮不能全部显示出来，将鼠标光标移至"工具栏"上，光标会变为"小手"，这时，对"工具栏"进行拖动，可将其余的按钮显示出来。

命令按钮的图标很形象，用过几次，就能记住它们。

将鼠标光标在工具按钮上停留几秒钟后，会出现当前按钮的文字提示，有助于了解该按钮的用途。

对于常用的命令，3ds Max 2012 已经自动为其分配了快捷键，而大多数命令都是没有快捷键的，用户可以根据自己的实际需要和使用习惯来设置快捷键，以提高工作效率。

(3) 选择菜单栏中的"自定义"→"加载自定义用户界面方案"命令，在弹出的"加载自定义用户界面方案"对话框中，选择 3ds Max Design 2012\UI\ame-light.ui，如图 1-18 所示，这时，3ds Max 的界面就变成了灰色，如果想要恢复到默认界面，则按照同样的步骤，打开 DefaultUI.ui 文件即可。3ds Max 2012 提供了 5 种界面，用户可以根据自己的喜好进行选择。

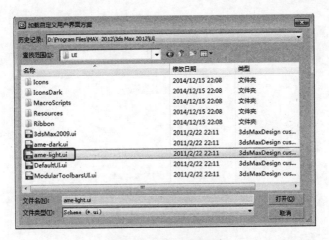

图 1-18　选择界面方案

1.9　本　章　小　结

　　本章主要介绍了 3ds Max 的应用和基础知识，也是迈入 3ds Max 殿堂的第一步。本章的主要内容如下：

- 3ds Max 的基本知识，包括概述、功能和界面，可以对 3ds Max 有一个更全面的认识。
- 3ds Max 的文件操作，包括文件的打开、保存、合并及导入。
- 3ds Max 的单位设置，在实际操作过程中，需要对实际的单位进行设置。
- 3ds Max 的视图操作，包括如何选择视图及视图的控制。
- 3ds Max 的动画制作流程，包括动画的前期制作、片段制作和后期合成。

习　　题

1. 使用"保存"和"另存为"命令的区别是什么？
2. 命令面板的作用是什么？
3. 如何在功能栏中添加新的工具按钮？

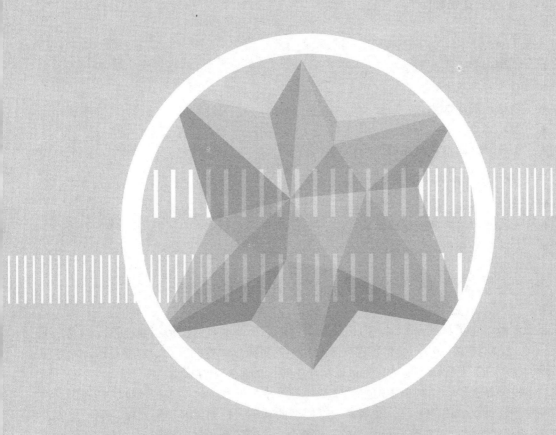

第 2 章

基础模型的创建与编辑

本章要点：

- 几何体的创建及调整。
- 创建标准基本体。
- 创建扩展基本体。
- 创建二维图形。
- 编辑修改器堆栈的应用。

学习目标：

- 掌握基本体、扩展基本体。
- 掌握二维图形的创建和编辑。
- 学习基础知识。

2.1 认识三维模型

我们在数学里了解到点、线、面构成几何图形，由众多几何图形相互连接，构成三维模型。在 3ds Max 2012 中，提供了建立三维模型的更简单快捷的方法，那就是通过命令面板下的创建工具，在视图中拖动，就可以制作出漂亮的基本三维模型。

三维模型是三维动画制作中的主要模型，三维模型的种类也是多种多样的，制作三维模型的过程，即是建模的过程。在基本三维模型的基础上，通过多边形建模、面片建模及 NURBS 建模等方法，可以组合成复杂的三维模型。如图 2-1 所示，这幅室内效果图便是用多边形建模方法完成的。

图 2-1 使用三维建模技术制作的三维室内效果图

2.2 几何体创建时的调整

几何体的创建非常简单，只要选中创建工具，然后在视窗中单击并拖动，重复几次，即可完成。在创建简单模型之前，我们先来认识一下"创建"命令面板。

"创建" ❋命令面板是最复杂的一个命令面板，内容巨大，分支众多，仅在"几何体" ◎的次级分类项目中，就有标准基本体、扩展基本体、复合对象、粒子系统、面片栅格、NURBS 曲面、门、窗、Mental Ray、AEC 扩展、动力学对象、楼梯等十余种基本类型。同时，又有"创建方法"、"对象类型"、"名称和颜色"、"键盘输入"、"参数"等参数控制卷展栏，如图 2-2 所示。

图 2-2　"创建"命令面板

2.2.1　确定创建几何体的工具

在"对象类型"卷展栏下，以按钮方式列出了所有可用的工具，单击相应的工具按钮，就可以建立相应的对象，如图 2-3 所示。

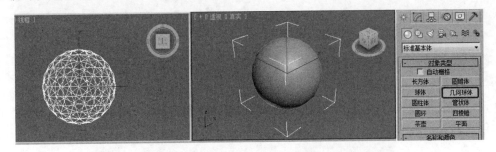

图 2-3　单击"几何球体"按钮可以在场景中创建几何球体

2.2.2　对象的名称和颜色

在"名称和颜色"卷展栏下，左框显示对象名称，一般在视图中创建一个物体，系统会自动赋予一个表示自身类型的名称，如 Box01、Sphere03 等，同时，允许自定义对象名称。名称右侧的颜色块显示对象颜色，单击它，可以调出"对象颜色"对话框，如图 2-4 所示，在此，可以为对象定义颜色。

2.2.3　精确创建

一般都是使用拖动的方式创建物体，这样，创建的物体的参数以及位置等往往不会一次性达到要求，还需要对它的参数和位置进行修改。除此之外，还可以通过直接在"键盘输入"卷展栏中输入对象的坐标值以及参数来创建对象,输入完成后,单击"创建"按钮,具有精确尺寸的造型就呈现在我们所安排的视图坐标点上。其中"球体"的"键盘输入"卷展栏如图 2-5 所示。

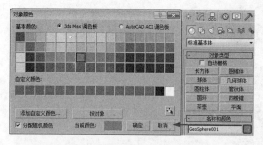

图 2-4 "对象颜色"对话框

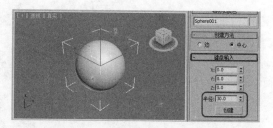

图 2-5 球体的"键盘输入"卷展栏

2.2.4 参数的修改

在命令面板中,每一个创建工具都有自己的可调节参数,这些参数可以在第一次创建对象时,在"创建"命令面板中直接进行修改,也可以在"修改" 命令面板中修改。

通过修改这些参数,可以产生不同形态的几何体,如锥体工具就可以产生圆锥、棱锥、圆台、棱台等。

大多数工具都有切片参数控制,允许像切蛋糕一样切割物体,从而产生不完整的几何体。

2.3 创建标准基本体

3ds Max 2012 中,提供了非常容易使用的基本几何体建模工具,只须拖曳鼠标,即可创建一个几何体,这就是标准基本体。标准基本体是 3ds Max 中最简单的一种三维物体,用它可以创建长方体、球体、圆柱体、圆环、茶壶等。图 2-6 中所示的物体都是用标准基本体创建的。

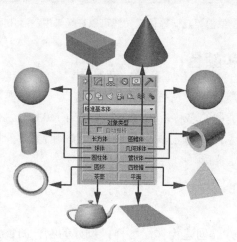

图 2-6 标准基本体

(1) 圆锥体：用于建立圆锥体的造型。

(2) 几何球体：用于建立简单的几何形的造型。

(3) 管状体：用于建立管状的对象造型。

(4) 四棱锥：用于建立金字塔的造型。

(5) 平面：用于建立无厚度的平面形状。

(6) 茶壶：用于建立茶壶的造型。

(7) 圆环：用于建立圆环的造型。

(8) 圆柱体：用于建立圆柱体的造型。

(9) 球体：用于建立球体的造型。

(10) 长方体：用于建立长方体的造型。

2.3.1　创建长方体

"长方体"工具可以用来制作正六面体或矩形，如图 2-7 所示。选择"创建" [图标] →"几何体" [图标] →"标准基本体"→"长方体"工具，在顶视图中单击鼠标左键并拖动鼠标，创建出长方体的长宽之后，松开鼠标。移动鼠标并观察其他 3 个视图，创建出长方体的高。单击鼠标左键，完成制作。其中长、宽、高的参数控制立方体的形状，如果只输入其中的两个数值，则产生矩形平面。片段的划分可以产生栅格长方体，多用于修改加工的原型物体。

[图标] 提示：配合 Ctrl 键，可以建立正方形底面的立方体。在"创建方法"卷展栏中选择"立方体"选项，可以直接创建正方体模型。

当完成对象的创建后，可以在命令面板中，对其参数进行修改，其参数面板如图 2-7 所示。

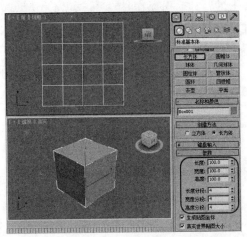

图 2-7　创建长方体

在"参数"卷展栏中，各项参数的功能如下。

(1) 长/宽/高：确定三边的长度。

(2) 分段数：控制长、宽、高三边的片段划分数。

(3) 生成贴图坐标：自动指定贴图坐标。

(4) 真实世界贴图大小：勾选此复选框，贴图大小将由绝对尺寸决定，与对象的相对尺寸无关；若不勾选，则贴图大小将符合创建对象的尺寸。

2.3.2　创建圆柱体

选择"创建" ![icon] →"几何体" ![icon] →"标准基本体"→"圆柱体"工具来制作圆柱体，通过修改参数，可以制作出棱柱体、局部圆柱等，如图 2-8 所示。

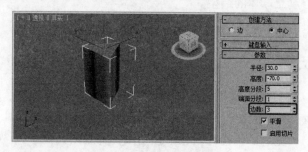

图 2-8　设置圆柱体参数

在"参数"卷展栏中，圆柱体的各项参数功能如下。

(1) 半径：底面和顶面的半径。

(2) 高度：确定柱体的高度。

(3) 高度分段：确定柱体在高度上的分段数。如果要弯曲柱体，高的分段数可以产生光滑的弯曲效果。

(4) 端面分段：确定在两端面上沿半径的片段划分数。

(5) 边数：确定圆周上的片段划分数(即棱柱的边数)，边数越多则越光滑。

(6) 平滑：是否在建立柱体的同时进行表面自动平滑，对圆柱体而言，应将它打开，对棱柱体则要将它关闭。

(7) 切片启用：设置是否开启切片设置，打开它，可以在下面的设置中调节柱体局部切片的大小。

(8) 切片从/切片到：控制沿柱体自身 Z 轴切片的度数。

(9) 生成贴图坐标：自动指定贴图坐标。

(10) 真实世界贴图大小：勾选此复选框，贴图大小将由绝对尺寸决定，与对象的相对尺寸无关；若不勾选，则贴图大小将符合创建对象的尺寸。

2.3.3　创建球体

"球体"工具可以用来创建球体，通过参数修改，可以制作局部球体(包括半球体)。

选择"创建" ![icon] →"几何体" ![icon] →"标准基本体"→"球体"工具，在视图中单击鼠标左键并拖动鼠标，即可创建球体。释放鼠标，即完成球体的创建。通过修改参数，可以制作不同的球体，球体的参数面板如图 2-9 所示。

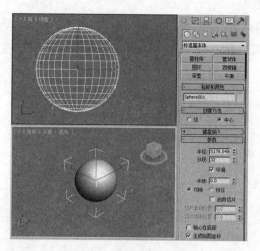

图 2-9   设置球体的参数

球体各项参数的功能说明如下。

(1) "创建方法"卷展栏

① 边：指在视图中拖动创建球体时，鼠标移动的距离是球的直径。

② 中心：以中心放射方式拉出球体模型(默认)时，鼠标移动的距离是球体的半径。

(2) "参数"卷展栏

① 半径：设置半径大小。

② 分段：设置表面划分的段数，值越高，表面越光滑，造型也越复杂。

③ 平滑：是否对球体表面进行自动光滑处理(默认为开启)。

④ 半球：值由 0 到 1 可调，默认为 0，表示建立完整的球体；增加数值，球体被逐渐减去；值为 0.5 时，制作出半球体。值为 1 时，什么都没有了。

⑤ 切除/挤压：在进行半球参数调整时，这两个选项发挥作用，主要用来确定球体被削除后，原来的网格划分数也随之削除，或者仍保留挤入部分球体。

⑥ 启用切片：设置是否开启切片设置，勾选后，可以在后面的设置中调节球体局部切片的大小。

⑦ 切片起始位置/切片结束位置：控制沿球体轴切片的度数。

⑧ 轴心在底部：在建立球体时，默认方式球体重心设置在球体的正中央，勾选此复选框，会将重心设置在球体的底部；还可以在制作台球时，把它们一个个准确地建立在桌面上。

⑨ 生成贴图坐标：自动指定贴图坐标。

⑩ 真实世界贴图大小：勾选此复选框，贴图大小将由绝对尺寸决定，与对象的相对尺寸无关；若不勾选，则贴图大小将符合创建对象的尺寸。

2.3.4　创建管状体

"管状体"用来建立各种空心管状物体，选择"创建" ✳ →"几何体" ◯ →"标准基本体"→"管状体"工具，在视图中单击鼠标并拖动鼠标，拖曳出一个圆形线圈。释放鼠标并移动鼠标，确定圆环的大小。单击鼠标左键并移动鼠标，确定圆管的高度。单击鼠标左键，完成圆管的制作。"管状体"包括圆管、棱管以及局部圆管，如图 2-10 所示。

管状体的"参数"卷展栏如图 2-11 所示。

图 2-10　管状体　　　　　　　　　　　图 2-11　"参数"卷展栏

其各项参数说明如下。

(1)　半径 1/半径 2：分别确定圆管的内径和外径大小。

(2)　高度：确定圆管的高度。

(3)　高度分段：确定圆管高度上的片段划分数。

(4)　端面分段：确定上下底面沿半径轴的分段数目。

(5)　边数：设置圆周上边数的多少。值越大，圆管越光滑；对圆管来说，边数值决定它是几棱管。

(6)　平滑：对圆管的表面进行光滑处理。

(7)　启用切片：是否进行局部圆管切片。

(8)　切片从/切片到：分别限制切片局部的幅度。

(9)　生成贴图坐标：自动指定贴图坐标。

(10)　真实世界贴图大小：勾选此复选框，贴图大小将由绝对尺寸决定，与对象的相对尺寸无关；若不勾选，则贴图大小将符合创建对象的尺寸。

2.3.5　创建茶壶

茶壶因为复杂弯曲的表面，特别适合材质的测试以及渲染效果的评比，可以说是计算机图形学中的经典模型。用"茶壶"工具，可以建立一只标准的茶壶造型，或者是它的一部分(例如壶盖、壶嘴等)。

茶壶的"参数"卷展栏如图 2-12 所示。茶壶各项参数的功能说明如下所述。

图 2-12　创建茶壶

(1) 半径：确定茶壶的大小。

(2) 分段：确定茶壶表面的划分精度，值越高，表面越细腻。

(3) 平滑：是否自动进行表面光滑。

(4) 茶壶部件：设置茶壶各部分的取舍，分为"壶体"、"壶把"、"壶嘴"和"壶盖"这 4 个部分，勾选前面的复选框，则会显示相应的部件。

例 2-1：制作户外休闲凳

本例将介绍石凳的制作方法。在这一实例中，利用"矩形"工具，绘制出石凳石架的剖面图形，通过使用"修改器列表"中的"挤出"修改器，挤压出休闲凳石架的造型，然后用同样的方法完成户外休闲凳，效果如图 2-13 所示。

(1) 在菜单栏中选择"文件"→"重置"命令，重新设定场景。

(2) 选择"创建" → "图形" → "矩形"工具，在"左"视图中创建一个"长度"为 400，"宽度"为 500 的矩形，如图 2-14 所示。

图 2-13　休闲凳的效果

(3) 选择"创建" → "图形" → "矩形"工具，在左视图中创建一个"长度"为 100，"宽度"为 375，"角半径"为 38 的矩形，如图 2-15 所示。

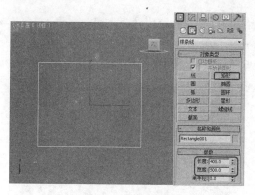

图 2-14　创建矩形

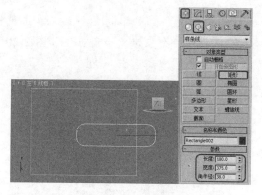

图 2-15　再次创建矩形

(4) 单击"修改"按钮 ，进入修改命令面板，在"修改器列表"中选择"编辑样条线"修改器，在"几何体"卷展栏中单击"附加"按钮，将两个矩形附加到一起，并将其命名为"石凳石架 001"，如图 2-16 所示。

(5) 将当前选择集定义为"样条线"，在视图中选择大的样条线，再在"几何体"卷展栏中单击"差集"按钮 ，然后单击"布尔"按钮，最后，在视图中拾取小的样条线进行布尔运算，完成后的效果如图 2-17 所示。

(6) 将当前选择集定义为"顶点"，并在"几何体"卷展栏中单击"优化"按钮，在左视图中添加两个顶点，如图 2-18 所示。

(7) 在工具栏中单击"选择并移动"按钮 ，并在视图中调整顶点的位置，如图 2-19 所示。

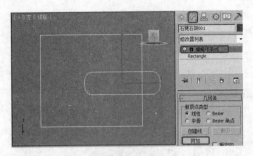

图 2-16　附加对象

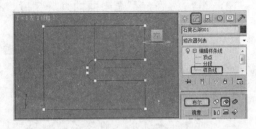

图 2-17　布尔"石凳石架 001"

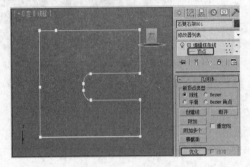

图 2-18　添加顶点

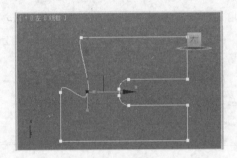

图 2-19　调整顶点位置

(8) 选择图 2-19 中的三个点，单击鼠标右键，在弹出的快捷菜单中选择"角点"命令，将选择的三个点定义为角点，如图 2-20 所示。

(9) 最后，重新对三个点进行调整，完成后的效果如图 2-21 所示。

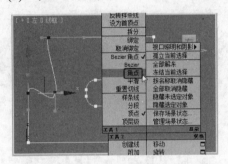

图 2-20　定义当前选择的点为角点

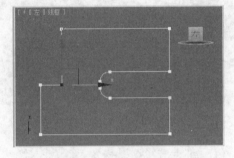

图 2-21　调整点的位置

(10) 再选择两个点，并使用工具栏中的"选择并移动"按钮![icon]将选择的两个点沿 X 轴向左侧调整至如图 2-22 所示的位置处。

(11) 单击"修改"按钮![icon]，进入修改命令面板，然后在"修改器列表"中选择"挤出"修改器，在"参数"卷展栏中将"数量"设置为 150，如图 2-23 所示。

(12) 在"修改器列表"中选择"UVW 贴图"修改器，在"参数"卷展栏中"贴图"区域下选择"长方体"，取消"真实世界贴图大小"复选框的勾选，并将"长度"、"宽度"、"高度"值设置为 150、150、150，如图 2-24 所示。

(13) 在工具栏中单击"材质编辑器"按钮![icon]，打开"材质编辑器"对话框，激活第一个材质样本球，单击名称栏右侧的 Standard 按钮，在打开的"材质/贴图浏览器"对话框中选择"标准"材质，单击"确定"按钮。在"明暗器基本参数"卷展栏中，将明暗器类型定义为 Blinn。在"Blinn 基本参数"卷展栏中，将"环境光"的 RGB 值设置为 46、17、17，将"漫反射"的 RGB 值设置为 137、50、50，将"反射高光"区域下的"高光级别"和"光泽度"设置为 5、25。打开"贴图"卷展栏，单击"漫反射颜色"通道后面的 None 按钮，在打开的"材质/贴图浏览器"对话框中选择"位图"贴图，单击"确定"按钮，在弹出的对话框中，选择本书下载资源中的"下载资源\Map\背景 1.jpg"文件，然后单击"打开"按钮，在"坐标"卷展栏中取消"使用真实世界比例"复选框的勾选，单击"转到父对象"按钮，然后单击"将材质指定给选定对象"按钮，如图 2-25 所示。

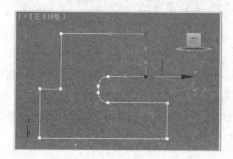

图 2-22　移动两点的位置

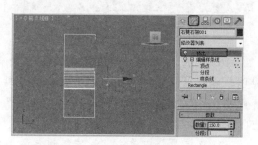

图 2-23　挤出"石凳石架 001"

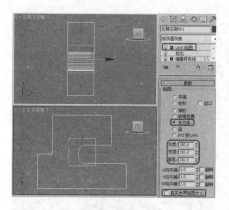

图 2-24　为石凳石架指定"UVW 贴图"

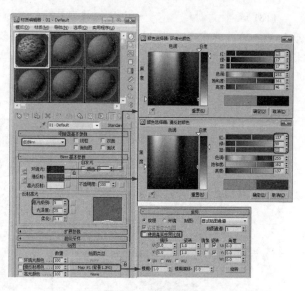

图 2-25　设置材质

(14) 单击工具栏中的"选择并移动"按钮，在前视图中，按住 Shift 键，沿 X 轴对"石凳石架 001"进行移动复制，得到"石凳石架 002"对象，如图 2-26 所示。

(15) 选择"创建" → "几何体" → "长方体"工具，在顶视图中，创建一个"长度"为 100，"宽度"为 1500，"高度"为 207 的长方体，并将其命名为"石凳石条"，如图 2-27 所示。

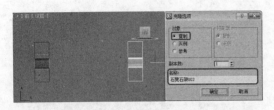
图 2-26 复制"石凳石架 002"对象

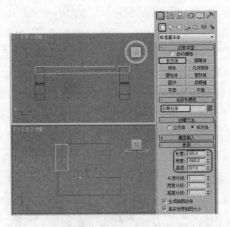
图 2-27 创建石凳石条

(16) 单击"修改"按钮，进入修改命令面板，在"修改器列表"中，选择"UVW 贴图"修改器，在"参数"卷展栏中的"贴图"区域下，选择"长方体"，取消"真实世界贴图大小"复选框的勾选，并将"长度"、"宽度"、"高度"值设置为 150、150、150，如图 2-28 所示。

(17) 在工具栏中单击"材质编辑器"按钮，打开"材质编辑器"对话框，选择第一个材质样本球，然后单击"将材质指定给选定对象"按钮。

(18) 选择"创建" → "几何体" → "长方体"工具，在顶视图中创建一个"长度"为 100，"宽度"为 1300，"高度"为 40 的长方体，将其命名为"石凳木条 001"，将其调整至如图 2-29 所示的位置处，然后单击"修改"按钮，在修改器列表中，为"石凳木条 001"添加"UVW 贴图"修改器。

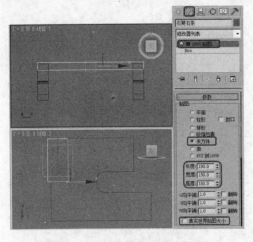
图 2-28 为石凳石条指定贴图坐标

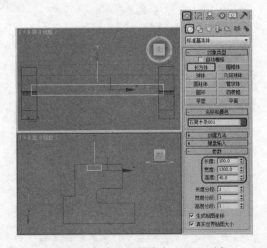
图 2-29 创建"石凳木条 001"对象

(19) 单击工具栏中的"选择并移动"按钮，在顶视图中，按住 Shift 键，沿 Y 轴对"石凳木条 001"进行移动复制，得到"石凳木条 002"对象。使用同样的方法，为得到的对象再次添加"UVW 贴图"修改器，并勾选"真实世界贴图大小"复选框，如图 2-30

所示。

(20) 选择"创建" 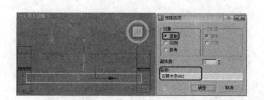 →"图形" → "矩形"工具,在左视图中创建一个"长度"和"宽度"分别为 150、80 的矩形,并将其命名为"石凳木条 003",如图 2-31 所示。

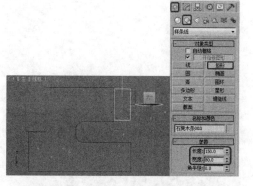

图 2-30　复制"石凳木条 002"对象　　　　图 2-31　创建"石凳木条 003"

(21) 确定"石凳木条 003"处于选择状态,单击"修改"按钮 ,然后在"修改器列表"中选择"编辑样条线"修改器,并将当前选择集定义为"顶点",在左视图中选择"石凳木条 003"对象上方的两个顶点,如图 2-32 所示。

(22) 再在"修改器列表"中选择"圆角/切角"修改器,在"编辑顶点"卷展栏中将"圆角"区域下的"半径"值设置为 10.5,如图 2-33 所示。

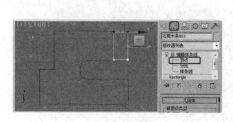

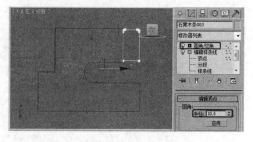

图 2-32　选择顶点　　　　　　　　　图 2-33　选择"圆角/切角"修改器

(23) 然后在"修改器列表"中选择"挤出"修改器,在"参数"卷展栏中将"数量"值设置为 1500,然后为其添加"UVW 贴图"修改器,单击"参数"卷展栏"贴图"选项组中的"长方体"单选按钮,并勾选"真实世界贴图大小"复选框,如图 2-34 所示。

(24) 在场景中选择"石凳木条 001"、"石凳木条 002"和"石凳木条 003"对象,在工具栏中单击"材质编辑器"按钮 ,打开"材质编辑器"对话框,激活第二个材质样本球,单击名称栏右侧的 Standard 按钮,在打开的"材质/贴图浏览器"对话框中选择"标准"材质,单击"确定"按钮。在"明暗器基本参数"卷展栏中,将明暗器类型定义为 Blinn。在"Blinn 基本参数"卷展栏中,将"环境光"的 RGB 值设置为 17、47、15,将"漫反射"的 RGB 值设置为 51、141、45,将"反射高光"区域下的"高光级别"和"光泽度"设置为 5、25。打开"贴图"卷展栏,单击"漫反射颜色"通道后面的 None 按钮,在打开的"材质/贴图浏览器"对话框中,选择"位图"贴图,单击"确定"按钮,在弹出的对话框中,选择本书下载资源中的"下载资源\Map\背景 2.jpg"文件,然后单击"打开"按钮,在"坐标"卷展栏中取消"使用真实世界比例"复选框的勾选,将"瓷砖"下的 U、V 设置为 0.001、0.001,将"角度"下的 W 设置为 100,单击"转到父对象"按钮,然后单击"将材质指定给选定对象"按钮,如图 2-35 所示。

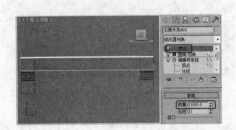

图 2-34 施加"挤出"修改器

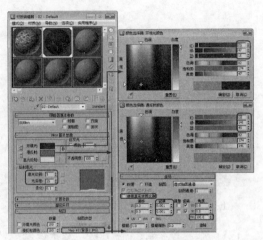

图 2-35 设置材质

(25) 选择"创建" → "摄影机" → "目标"摄影机工具,在顶视图中创建一架摄影机,激活"透视"图,并按下键盘上的 C 键,将当前视图转换为摄影机视图,最后在其他视图中调整其位置,如图 2-36 所示。

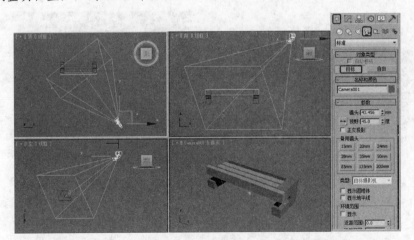

图 2-36 创建摄影机

(26) 选择"创建" → "灯光" → "标准" → "目标聚光灯"工具,在顶视图中创建目标聚光灯,并在其他视图中调整其位置。在"常规参数"卷展栏中的"阴影"区域下,取消"使用全局设置"复选框的勾选,将阴影模式定义为"光线跟踪阴影"。在"强度/颜色/衰减"卷展栏中,将"倍增"设置为 1.4,并将其右侧色块的 RGB 值设置为 224、217、208,在"高级效果"卷展栏中,将"影响曲面"区域下的"柔化漫反射边"设置为50,在"阴影参数"卷展栏中,将"对象阴影"区域下的"颜色"的 RGB 值设置为 69、69、69,如图 2-37 所示。

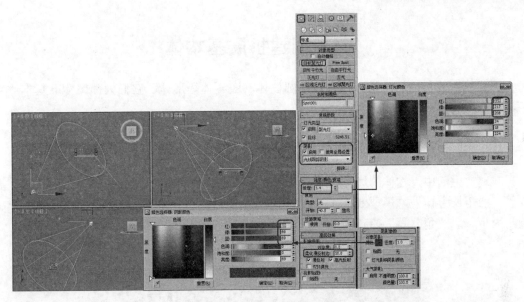

图 2-37　创建目标聚光灯(一)

(27) 选择"创建" → "灯光" → "标准" → "目标聚光灯"工具，在顶视图中，创建目标聚光灯，并在其他视图中调整其位置。在"常规参数"卷展栏中的"阴影"区域下取消"启用"和"使用全局设置"复选框的勾选。在"强度/颜色/衰减"卷展栏中，将"倍增"设置为 1.2，并将其右侧色块的 RGB 值设置为 156、178、184，在"高级效果"卷展栏中，将"影响曲面"区域下的"柔化漫反射边"设置为 50，如图 2-38 所示。

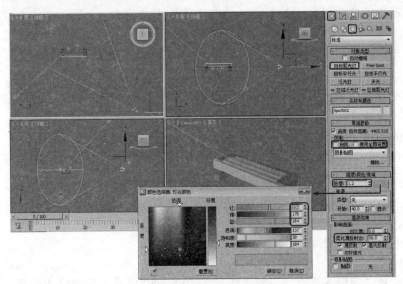

图 2-38　创建目标聚光灯(二)

(28) 按键盘上的 8 键，打开"环境和效果"对话框，在"公用参数"卷展栏中，将"背景"区域下的"颜色"设置为白色，对摄影机视图进行渲染，对渲染满意的结果进行存储，并将场景文件保存。

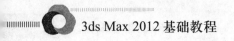

2.4 创建扩展基本体

扩展基本体包括切角长方体、切角圆柱体、胶囊体等形体，它们大都比标准基本体复杂，边缘圆润，参数也比较多。

2.4.1 创建切角长方体

在现实生活中，物体的边缘普遍是圆滑的，即有倒角和圆角，于是，3ds Max 2012 提供了"切角长方体"，模型效果如图 2-39 所示。参数与长方体类似，其中的"圆角"控制倒角大小，"圆角分段"控制倒角段数。

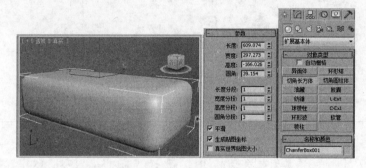

图 2-39　创建切角长方体

其各项参数的功能说明如下。

(1) 长度/宽度/高度：分别用于设置长方体的长、宽、高。

(2) 圆角：设置圆角大小。

(3) 长度分段/宽度分段/高度分段：设置切角长方体三边上片段的划分数。

(4) 圆角分段：设置倒角的片段划分数。值越大，切角长方体的角就越圆滑。

(5) 平滑：设置是否对表面进行平滑处理。

(6) 生成贴图坐标：自动指定贴图坐标。

(7) 真实世界贴图大小：勾选此复选框，贴图大小将由绝对尺寸决定，与对象的相对尺寸无关；若不勾选，则贴图大小将符合创建对象的尺寸。

💡 注意：如果想要使倒角长方体的倒角部分变得光滑，可以选中"平滑"复选框。

2.4.2 创建切角圆柱体

类似的还有"切角圆柱体"，效果和参数如图 2-40 所示。与圆柱体相似，它也有切片等参数，同时，还多出了控制倒角的"圆角"和"圆角分段"参数。

(1) 半径：设置切角圆柱体的半径。

(2) 高度：设置切角圆柱体的高度。

(3) 圆角：设置圆角大小。

(4) 高度分段：设置柱体高度上的分段数。

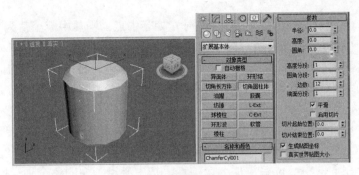

图 2-40　创建切角圆柱体

(5) 圆角分段：设置圆角的分段数，值越大，圆角越光滑。

(6) 边数：设置切角圆柱体圆周上的分段数。分段数越大，柱体越光滑。

(7) 端面分段：设置以切角圆柱体顶面和底面的中心为同心，进行分段的数量。

(8) 平滑：设置是否对表面进行平滑处理。

(9) 切片起始位置/切片结束位置：分别用于设置切片的开始位置与结束位置。

(10) 生成贴图坐标：自动指定贴图坐标。

(11) 真实世界贴图大小：勾选此复选框，贴图大小将由绝对尺寸决定，与对象的相对尺寸无关；若不勾选，则贴图大小将符合创建对象的尺寸。

2.4.3　创建异面体

异面体是用基础数学原则定义的扩展几何体，利用它，可以创建四面体、八面体、十二面体，以及两种星体，如图 2-41 所示。

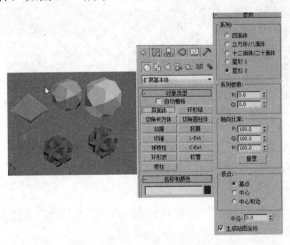

图 2-41　创建各种异面图形

各项参数的功能如下。

(1) 系列：提供了"四面体"、"立方体/八面体"、"十二面体/二十面体"、"星形 1"、"星形 2"这 5 种异面体的表面形状。

(2) 系列参数：P、Q 是可控制异面体的点与面进行相互转换的两个关联参数，它们的设置范围是 0.0～1.0。当 P、Q 值都为 0 时，处于中点；当其中一个值为 1.0 时，那么，另一个值为 0.0，它们分别代表所有的顶点和所有的面。

(3) 轴向比率：异面体是由三角形、矩形和五边形这 3 种不同类型的面拼接而成的。在这里的 P、Q、R 三个参数是用来分别调整它们各自比例的。单击"重置"按钮，可以将 P、Q、R 的值恢复到默认设置。

(4) 顶点：用于确定异面体内部顶点的创建方法，可决定异面体的内部结构。

① 基点：超过最小值的面不再进行细划分。

② 中心：在面的中心位置添加一个顶点，按中心点到面的各个顶点所形成的边进行细划分。

③ 中心和边：在面的中心位置添加一个顶点，按中心点到面的各个顶点和边中心所形成的边进行细划分。用此方法要比使用"中心"方式多产生一倍的面。

(5) 半径：通过设置半径来调整异面体的大小。

(6) 生成贴图坐标：设置是否自动产生贴图坐标。

2.4.4 创建胶囊

胶囊，顾名思义，它的形状就像胶囊，外观及参数如图 2-42 所示。我们其实可以将胶囊看作是有两个半球体与一段圆柱组成的，其中，"半径"值是用来控制半球体大小的，而"高度"值则是用来控制中间圆柱段的长度的。

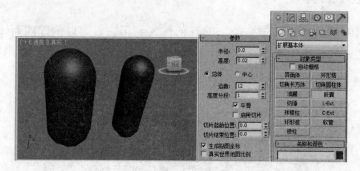

图 2-42　创建胶囊

各项参数的功能说明如下。

(1) 半径：设置胶囊的半径。

(2) 高度：设置胶囊的高度。

(3) 总体/中心：决定"高度"参数指定的内容。"总体"指胶囊整体的高度；"中心"指胶囊圆柱部分的高度，不包括其两端的半球。

(4) 边数：设置胶囊圆周上的分段数。值越大，表面越光滑。

(5) 高度分段：设置胶囊沿主轴的分段数。

(6) 平滑：确定是否进行表面光滑处理。选中它，产生圆锥、圆台；取消选中，则产生棱锥、棱台。

(7) 启用切片：确定是否进行局部切片处理，制作不完整的锥体。

(8) 切片起始位置/切片结束位置：分别设定切片局部的起始和终止幅度。

(9) 生成贴图坐标：自动指定贴图坐标。

(10) 真实世界贴图大小：勾选此复选框，贴图大小将由绝对尺寸决定，与对象的相对尺寸无关；若不勾选，则贴图大小将符合创建对象的尺寸。

2.5　编辑修改器堆栈的使用

在视图中创建一个物体时，在修改器堆栈中，会出现该对象的名称。然后考虑要通过哪些修改器来修改这个对象，使它实现理想的造型，依次在修改器列表框中选择修改器命令。最先选择的修改器，在修改器堆栈中排列在创建对象的上方，如图 2-43 所示。

图 2-43　修改器堆栈

2.5.1　堆栈的基本功能及使用

在修改器堆栈中，某些修改器前会出现 🔎 和 ➕ 两个按钮。

● 🔎：修改器开关，此状态表示此修改器的修改效果可以在视图中显示。当为 🔎 状态时，此修改器的修改效果不会在视图中显示出来。单击可以切换按钮的状态。

● ➕：子对象开关，此状态表示该修改器有子物体层级修改项目。当为 ➖ 状态时，子物体会出现在下方。单击可以切换按钮的状态。

在修改器堆栈的下方为工具栏，其中，各按钮的功能介绍如下。

(1) 🔒：锁定堆栈。当此按钮被选中时，就可以锁定当前对象的修改器，即使再选择视图中的其他对象，修改器堆栈也不会改变，仍然显示被锁定的修改器。

(2) Ⅱ：显示最终结果开/关切换。单击此按钮，当变成 ╫ 状态时，只显示当前修改器及在它之前为对象增加的修改器的修改效果。

(3) ⩔：使唯一。当对一组选择物体加入修改命令时，该修改命令同时影响所有物体，以后在调节这个修改命令的参数时，会对所有的物体同时产生影响，因为它们已经属于“实例”关联属性的修改命令了。按下此按钮，可以将这种关联的修改各自独立，将共同的修改命令独立分配给每个物体，使它们之间失去关联关系。

(4) 🗑：删除当前修改层。选中任意一个修改器，单击该按钮，可将选中的修改器删除，即取消这一修改效果。但对创建对象不能使用该按钮进行删除。

(5) 🔧：配置修改器集。可以改变修改器的布局。单击该按钮，在弹出的菜单中选择

"配置修改器集"命令,可打开"配置修改器集"对话框,如图 2-44 所示。在对话框中,可以设置编辑修改器列表中编辑修改器的个数,以及将编辑修改器加入或者移出编辑修改器列表。用户可以按照使用习惯,以及兴趣,任意地重新组合按钮类型。在对话框中,"按钮总数"微调框用来设置列表中所能容纳的编辑修改器的个数,在左侧的编辑修改器的名称上双击,即可将该编辑修改器加入到列表中。或者直接拖曳,也可以将编辑修改器从列表中加入或删除。

图 2-44　"配置修改器集"对话框

(6) 显示按钮:选择此命令,可以在"修改器列表"下方显示所有的编辑修改器。

(7) 显示列表中的所有集:通常,在 3ds Max 中编辑修改器序列默认的设置为 3 种类型:"选择修改器"、"世界空间修改器"和"对象空间修改器"。选择"显示列表中的所有集"命令,可以将默认的编辑修改器中的编辑器按照功能的不同进行有效的划分,使用户在设置操作中便于查找和选择。

2.5.2　塌陷堆栈

编辑修改器堆栈中的每一步都将占据内存。为了使被编辑修改的对象占用尽可能少的内存,我们可以在修改器堆栈中选择要塌陷的修改器,右击该修改器。在弹出的快捷菜单中选择"塌陷到"命令,可以将当前选择的修改器和在它下面的修改器塌陷。如果选择"塌陷全部"命令,则可以将所有堆栈列表中的编辑修改器对象塌陷。

提示:通常在建模已经完成,并且不再需要进行调整时执行塌陷堆栈操作,塌陷后的堆栈不能进行恢复,因此,执行此操作时,一定要慎重。

2.6　二维建模的意义

二维图形是建立三维模型的一个重要的基础,二维图形在制作中有以下用途。

(1) 作为平面和线条物体:对于封闭的图形,加入网格物体编辑修改器,可以将它变为无厚度的薄片物体,用作地面、文字图案、广告牌等,也可以对它进行点面的加工,产生曲面造型;并且,设置相应的参数后,这些图形也可以渲染。例如,以一星形作为截面,可以产生带厚度的实体,并且可以指定贴图坐标,如图 2-45 所示。

(2) 作为"挤出"、"车削"等加工成型的截面图形:图形可以经过"挤出"修改,增加厚度，产生三维框，还可以使用"倒角"加工成带倒角的立体模型；"车削"将曲线图形进行中心旋转放样，产生三维模型，如图 2-46 所示。

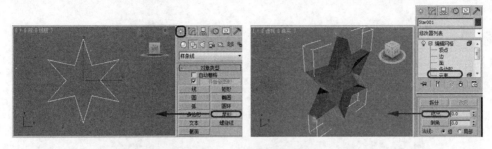

图 2-45　线条和平面物体

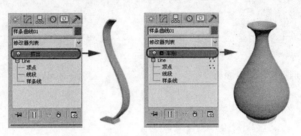

图 2-46　对同一样条曲线进行挤出和车削

(3)　作为放样物体使用的曲线：在放样过程中，使用的曲线都是图形，它们可以作为路径、截面图形，完成的放样造型如图 2-47 所示。

(4)　作为运动的路径：图形可以作为物体运动时的运动轨迹，使物体沿着它进行运动，如图 2-48 所示。

图 2-47　使用二维图形进行放样

图 2-48　使用二维图形作为物体运动的路径

2.7　创建二维图形

2D 图形的创建是通过"创建" ✴ → "图形" ⊡ 面板下的选项实现的，创建图形面板如图 2-49 所示。

大多数的曲线类型都有共同的设置参数，如图 2-50 所示。

图 2-49　创建图形命令面板

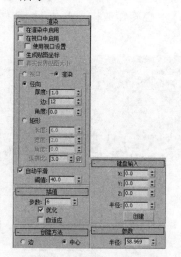

图 2-50　图形的通用参数

各项通用参数的功能说明如下。

(1) 渲染——用来设置曲线的可渲染属性。

① 在渲染中启用：勾选此复选框，可以在视图中显示渲染网格的厚度。

② 在视口中启用：可以与"显示渲染网格"选项一起选择，它可以控制以视窗设置参数在场景中显示网格(该选项对渲染不产生影响)。

③ 使用视口设置：控制图形按视图设置进行显示。

④ 生成贴图坐标：对曲线指定贴图坐标。

⑤ 真实世界贴图大小：勾选此复选框，贴图大小将由绝对尺寸决定，与对象的相对尺寸无关；若不勾选，则贴图大小将符合创建对象的尺寸。

⑥ 视口：基于视图中的显示来调节参数(该选项对渲染不产生影响)。当"显示渲染网格"和"使用视口设置"两个复选框被选择时，该选项可以被选择。

⑦ 渲染：基于渲染器来调节参数，当"渲染"选项被勾选时，可以根据"厚度"参数值来渲染图形。

⑧ 厚度：设置曲线渲染时的粗细大小。

⑨ 边：控制被渲染的线条由多少个边的圆形作为截面。

⑩ 角度：调节横截面的旋转角度。

(2) 插值——用来设置曲线的光滑程度。

① 步数：设置两顶点之间有多少个直线片段构成曲线，值越高，曲线越光滑。

② 优化：自动检查曲线上多余的"步数"片段。

③ 自适应：自动设置"步数"数，以产生光滑的曲线，而对于直线，"步数"将设置为 0。

(3) 键盘输入——使用键盘方式建立，只要输入所需要的坐标值、角度值以及参数值即可，不同的工具会有不同的参数输入方式。

另外，除了"文本"、"截面"和"星形"工具外，其他的创建工具都有一个"创建方法"卷展栏，该卷展栏中的参数需要在创建对象之前选择，这些参数一般用来确定是以边缘作为起点创建对象，还是以中心作为起点创建对象。只有"弧"工具的两种创建方式与其他对象有所不同。

2.7.1　创建线

使用"线"工具，可绘制任何形状的封闭或开放型曲线(包括直线)，如图 2-51 所示。

选择"创建" ![] →"图形" ![] →"样条线"→"线"工具，在视图中单击鼠标确定线条的第一个节点。移动鼠标到达想要结束线段的位置，单击鼠标创建一个节点，单击鼠标右键结束直线段的创建。

提示：在绘制线条时，当线条的终点与第一个节点重合时，系统会提示是否关闭图形，单击"是"按钮时，即可创建一个封闭的图形；如果单击"否"按钮，则继续创建线条。在创建线条时，通过按住鼠标拖动，可以创建曲线。

在命令面板中，"线"拥有自己的参数设置，如图 2-52 所示，这些参数需要在创建线条之前选择。"线"的"创建方法"卷展栏中，各项目的功能说明如下。

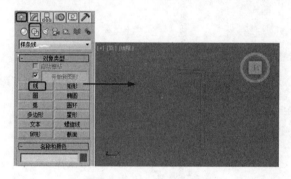

图 2-51　"线"工具

图 2-52　"创建方法"卷展栏

(1) 初始类型：单击鼠标后，拖曳出的曲线类型，包括"角点"和"平滑"两种，可以绘制出直线和曲线。

(2) 拖动类型：设置按压并拖动鼠标时引出的曲线类型，包括"角点"、"平滑"和"Bezier"(贝赛尔曲线)三种，贝赛尔曲线是最优秀的曲度调节方式，通过两个滑杆来调节曲线的弯曲。

2.7.2　创建矩形

"矩形"工具是经常用到的一个工具，它可以用来创建矩形，如图 2-53 所示。

创建矩形与创建圆形的方法基本上一样，都是通过单击拖动鼠标来创建。在"参数"卷展栏中，包含 3 个常用的参数，如图 2-54 所示。

(1) 长度/宽度：设置矩形的长宽值。

(2) 角半径：设置矩形的四角是直角还是有弧度的圆角。

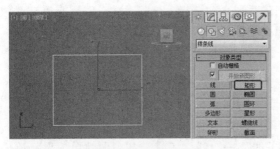

图 2-53　"矩形"工具

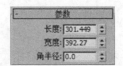

图 2-54　"参数"卷展栏

2.7.3　创建圆形

"圆"工具用来建立圆形，如图 2-55 所示。

选择"创建"→"图形"→"圆"工具，然后在场景中单击，拖动鼠标，创建圆形。在"参数"卷展栏中，只有一个"半径"参数可设置，如图 2-56 所示。

半径：设置圆形的半径大小。

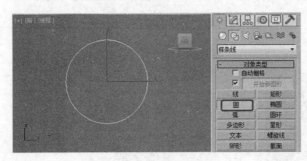

图 2-55　"圆"工具

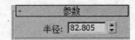

图 2-56　"参数"卷展栏

2.7.4　创建椭圆

"椭圆"工具可以用来绘制椭圆形，"椭圆"的创建方法与"圆"的创建方法相同，只是椭圆使用"长度"和"宽度"两个参数来控制形状和大小。

选择"创建"→"图形"→"样条线"→"椭圆"工具，在顶视图中，按住鼠标并拖动，单击鼠标右键完成椭圆的创建，如图 2-57 所示。

长度/宽度：分别绘制椭圆的长度和宽度。

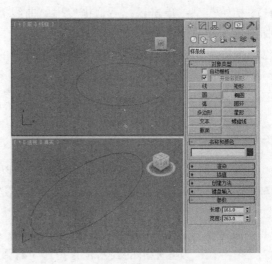

图 2-57　创建椭圆

2.7.5　创建星形

"星形"工具可以建立多角星形。尖角可以钝化为圆角，制作齿轮图案；尖角的方向可以扭曲，产生倒刺状锯齿；参数的变换可以产生许多奇特的图案，因为它是可以渲染的，所以即使交叉，也可以用作一些特殊的图案花纹，如图 2-58 所示。

(1) 星形的创建步骤如下。

① 选择"创建" →"图形" →"样条线"→"星形"按钮，在视图中单击并拖动鼠标，拖曳出一级半径。

② 松开鼠标并移动鼠标，拖曳出二级半径，单击鼠标，完成星形的创建。

(2) "参数"卷展栏如图 2-59 所示。

① 半径 1/半径 2：分别设置星形的内径和外径。

② 点：设置星形的尖角个数。

③ 扭曲：设置尖角的扭曲度。

④ 圆角半径 1/圆角半径 2：分别设置尖角的内外倒角圆半径。

图 2-58　"星形"工具　　　　　　　　　图 2-59　"参数"卷展栏

2.7.6　创建螺旋线

"螺旋线"工具用来制作平面或者空间的螺旋线，常用于完成弹簧、线轴等造型，如图 2-60 所示，或者用来制作运动路径。

螺旋线的创建步骤如下。

(1) 选择"创建" →"图形" →"样条线"→'螺旋线"工具，在顶视图中单击鼠标并拖动鼠标，拉出一级半径。

(2) 松开鼠标并移动鼠标，拖曳出螺旋线的高度。

(3) 单击鼠标，确定螺旋线的高度，然后再移动鼠标，拉出二级半径后，单击鼠标，完成螺旋线的创建。

在"参数"卷展栏中，可以设置螺旋线的两个半径、圈数等参数，"参数"卷展栏如图 2-61 所示。

半径 1/半径 2：设置螺旋线的内径和外径。

高度：设置螺旋线的高度，此值为 0 时，是一个平面螺旋线。

圈数：设置螺旋线旋转的圈数。

偏移：设置在螺旋高度上螺旋圈数的偏向强度。

图 2-60 螺旋线工具

图 2-61 "参数"卷展栏

顺时针/逆时针：分别设置两种不同的旋转方向。

2.7.7 创建文字

"文本"工具可以直接产生文字图形，在中文 Windows 平台下，可以直接产生各种字体的中文字形，字形的内容、大小、间距都可以调整，在完成了动画制作后，仍可以修改文字的内容。

选择"创建" ☀ → "图形" ⬚ → "文本"工具，然后在"参数"卷展栏中的文本框中输入文本，在视图中单击鼠标，即可创建文本图形，如图 2-62 所示。

在"参数"卷展栏中可以对文本的字体、字号、间距，以及文本的内容进行修改，文本参数面板如图 2-63 所示。

(1) 大小：设置文字的大小尺寸。

(2) 字间距：设置文字之间的间隔距离。

(3) 行间距：设置文字行与行之间的距离。

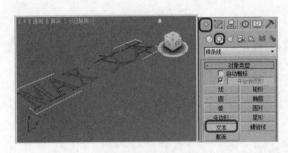

图 2-62 创建文本

图 2-63 文本"参数"卷展栏

(4) 文本：用来输入文本文字。

(5) 更新：设置修改参数后，视图是否立刻进行更新显示。遇到大量文字处理时，为了加快显示速度，可以勾选"手动更新"复选框，自行指示更新视图。

例 2-2：制作蚊香

本例将讲解如何制作蚊香，先使用"螺旋线"工具创建一个蚊香的基本模型，再对其进行一些简单的编辑。读者可通过本例对前面所学的知识进行巩固，效果如图 2-64 所示。

图 2-64　蚊香的效果

(1)　启动软件后，选择"创建" → "图形" → "螺旋线"工具，在顶视图中创建一个"半径 1"与"半径 2"，分别为 80、1.9，高度为 0，圈数为 6 的螺旋线，如图 2-65 所示。

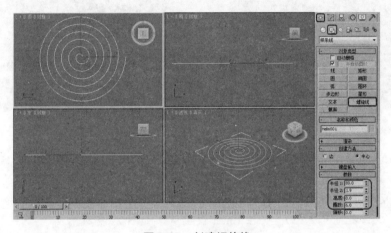

图 2-65　创建螺旋线

(2)　选择"修改" 命令面板，在"渲染"卷展栏中勾选"在渲染中启用"与"在视口中启用"复选框，在"厚度"文本框中输入 5，在"边"文本框中输入 6，按 Enter 键进行确认，如图 2-66 所示。

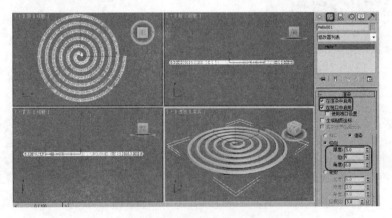

图 2-66　增加螺旋线的厚度

(3)　在"修改"命令面板中单击"修改器列表"右侧的下三角按钮，在弹出的下拉列表中选择"倒角"选项，在"倒角值"卷展栏中"级别 1"下的"高度"与"轮廓"文本

3ds Max 2012 基础教程

框中分别输入 2、1.2，勾选"级别 3"复选框，在其下方的"高度"文本框中输入 1，如图 2-67 所示。

(4) 在"修改"命令面板中，单击"修改器列表"右侧的下三角按钮，在弹出的下拉列表中选择"网格平滑"选项，再次单击"修改器列表"右侧的下三角按钮，在弹出的下拉列表中选择"壳"选项，在"参数"卷展栏的"内部量"文本框中输入 1，在"外部量"文本框中输入 5，按 Enter 键进行确认，如图 2-68 所示。

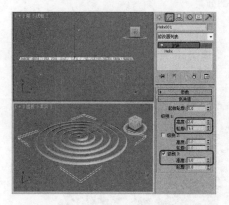

图 2-67　添加"倒角"修改器

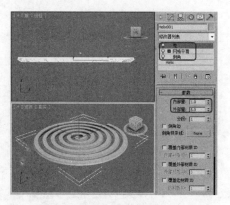

图 2-68　选择"网格平滑"选项

(5) 在工具栏中单击"材质编辑器"按钮，在弹出的"材质编辑器"对话框中选择第一个材质样本球，在"Blinn 基本参数"卷展栏中，将"环境光"的 RGB 值设置为 8、8、8，将"高光反射"的 RGB 值设置为 230、230、230，在"高光级别"文本框中输入 10，在"光泽度"文本框中输入 50，并按 Enter 键确认，如图 2-69 所示。

(6) 在"贴图"卷展栏中单击"高光颜色"右侧的 None，在弹出的"材质/贴图浏览器"对话框中单击"噪波"，如图 2-70 所示。

图 2-69　输入参数

图 2-70　单击"噪波"

(7) 单击"确定"按钮，在"噪波参数"卷展栏的"大小"文本框中输入 1，按 Enter 键进行确认，如图 2-71 所示。

(8) 单击"转到父对象"按钮，在"高光颜色"右侧的"数量"文本框中输入 50，并按 Enter 键进行确认，如图 2-72 所示。

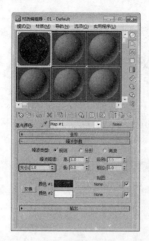

图 2-71　在"噪波参数"卷展栏中输入参数　　　图 2-72　在"数量"文本框中输入参数

(9) 单击"在视口中显示标准贴图"按钮 ，然后单击"将材质指定给选定对象"按钮 ，将"材质编辑器"对话框关闭即可。

(10) 选择"创建" → "摄影机" → "目标"摄影机工具，在前视图中创建一个镜头为 43mm 的摄影机，激活"透视"视图，然后按 C 键，将当前激活的视图转换为"摄影机"视图，并在除"摄影机"视图外的其他视图中，调整摄影机的位置，调整后的效果如图 2-73 所示。

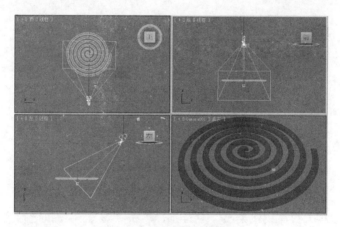

图 2-73　调整摄影机的位置

(11) 在菜单栏中选择"渲染" → "环境"命令，在弹出的"环境和效果"对话框中选择"环境"选项卡，在"公用参数"卷展栏中，将"颜色"的 RGB 值设置为 255、255、255，如图 2-74 所示。

(12) 选择"创建" → "几何体" → "平面"工具，在顶视图中，绘制一个长度和宽度均为 300 的平面，适当调整平面的位置，选择"创建" → "灯光" →标准→ "天光"工具，在顶视图中创建两个天光，选择创建的天光，单击"修改"按钮 ，勾选"天光参数"卷展栏"渲染"选项组中的"投射阴影"复选框，如图 2-75 所示。

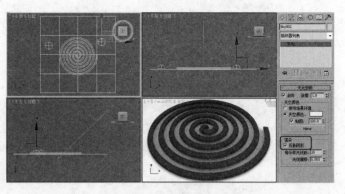

图 2-74　设置"颜色"的 RGB 值　　　　　　　　　图 2-75　设置后的效果

(13) 激活 Camera001 摄影机视图，按 F10 键打开"渲染设置：默认扫描线渲染器"对话框，在"渲染输出"选项组中单击"文件"按钮，在弹出的"渲染输出文件"对话框中设置文件保存路径和文件名，将"保存类型"设置为"TIF 图像文件"，如图 2-76 所示。

图 2-76　设置保存路径

(14) 单击"保存"按钮，在弹出的"TIF 图像控制"对话框中单击"确定"按钮，返回到"渲染设置：默认扫描线渲染器"对话框，单击"渲染"按钮进行渲染输出。

2.8　建立二维复合造型

单独使用以上介绍的工具，一次只能制作一个特定的图形，如圆形、矩形等，当我们需要创建一个复合图形时，则需要在"创建" ※ → "图形" ☑ 命令面板中，将"对象类型"卷展栏中的"开始新图形"复选框取消选中。在这种情况下，创建圆形、星形、矩形以及椭圆形等图形时，将不再创建单独的图形，而是创建一个复合图形，它们共用一个轴心点，也就是说，无论创建多少图形，都将作为一个图形对待，如图 2-77 所示。

图 2-77　取消选中以制作复合图形

2.9　二维编辑修改器——编辑样条线

使用"图形"工具直接创建的二维图形不能够直接生成三维物体，需要对它们进行编辑修改，才可转换为三维物体。对二维图形进行编辑修改时，通常会选择"编辑样条线"修改器，它为我们提供了对顶点、分段、样条线三个次物体级别的编辑修改，如图 2-78 所示。

在对使用"线"工具绘制的图形进行编辑修改时，不必为其指定"编辑样条线"修改器。因为它包含了对顶点、线段、样条线三个次物体级别的编辑修改等，与"编辑样条线"修改器的参数和命令相同。不同的是，它还保留了"渲染"、"插值"等基本参数项的设置，如图 2-79 所示。

图 2-78　"编辑样条线"修改器　　　　图 2-79　"线"的编辑修改器

下面将对"编辑样条线"修改器的三个次物体级别的修改分别进行讲解。

2.9.1　"顶点"选择集的修改

在对二维图形进行编辑修改时，最基本、最常用的就是对"顶点"选择集的修改。通常会对图形进行添加点、移动点、断开点和连接点等操作，以调整到我们所需的形状。

下面通过为矩形指定"编辑样条线"修改器来学习"顶点"选择集的修改方法，以及常用的修改命令。

(1) 选择"创建" ※ →"图形" ⚙ →"样条线"→"矩形"工具，在前视图中创建矩形。

(2) 单击"修改"按钮 ，进入修改命令面板，在"修改器列表"中，选择"编辑样条线"修改器，并将当前选择集定义为"顶点"。

(3) 在"几何体"卷展栏中，单击"优化"按钮，然后在矩形线段的适当位置上单击鼠标左键，为矩形添加控制点，如图 2-80 所示。

(4) 添加完节点后，单击"优化"按钮，或直接在视图中单击鼠标右键关闭"优化"按钮。使用"选择并移动"按钮 ，在节点处单击鼠标右键，在弹出的快捷菜单中选择相应的命令，然后对节点进行调整，如图 2-81 所示。

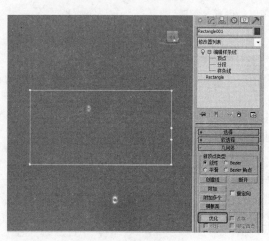

图 2-80　为矩形添加节点

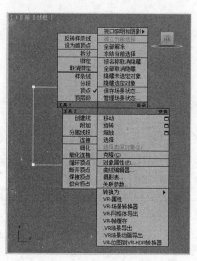

图 2-81　右键快捷菜单

将节点设置为"贝塞尔"类型后，在节点上有两个控制手柄。当在选择的节点上单击鼠标右键时，在弹出的快捷菜单中的"工具 1"区内可以看到点的 5 种类型："Bezier 角点"、"Bezier"、"角点"、"平滑"以及"重置切线"。其中，被勾选的类型是当前选择点的类型。

(1) Bezier 角点：这是一种比较常用的节点类型，通过分别对它的两个控制手柄进行调节，可以灵活地控制曲线的曲率。

(2) Bezier：通过调整节点的控制手柄来改变曲线的曲率，以达到修改样条曲线的目的，它没有"Bezier 角点"调节起来灵活。

(3) 角点：使各点之间的"步数"按线性、均匀方式分布，也就是直线连接。

(4) 平滑：该属性决定了经过该节点的曲线为平滑曲线。

(5) 重置切线：在可编辑样条线"顶点"层级时，可以使用标准方法选择一个和多个顶点并移动它们。如果顶点属于"Bezier"或"Bezier 角点"类型，还可以移动和旋转控制柄，从而影响在顶点连接的任何线段的形状。还可以使用切线复制/粘贴操作，在顶点之间复制和粘贴控制柄，同样，也可以通过"重置切线"重置控制柄，或在不同类型之间进行切换。

提示：在对一些二维图形进行编辑修改时，最好将一些直角处的点类型改为"角点"类型，这有助于提高模型的稳定性。

在对二维图形进行编辑修改时，除了"优化"外，还有下列命令常被用到。

(1) 连接：连接两个断开的点。

(2) 断开：使闭合图形变为开放图形。通过"断开"按钮使点断开，先选中一个节点后，单击"断开"按钮，此时单击并移动该点，会看到线条被断开。

(3) 插入：该功能与"优化"按钮相似，都是加点命令，只是"优化"是在保持原图形不变的基础上增加节点，而"插入"是一边加点一边改变原图形的形状。

(4) 设为首顶点：第一个节点用来标明一个二维图形的起点，在放样设置中，各个截面图形的第一个节点决定"表皮"的形成方式，此功能就是使选中的点成为第一个节点。

(5) 焊接：此功能可以将两个断点合并为一个节点。

(6) 删除：删除节点。

2.9.2 "分段"选择集的修改

"分段"是连接两个节点之间的边线，当对线段进行变换操作时，就相当于在对两端的点进行变换操作。

下面对"分段"中常用的命令按钮进行介绍。

(1) 断开：将选择的线段打断，类似点的打断。

(2) 优化：与"顶点"选择集中的"优化"功能相同。

(3) 拆分：通过在选择的线段上加点，在其后面的文本框中输入要加入节点的数值，单击该按钮，即可将选择的线段细分为若干条线段。

(4) 分离：将当前选择的线段与原图形分离。

2.9.3 "样条线"选择集的修改

"样条线"级别是二维图形中另一个功能强大的次物体修改级别，相连接的线段即为一条样条曲线。在样条线级别中，"轮廓"与"布尔"运算的设置最为常用，尤其是在建筑效果图的制作中。

(1) 选择"创建" ※ →"图形" ☑ →"样条线"→"线"工具，在场景中绘制墙体的截面图形，如图 2-82 所示。

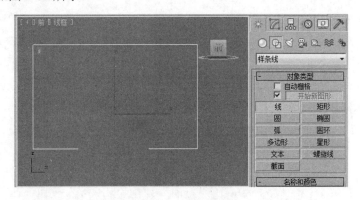

图 2-82　创建样条线

(2) 单击"修改"按钮，进入修改命令面板，将当前选择集定义为"样条线"，在场景中选择绘制的样条线。

(3) 在"几何体"卷展栏中单击"轮廓"按钮，在场景中按住鼠标左键，拖曳出轮廓，如图 2-83 所示。

(4) 通常，制作出样条线的截面后，会为其施加"挤出"修改器，挤出截面的高度，这里就不详细介绍了。

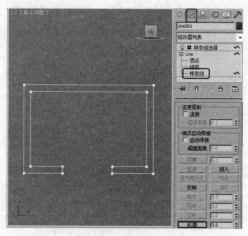

图 2-83　设置样条线的"轮廓"

2.10　小型案例实训

本节将讲述怎样使用先前所讲的基本几何体和扩展几何体，来创建一些简单的模型，从而对这些几何体的各种参数有更深的了解。

2.10.1　茶杯

本例将介绍如何制作茶杯。制作茶杯时，主要应用"线"绘制其基本的轮廓，对其添加修改器，利用贴图达到想要的效果，如图 2-84 所示。

(1) 启动软件后按 Ctrl+O 组合键，打开本书下载资源中的"下载资源\Scenes\Cha02\茶杯.max"，执行"创建"→"图形"→"线"命令，在前视图中绘制样条线，并将其命名为"茶

图 2-84　茶杯效果

杯"。进入"修改"命令面板，调整顶点，在"插值"卷展栏中将"步数"设为 12，将当前选择集定义为"顶点"，并进行调整，如图 2-85 所示。

(2) 在修改器下拉列表中，选择"车削"修改器，在"参数"卷展栏中，选择"焊接内核"复选框，将"分段"设为 80，在"方向"组中单击"Y"按钮，在"对齐"组中单击"最小"按钮，如图 2-86 所示。

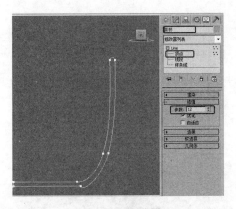

图 2-85　绘制样条线

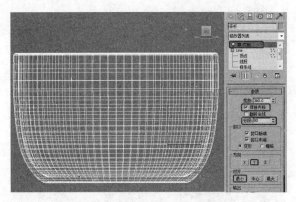

图 2-86　添加"车削"修改器

（3）选择"茶杯"对象，按 Ctrl+V 键打开"克隆选项"对话框，选择"复制"选项，将"名称"命名为"茶杯贴图"。然后在"修改器堆栈"中选择 Line，将选择集定义为"顶点"，并调整其顶点的位置，如图 2-87 所示。

（4）为"茶杯贴图"对象添加"UVW 贴图"修改器，在"参数"卷展栏中选择"贴图"组中的"柱形"选项，将"U 向平铺"设置为 2。选择"对齐"组中的 X 选项，并单击"适配"按钮，如图 2-88 所示。

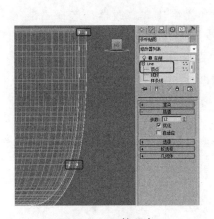

图 2-87　调整顶点

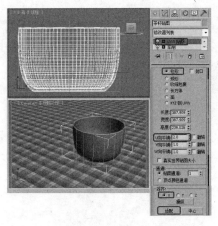

图 2-88　设置 UVW 贴图

（5）按 M 键打开材质编辑器，选择一个新的材质样本球，将其命名为"茶杯贴图"，在"Blinn 基本参数"卷展栏中，将"明暗器类型"设为"(B)Blinn"，将"环境光"和"漫反射"设置为白色，"自发光"设置为 30，将"反射高光"组中的"高光级别"和"光泽度"分别设置为 100、83，在"贴图"卷展栏中，勾选"漫反射颜色"并单击后面的 None 按钮，在打开的"材质/贴图浏览器"对话框中选择"位图"，单击"确定"按钮，在打开的对话框中选择本书下载资源中的"下载资源\Map\杯子.jpg"文件，返回到父级对象，单击"反射"后的 None 按钮，在打开的"材质/贴图浏览器"对话框中选择"光线跟踪"，单击"确定"按钮，单击"转到父对象"按钮，返回父级材质面板，将"反射"的"数量"设置为 8，单击"将材质指定给选定对象"按钮，将材质指定给场景中的

"茶杯贴图"对象，如图 2-89 所示。

（6）选择"创建"→"图形"→"线"命令，在前视图中绘制样条线，将其命名为"杯把"。进入"修改命令"面板，在"渲染"卷展栏中勾选"在渲染中启用"和"在视口中启用"复选框，将"厚度"设置为 25，将选择集定义为"顶点"，然后对顶点进行调整，如图 2-90 所示。

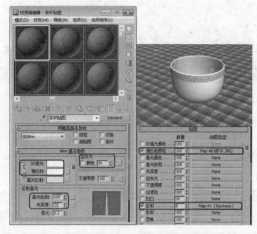

图 2-89　设置"明暗器基本参数"

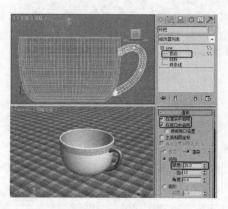

图 2-90　绘制杯把

（7）在修改器下拉列表中选择"编辑网格"和"锥化"修改器，选择"锥化"修改器，在"参数"卷展栏中将"锥化"组中的"数量"和"曲线"分别设置为 0.7、-1.61，在"锥化轴"组中将"主轴"设置为 X，"效果"设置为 ZY，如图 2-91 所示。

（8）将选择集定义为 Gizmo，然后使用"选择并移动"工具进行调整，完成后的效果如图 2-92 所示。

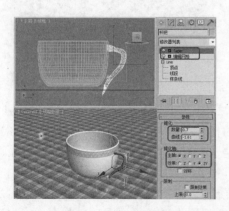

图 2-91　添加修改器

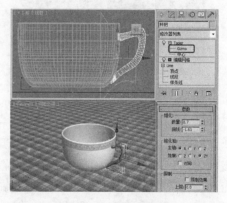

图 2-92　进行调整

（9）按 M 键打开材质编辑器，选择一个新的材质样本球，将其命名为"白色瓷器"，在"Blinn 基本参数"卷展栏中，将"环境光"、"漫反射"和"高光反射"的颜色都设置为白色，将"自发光"设置为 35，将"反射高光"组中的"高光级别"和"光泽度"分别设置为 100、83；在"贴图"卷展栏中，单击"反射"后面的 None 按钮，在打开的"材质/贴图浏览器"对话框中选择"光线跟踪",如图 2-93 所示,单击"确定"按钮,进入反射层级面板。单击"转到父对象"按钮,返回父级材质面板,将"反射"的"数量"设置为 8,选择场景中的"茶杯"和"杯把"对象,单击"将材质指定给选定对象"按钮,为其指定材质。

(10) 选择"创建"→"图形"→"线"命令,在场景中绘制托盘的截面,并将其命名为"托盘",如图 2-94 所示。

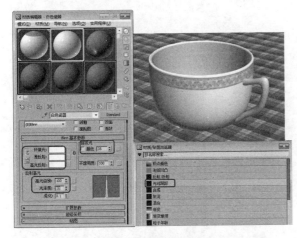

图 2-93　设置材质

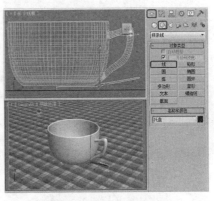

图 2-94　绘制托盘的截面

(11) 在"修改器列表"中选择"车削"修改器,在"参数"卷展栏中,将"分段"设置为 80,单击"方向"组中的 Y 按钮和"对齐"组中的"最小"按钮,如图 2-95 所示。

(12) 按 M 键打开材质编辑器,选择一个新的材质样本球,将其命名为"托盘",在"Blinn 基本参数"卷展栏中,将"自发光"设置为 30,将"反射高光"组中的"高光级别"和"光泽度"分别设置为 100、83。在"贴图"卷展栏中,单击"漫反射颜色"右侧的 None 按钮,在打开的"材质/贴图浏览器"对话框中选择"位图",单击"确定"按钮,在打开的对话框中选择本书下载资源中的"下载资源\Map\盘子.jpg"文件,将其打开。返回父级材质面板,单击"反射"后面的 None 按钮,在打开的"材质/贴图浏览器"对话框中选择"光线跟踪",单击"确定"按钮,进入反射层级面板。返回父级材质面板,将"反射"的"数量"设置为 8,单击"将材质指定给对象"按钮,将材质指定给场景中的"托盘"对象,如图 2-96 所示。

(13) 为"托盘"对象施加"UVW 贴图"修改器,在"参数"卷展栏中选择"贴图"选项组中的"平面"选项,在"对齐"选项组中选择 Y 选项,并且单击"适配"按钮,如图 2-97 所示。

(14) 使用"线"工具在前视图中绘制茶杯盖的截面图形,命名为"杯盖",将其调整至如图 2-98 所示的形状。

(15) 为"杯盖"对象施加"车削"修改器,在"参数"卷展栏中将"分段"设置为 80,将"方向"设为 Y,将"对齐"设为"最小",如图 2-99 所示。

(16) 打开材质编辑器,将"托盘"材质指定给"杯盖"对象,然后为"杯盖"对象施加"UVW 贴图"修改器。在"参数"卷展栏中,选择"贴图"组下的"平面"选项,选择"对齐"组中的 Y 选项，并单击"适配"按钮，如图 2-100 所示。

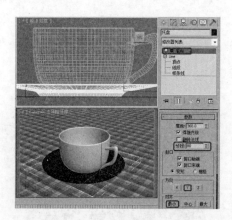

图 2-95　添加"车削"修改器

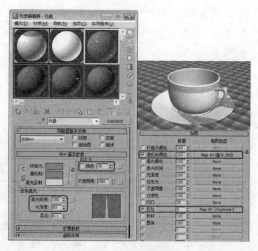

图 2-96　设置贴图参数

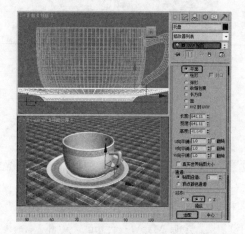

图 2-97　添加"UVW 贴图"修改器

图 2-98　绘制线形状

图 2-99　添加"车削"修改器

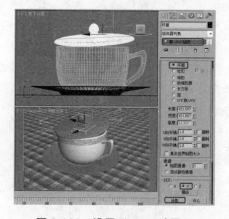

图 2-100　设置"UVW 贴图"

(17) 使用"选择并移动"和"选择并旋转"工具，对"杯盖"进行调整，如图 2-101 所示。

图 2-101　调整形状

(18) 对所有的图像进行适当调整，按 F9 组合键进行渲染。

2.10.2　使用长方体制作笔记本

本案例将介绍如何利用长方体制作笔记本，该案例主要通过为创建的长方体添加修改器及材质，来体现笔记本的真实效果，其效果如图 2-102 所示。

图 2-102　笔记本效果

(1) 选择"创建"→"几何体"→"长方体"工具，在顶视图中创建长方体，并命名为"笔记本皮 01"，在"参数"卷展栏中将"长度"设置为 220，"宽度"设置为 155，"高度"设置为 0.1，如图 2-103 所示。

(2) 切换至"修改"命令面板，在修改器列表中选择"UVW 贴图"修改器，在"参数"卷展栏中选择"长方体"单选按钮，并且在"对齐"选项组中单击"适配"按钮，如图 2-104 所示。

(3) 按 M 键，在弹出的对话框中选择一个材质样本球，将其命名为"书皮 01"，在"Blinn 基本参数"卷展栏中将"环境光"的 RGB 值设置为 22、56、94，将"自发光"设置为50，将"高光级别"和"光泽度"分别设置为54、25，如图2-105所示。

（4）在"贴图"卷展栏中单击"漫反射颜色"右侧的 None 按钮，在弹出的对话框中双击"位图"选项，在弹出的对话框中选择"书皮1.jpg"贴图文件，如图2-106所示。

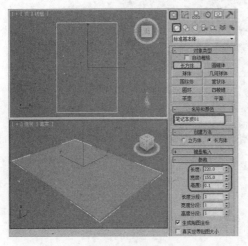

图 2-103　绘制长方体

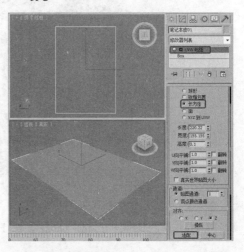

图 2-104　添加"UVW 贴图"修改器

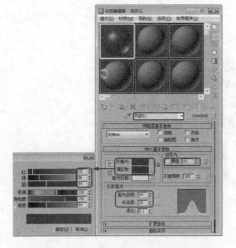

图 2-105　设置 Blinn 基本参数

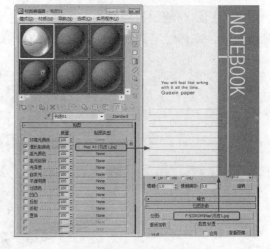

图 2-106　添加贴图文件

（5）在"贴图"卷展栏中单击"凹凸"右侧的 None 按钮，在弹出的对话框中双击"噪波"选项，在"坐标"卷展栏中将"瓷砖"下的 X/Y/Z 分别设置为 1.5、1.5、3，在"噪波参数"卷展栏中将"大小"设置为1，如图2-107所示。

（6）将设置完成后的材质指定给选定对象即可，激活前视图，在工具栏中单击"镜像"按钮，在弹出的对话框中单击 Y 单选按钮，将"偏移"设置为-6，单击"复制"单选按钮，如图2-108所示。

（7）单击"确定"按钮，在"材质编辑器"对话框中将"书皮 01"拖曳至一个新的材质样本球上，将其命名为"书皮 02"，在"贴图"卷展栏中单击"漫反射颜色"右侧的子材质通道，在"位图参数"卷展栏中单击"位图"右侧的按钮，在弹出的对话框中选择

"书皮 2.jpg"贴图文件，在"坐标"卷展栏中将"角度"下的"U"、"W"分别设置为
-180、180，如图 2-109 所示。

(8) 将材质指定给选定的对象即可，单击"创建" →"几何体" →"标准基本
体"→"长方体"工具，在顶视图中绘制一个"长度"、"宽度"、"高度"分别为
220、155、5 的长方体，将其命名为"本"，如图 2-110 所示。

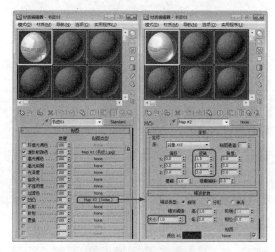

图 2-107　设置凹凸贴图

图 2-108　镜像对象

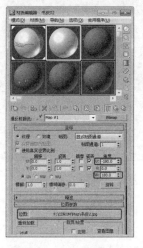

图 2-109　替换贴图文件

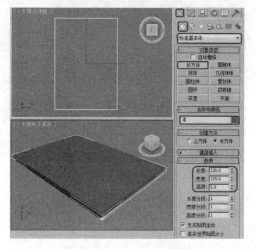

图 2-110　绘制长方体

(9) 绘制完成后，在视图中调整其位置，在"材质编辑器"对话框中选择一个材质样
本球，将其命名为"本"，单击"高光反射"左侧的 按钮，在弹出的对话框中，单击
"是"按钮，将"环境光"的 RGB 值设置为 255、255、255，将"自发光"设置为 30，
如图 2-111 所示。

(10) 将设置完成后的材质指定给选定对象即可，选择"创建" →"图形" →
"圆"工具，在前视图中绘制一个半径为 5.6 的圆，并将其命名为"圆环"，如图 2-112
所示。

图 2-111 设置"本"材质

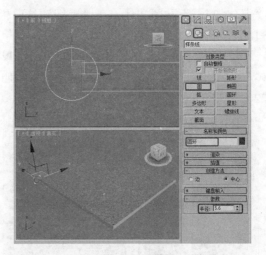

图 2-112 绘制圆

(11) 切换至"修改"命令面板中,在"渲染"卷展栏中勾选"在渲染中启用"和"在视口中启用"复选框,如图 2-113 所示。

(12) 在视图中调整圆环的位置,并对圆环进行复制,效果如图 2-114 所示。

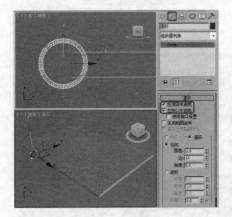

图 2-113 勾选复选框

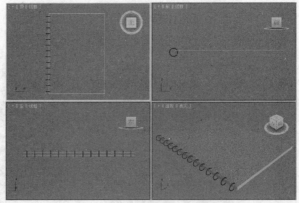

图 2-114 复制圆环

(13) 选中所有的圆环,将其颜色设置为"黑色",再在视图中选择所有对象,在菜单栏中选择"组"→"成组"命令,在弹出的对话框中,将"组名"设置为"笔记本",单击"确定"按钮,如图 2-115 所示。

(14) 使用"选择并旋转"工具和"选择并移动"工具对成组后的笔记本进行复制和调整,效果如图 2-116 所示。

(15) 选择"创建" → "几何体" → "标准基本体"→"平面"工具,在顶视图中创建平面,切换到"修改"命令面板,在"参数"卷展栏中,将"长度"和"宽度"分别设置为 1987、2432,将"长度分段"、"宽度分段"都设置为 1,在视图中调整其位置,如图 2-117 所示。

(16) 在修改器下拉列表中选择"壳"修改器,使用其默认参数即可,如图 2-118 所示。

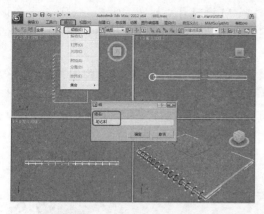

图 2-115　将选中对象成组

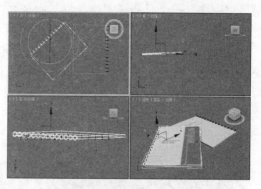

图 2-116　复制并调整对象

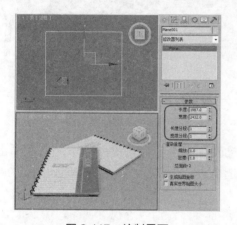

图 2-117　绘制平面

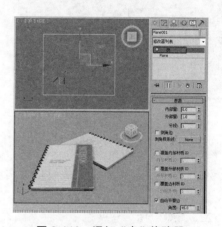

图 2-118　添加"壳"修改器

(17) 继续选中该对象，并右击鼠标，在弹出的快捷菜单中，选择"对象属性"命令，如图 2-119 所示。

(18) 执行该操作后，将会打开"对象属性"对话框，在弹出的对话框中勾选"透明"复选框，如图 2-120 所示。

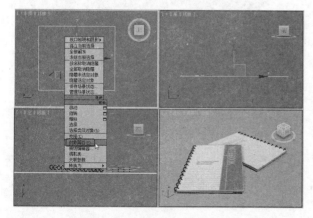

图 2-119　选择"对象属性"命令

图 2-120　勾选"透明"复选框

(19) 单击"确定"按钮，继续选中该对象，按 M 键打开"材质编辑器"对话框，在该对话框中选择一个材质样本球，将其命名为"地面"，单击 Standard 按钮，在弹出的对话框中选择"无光/投影"选项，如图 2-121 所示。

(20) 单击"确定"按钮，将该材质指定给选定对象即可，按 8 键，弹出"环境和效果"对话框，在"公用参数"卷展栏中，单击"无"按钮，在弹出的"材质/贴图浏览器"对话框中双击"位图"贴图，在弹出的对话框中打开本书下载资源中的"课桌.jpg"素材文件，如图 2-122 所示。

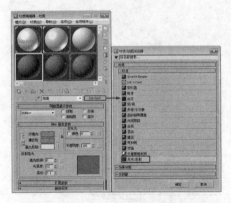
图 2-121　选择"无光/投影"选项

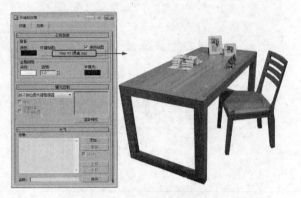
图 2-122　添加环境贴图

(21) 在"环境和效果"对话框中，将环境贴图拖曳至新的材质样本球上，在弹出的"实例(副本)贴图"对话框中，单击"实例"单选按钮，并单击"确定"按钮，如图 2-123 所示。

(22) 在"坐标"卷展栏中，将贴图设置为"屏幕"，激活"透视"视图，按 Alt+B 组合键，在弹出的对话框中，单击"使用环境背景"单选按钮，设置完成后，单击"确定"按钮，显示背景后的效果如图 2-124 所示。

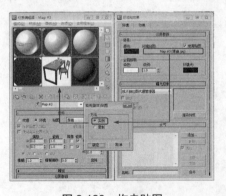
图 2-123　拖曳贴图

图 2-124　显示背景后的效果

(23) 选择"创建"→"摄影机"→"目标"工具，在视图中创建摄影机，激活"透视"视图，按 C 键，将其转换为摄影机视图，在其他视图中调整摄影机位置，效果如图 2-125 所示。

(24) 选择"创建"→"灯光"→"标准"→"泛光灯"工具，在顶视图中创建泛光灯，并在其他视图中调整灯光的位置，切换至"修改"命令面板，在"强度/颜色/衰减"卷展栏中将"倍增"设置为 0.35，如图 2-126 所示。

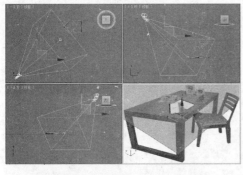

图 2-125　创建摄影机并调整其位置

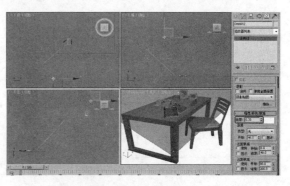

图 2-126　创建泛光灯

(25) 选择"创建" → "灯光" → "标准" → "天光"工具，在顶视图中创建天光，切换到"修改"命令面板，在"天光参数"卷展栏中，勾选"投射阴影"复选框，如图 2-127 所示，至此，笔记本就制作完成了，对完成后的场景进行渲染和保存即可。

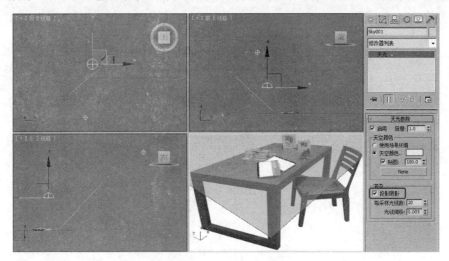

图 2-127　创建天光并完成

2.11　本章小结

本章主要介绍 3ds Max 基础模型的创建与编辑，通过本章的学习，可以掌握基本模型的创建。本章的主要内容如下：

- 三维图形及三维图形创建时的调整。
- 基本模型的绘制方法，包括标准基本体、扩展基本体、二维图形。本部分为本章的重点，因为很多复制的图形都是由基本图形组成的。
- 编辑修改器堆栈的应用。

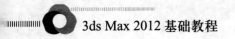

习　题

1. 3ds Max 2012 中提供了哪几种创建基本二维形体的绘图工具？
2. 将图形转换为可编辑样条线有几种方法？
3. 样条线的作用是什么？

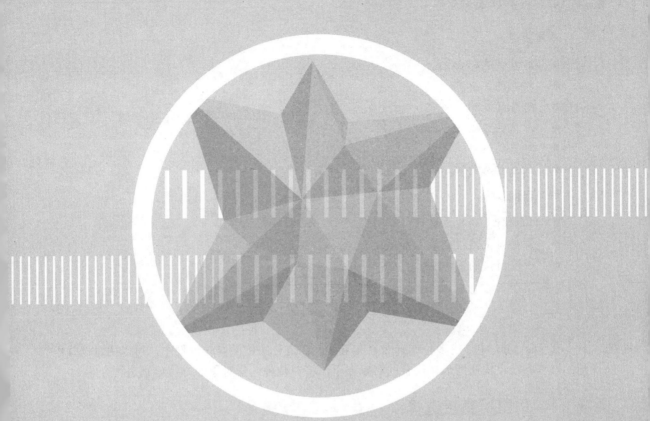

第 3 章

对象的基本操作

本章要点:

- 对象的选择。
- 对象的变换。
- 对象的复制。
- 对象的组成。
- 对象的链接。
- 设置对象属性。

学习目标:

- 掌握对象的基本操作。
- 掌握对象链接的基本知识。
- 设置对象的基本属性。

3.1 对象的选择

在 3ds Max 中,有多种选择对象的方法,在进行实例操作的过程中,可以通过选择不同的操作方法,快速地选择需要的对象。下面将对几种选择对象的方法分别进行介绍。

3.1.1 用鼠标直接选择

单击工具栏中的 按钮,在视图中,可以进行选取一个或多个对象的操作。直接在视图中单击对象,就可以将对象选中,被选中的对象以白色线框方式显示,如果是实体着色模式,则会以白色的八角边框显示,如图 3-1 所示。

除了直接单击选中外,还可以对对象进行框选,这样,可以一次性地选中多个对象,如图 3-2 所示。

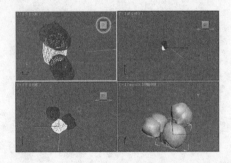

图 3-1 单击选中

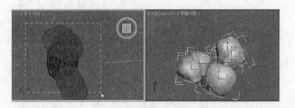

图 3-2 拖动鼠标进行框选

按住 Ctrl 键,在视图中单击对象,可以加入一个选择对象;按住 Ctrl 键框选对象时,可以加入多个对象。

提示:在按住 Ctrl 键的情况下,单击已选中的对象,也可以取消选中。

按住 Alt 键,在视图中单击对象时,可以减去一个已选中的对象;按住 Alt 键框选对象时，可以减去多个已选中的对象。

3.1.2　按名称选择

单击工具栏中的 按钮，或按下 H 键，可以弹出"从场景选择"对话框。在该对话框中，显示了场景中所有对象的名称，对象名称列表可以按照指定的类型显示。可以通过各种方式对对象进行选择，选择后，单击"确定"按钮即可，如图 3-3 所示。

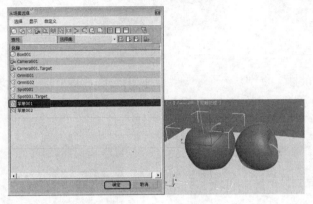

图 3-3　选择对象

在列表中进行选择时，可以按住 Ctrl 键，对对象进行不连续的选择，如图 3-4 所示。

如果按住 Shift 键，先选中第一个，然后再选择最后一个，就可以连续选中多个对象，如图 3-5 所示。

图 3-4　按 Ctrl 键选择

图 3-5　按 Shift 键选择

3.1.3　用选择区域工具选择

在区域选择工具中包括矩形、圆形、围栏、套索、绘制这 5 种选择区域的方式。

(1)　 ：拖动鼠标，以矩形选区进行选择，如图 3-6 所示。

(2) ：拖动鼠标，以圆形选区进行选择，如图 3-7 所示。

(3) ：通过交替使用鼠标移动和单击(从拖动鼠标开始)操作，可以画出一个不规则的选择区域轮廓，如图 3-8 所示。

图 3-6　矩形选区　　　　　　图 3-7　圆形选区　　　　　　图 3-8　围栏选区

(4) ：拖动鼠标，将创建一个不规则区域的轮廓，进行选择，如图 3-9 所示。

(5) ：在对象或子对象之上拖动鼠标，以便将其纳入到所选范围之内，如图 3-10 所示。

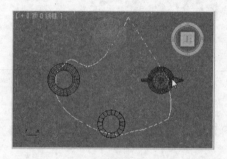
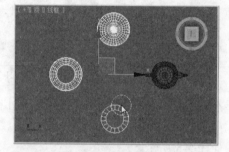

图 3-9　套索选区　　　　　　　　　　图 3-10　拖动选中

当"窗口/交选"图标为 时，矩形选框穿过的对象以及完全包住的对象都会被选中，如图 3-11 所示；当"窗口/交选"图标为 时，只有被矩形选框完全包住的对象才会被选中，被矩形框穿过的对象是不会被选中的，如图 3-12 所示。

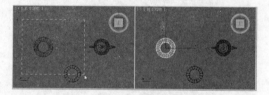

图 3-11　可选中被框穿过的对象　　　　图 3-12　只选中完全框选的对象

3.2　对象的变换

在 3ds Max 中，对象的变换主要是指对象的移动、旋转、缩放等。通过对场景中的对象进行变换，调整出需要的对象。

3.2.1 对象的移动

在选中了对象后，单击✛按钮，或按下 W 键，在对象上会出现 X、Y、Z 三个移动轴，箭头所指为正方向。把光标移动到某个轴上，该轴呈黄色高亮显示，然后拖曳对象，即可沿该轴向移动，如图 3-13 所示。把光标移动到两个轴间，两个轴都呈黄色高亮显示，然后拖曳对象，即可在这两个轴所确定的平面上随意移动，如图 3-14 所示。

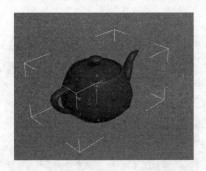

图 3-13 沿 Z 轴移动

图 3-14 沿双方向轴移动

3.2.2 对象的旋转

在选中了对象后，单击↻按钮，或按下 E 键，对象上会出现分别代表 X、Y、Z 三个旋转方向的圆，红色的圆以 X 轴为旋转轴，绿色的圆以 Y 轴为旋转轴，蓝色的圆以 Z 轴为旋转轴。将鼠标移动到某一个圆上，该圆即呈黄色高亮显示，然后按下鼠标左键，拖曳该圆，即可对相应的轴进行旋转，如图 3-15 所示。

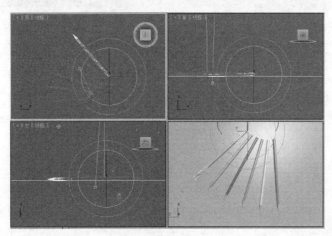

图 3-15 沿轴进行旋转

⌨ 提示：红色的圆圈代表 X 轴，绿色的圆圈代表 Y 轴，蓝色的圆圈代表 Z 轴，而灰色的圆圈代表屏幕平面。当移动光标与某个圆圈相接触的时候，该圆圈会变成亮黄色。

3.2.3 对象的缩放

在 3ds Max 中，对象可以只在一个方向上缩放，在选择了对象后，单击 按钮，或按下 R 键，对象上会出现 X、Y、Z 三个缩放轴，将光标放在任意一个轴上，当轴为黄色高亮显示时，拖曳轴，即可使对象沿该轴进行缩放，如图 3-16 所示。

将光标移动到三个轴的中央，使三个轴都高亮显示，这时，拖曳可使对象在保持原始比例的情况下缩放，如图 3-17 所示。

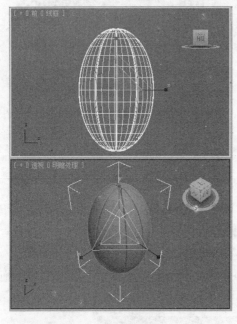

图 3-16　沿 Y 轴放大

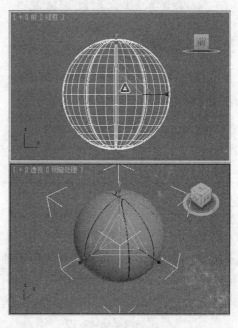

图 3-17　等比例放大

(1) ：可以沿三个轴，呈等比例地缩放对象。

(2) ：可以根据活动轴约束，以非均匀方式缩放对象。

(3) ：可以根据活动轴约束来缩放对象。

挤压对象势必牵涉到在一个轴上按比例缩小，同时，在另两个轴上均匀地按比例增大(反之亦然)。

3.2.4 变换对象的轴

选中对象，单击 ，进入层次命令面板，在"调整轴"卷展栏中，单击"仅影响轴"按钮，如图 3-18 所示，在视图中，对象的轴就会显示出来。

用 工具把轴拖动一段距离，如图 3-19 所示，然后单击"仅影响轴"按钮，此时，可以对对象进行旋转，效果如图 3-20 所示。对于对象的轴，例如移动、旋转等变换命令，也是可以对其操作的。

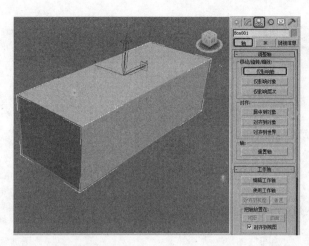

图 3-18　单击"仅影响轴"按钮

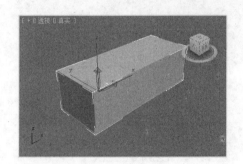

图 3-19　移动轴

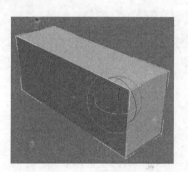

图 3-20　对物体进行旋转

例 3-1：制作杀虫剂外包装筒

下面讲解如何制作杀虫剂外包装筒，其效果如图 3-21 所示，具体操作方法如下。

(1) 选择"创建" ✳ →"几何体" ◯ →"标准基本体" →"圆柱体"工具，在顶视图中绘制一个"半径"为 40，"高度"为 340 的圆柱体，如图 3-22 所示。

(2) 选择圆柱体，单击鼠标右键，在弹出的快捷菜单中选择"转换为" →"转换为可编辑多边形"命令，将当前选择集定义为"顶点"，然后，在前视图中，选择如图 3-23 所示的顶点，使用"选择并均匀缩放"工具 🔲 ，对顶点沿着 Y 轴进行缩放调整。

图 3-21　渲染效果

(3) 在前视图中，选择如图 3-24 所示的顶点，在顶视图中，使用"选择并均匀缩放"工具 🔲 ，对顶点沿着 XY 轴进行缩放调整。

(4) 退出当前选择集，选择"创建" ✳ →"几何体" ◯ →"标准基本体" →"圆柱体"工具，在顶视图中继续绘制一个"半径"为 35，"高度"为 70 的圆柱体，如图 3-25 所示。

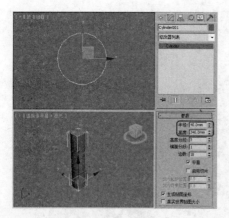

图 3-22　创建圆柱体

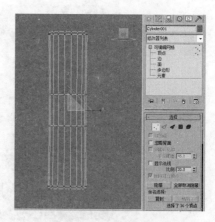

图 3-23　缩放调整顶点

图 3-24　继续缩放调整顶点

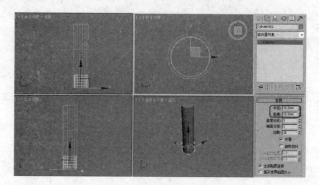

图 3-25　绘制圆柱体

(5) 选中创建的 Cylinder002 圆柱体对象，单击"对齐"按钮 ，然后，单击先前创建的 Cylinder001 圆柱体，在弹出的对话框中，勾选"X 位置"、"Y 位置"和"Z 位置"，并将"当前对象"和"目标对象"都选择为"中心"，然后单击"确定"按钮，如图 3-26 所示。

(6) 在前视图中，使用"选择并移动"工具 ，将 Cylinder002 圆柱体对象向上移动，移动后的位置如图 3-27 所示。

图 3-26　对齐设置

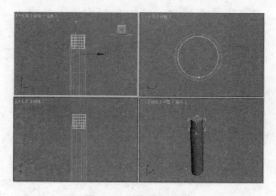

图 3-27　移动圆柱体

(7) 将 Cylinder002 圆柱体转换为"可编辑多边形",将当前选择集定义为"顶点",然后在前视图中,选择如图 3-28 所示的顶点,使用"选择并均匀缩放"工具和"选择并移动"工具,对顶点进行适当调整。

(8) 退出当前选择集,单击"编辑几何体"卷展栏中的"附加"按钮,然后单击 Cylinder001 圆柱体,将其与 Cylinder002 圆柱体附加在一起,如图 3-29 所示。

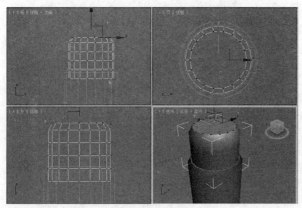

图 3-28　调整顶点　　　　　　　　　　图 3-29　附加圆柱体

(9) 将当前选择集定义为"多边形",然后在前视图中选择如图 3-30 所示的多边形,在"多边形: 材质 ID"卷展栏中,将"设置 ID"设置为 2。

(10) 然后在前视图中选择如图 3-31 所示的多边形,在"多边形: 材质 ID"卷展栏中,将"设置 ID"设置为 1。

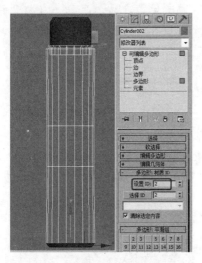

图 3-30　将"设置 ID"设置为 2　　　　图 3-31　设置"多维/子对象"材质

(11) 按 M 键打开材质编辑器,选择第一个材质样本球,将其命名为"杀虫剂 01",然后单击材质名称栏右侧的 Standard 按钮,在弹出的"材质/贴图浏览器"对话框中选择"标准"→"多维/子对象",然后单击"确定"按钮。在弹出的"替换材质"对话框中,选择"丢弃旧材质",然后单击"确定"按钮。在"多维/子对象基本参数"卷展栏中,单

击"设置数量"按钮，在弹出的"设置材质数量"对话框中，将"材质数量"设置为 2，单击"确定"按钮，如图 3-32 所示。

(12) 单击 ID1 右侧的"无"按钮，在弹出的"材质/贴图浏览器"对话框中选择"标准"→"标准"，然后单击"确定"按钮，进入该子级材质面板中。在"明暗器基本参数"卷展栏中，将明暗器设置为 Phong，在"Phong 基本参数"卷展栏中，将"环境光"和"漫反射"的 RGB 值设置为 223、223、223，将"高光反射"设置为 223、223、255，将"高光级别"和"光泽度"设置为 88、72，如图 3-33 所示。

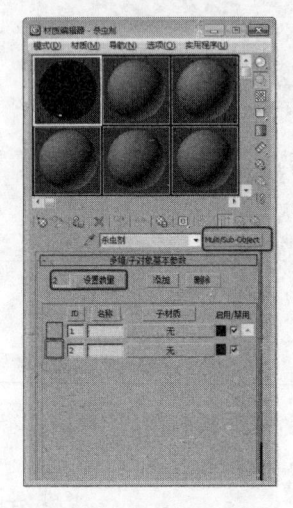

图 3-32　设置 ID1 材质

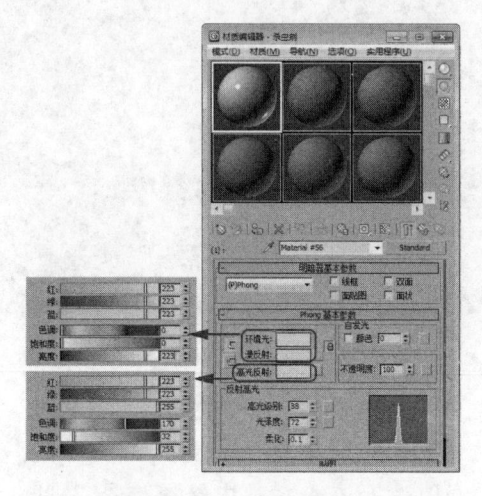

图 3-33　设置材质

(13) 打开"贴图"卷展栏，单击"漫反射颜色"通道后的 None 按钮，在打开的"材质/贴图浏览器"窗口中双击"位图"贴图，在打开的对话框中选择本书下载资源中的"下载资源\Map\CY-BLUE01.TGA"文件，单击"打开"按钮。在"坐标"卷展栏中，将"模糊"设置为 1.07，如图 3-34 所示。

(14) 双击"转到父对象"按钮，返回至顶层面板，单击 ID2 右侧的"无"按钮，在弹出的"材质/贴图浏览器"对话框中选择"标准"→"标准"，然后单击"确定"按钮，进入其子级材质面板中。在"明暗器基本参数"卷展栏中，将明暗器设置为 Phong，在"Phong 基本参数"卷展栏中，将"环境光"和"漫反射"的 RGB 值设置为 214、214、214，将"高光反射"设置为 255、255、255，将"高光级别"和"光泽度"设置为 88、75，如图 3-35 所示。

(15) 打开"贴图"卷展栏，设置"反射"的"数量"为 12，单击"反射"通道后的 None 按钮，在打开的"材质/贴图浏览器"窗口中双击"位图"贴图。在打开的对话框中选择本书下载资源中的"下载资源\Map\NEWREF3.GIF"文件，单击"打开"按钮。在"坐标"卷展栏中，将"模糊偏移"设置为 0.026，如图 3-36 所示。

(16) 双击"转到父对象"按钮，返回至顶层面板，单击"将材质指定给选定对象"按钮，将材质指定给场景中的杀虫剂对象。

(17) 选中杀虫剂对象，并将当前选择集定义为"多边形"，然后，在前视图中选择如图 3-37 所示的多边形，并且在修改器列表中添加"UVW 贴图"修改器，在"参数"卷展栏中，将"贴图"选择为柱形，单击"对齐"中的"适配"按钮。

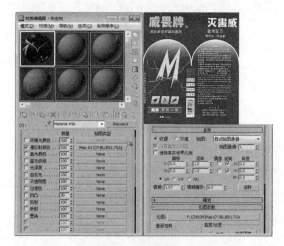

图 3-34　设置贴图材质

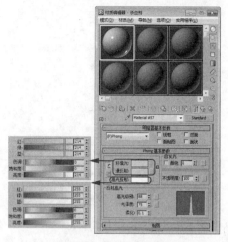

图 3-35　设置材质

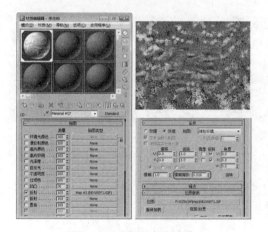

图 3-36　设置贴图材质

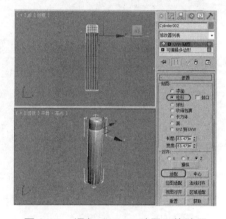

图 3-37　添加"UVW 贴图"修改器

(18) 在场景中复制杀虫剂对象，然后选择"创建"→"几何体"→"标准基本体"→"平面"工具，在顶视图中绘制一个"长度"为 3500，"宽度"为 3500 的平面，效果如图 3-38 所示。

(19) 按 M 键打开材质编辑器，选择一个新的样本球，将其名称设为"地面"，单击 Standard 按钮，弹出"材质/贴图浏览器"对话框，选择"标准"→"无光/投影"选项，保持默认值，并单击"确定"按钮，如图 3-39 所示。

(20) 按 8 键，弹出"环境和效果"对话框，选择"环境"选项卡，在"公用参数"卷展栏中，将"背景"下的"颜色"设为白色，如图 3-40 所示。

(21) 创建"目标"摄影机，并进行调整，如图 3-41 所示。

(22) 添加"泛光灯"，在"常规参数"卷展栏的"阴影"选项组中，勾选"启用"复选框，在"阴影参数"卷展栏中，将"颜色"的 RGB 值设为 106、106、106，如图 3-42 所示。

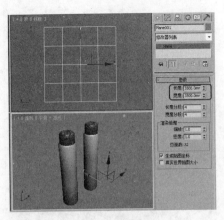

图 3-38　复制对象

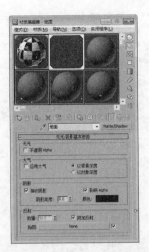

图 3-39　设置地面材质

图 3-40　设置背景颜色

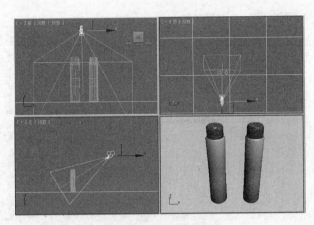

图 3-41　添加摄影机

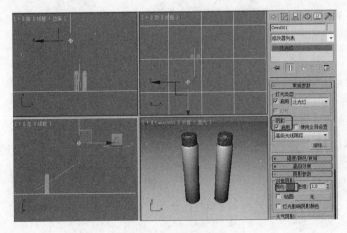

图 3-42　添加灯光

3.2.5　对象的对齐

"对齐"工具就是通过移动操作，使物体自动与其他对象对齐，所以，它在物体之间并没有建立特殊关系。

在顶视图中创建一个球体和一个圆环，选择球体，在工具栏中单击"对齐" 按钮，然后在顶视图中选择圆环对象，打开"对齐当前选择(Torus001)"对话框，并使球体在圆环的中间，参数设置如图 3-43 所示。

图 3-43　"对齐当前选择(Torus001)"对话框

在"对齐当前选择"对话框中，各选项的功能说明如下。

(1) 对齐位置(屏幕)——根据当前的参考坐标系来确定对齐的方式。

① X 位置/Y 位置/Z 位置：指定位置对齐依据的轴向，可以单方向对齐，也可以多方向对齐。

② 当前对象/目标对象：分别用于当前对象与目标对象对齐的设置。

③ 最小：以对象表面最靠近另一对象选择点的方式进行对齐。

④ 中心：以对象中心点与另一对象的选择点进行对齐。

⑤ 轴点：以对象的重心点与另一对象的选择点进行对齐。

⑥ 最大：以对象表面最远离另一对象选择点的方式进行对齐。

(2) 对齐方向(局部)——特殊指定方向对齐依据的轴向，方向的对齐是根据对象自身坐标系完成的，3 个轴向可以任意选择。

(3) 匹配比例：将目标对象的缩放比例沿指定的坐标轴施加到当前对象上。要求目标对象已经进行了缩放修改，系统会记录缩放的比例，将比例值应用到当前对象上。

3.3　对象的复制

复制是快速建立场景的有效方法。复制对象是指创建对象的复制样本，并且允许与原对象一起被修改。

3.3.1　使用"克隆"命令

首先在场景中选择需要克隆的对象，然后从菜单栏中选择"编辑"→"克隆"命令或按 Ctrl+V 键，弹出"克隆选项"对话框，如图 3-44 所示，在"对象"组中选择复制类型，并在下方的"名称"文本框中输入复制后的对象名称，设置好参数后，单击"确定"按钮。克隆出的对象与原对象是重叠的。

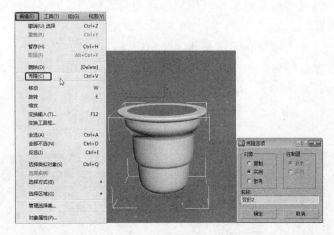

图 3-44　调出"克隆选项"对话框

3.3.2　配合 Shift 键拖动

选择需要复制的对象，按住 Shift 键，再使用 ✛ 工具沿着需要的轴向拖动对象，就会看到在指定的轴向上复制出了一个新的对象，松开鼠标时，会弹出"克隆选项"对话框，可以在"对象"组中指定复制类型，在"副本数"微调框中指定复制对象的数量，在"名称"文本框中输入复制对象的名称，设置完成后，单击"确定"按钮即可。

3.3.3　使用"镜像"命令

在视图中选择要进行镜像复制的对象，在工具栏中单击 ⚙ 按钮，弹出"镜像"对话框，如图 3-45 的左图所示，在"镜像轴"选项组中指定镜像轴，在"偏移"微调框中指定镜像对象与源对象之间的间距，并在"克隆当前选择"组中设置是否复制以及复制的类型，设置好参数后，单击"确定"按钮，最后效果如图 3-45 的右图所示。

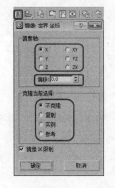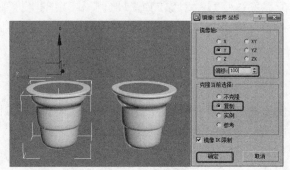

图 3-45　"镜像"对话框和模型复制结果

3.3.4　使用"阵列"命令

"阵列"命令参数较多，从菜单栏中选择"工具"→"阵列"命令，弹出"阵列"对话框，在"阵列维度"选项组以及"阵列变换"选项组中，选择 2D 或 3D 阵列方式，输入各个轴向的复制数量和距离、角度或缩放比例，如图 3-46 所示，最后单击"确定"按钮完成阵列复制，效果如图 3-47 所示。

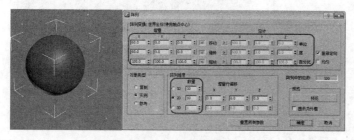

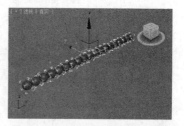

图 3-46　"阵列"对话框

图 3-47　阵列复制出的对象

3.3.5　"快照"复制

快照复制是创建多重复制的另外一种方法，它同样可以为动画对象创建复制、关联复制或参考复制。

创建快照复制时，选择一个动画对象，从菜单栏中选择"工具"→"快照"命令，打开"快照"对话框，其中"副本"用于指定复制的数量，如图 3-48 所示。设置好参数后单击"确定"按钮，即可沿该动画对象的运动轨迹进行复制，如图 3-49 所示。

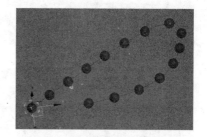

图 3-48　"快照"对话框

图 3-49　快照复制出的对象

3.3.6　使用"间隔工具"复制

这个工具可以让一个对象沿着指定的路径进行复制。首先选择要复制的对象，从菜单栏中选择"工具"→"对齐"→"间隔工具"命令，弹出"间隔工具"对话框，如图 3-50 所示。在该对话框中，单击"拾取路径"按钮，在视图中点选指定的路径，设置好复制的数量后，单击"应用"按钮即可，效果如图 3-51 所示。

图 3-50　间隔工具

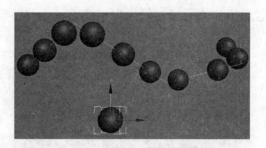

图 3-51　间隔复制出的对象效果

提示：在设置完成后，必须单击"应用"按钮，然后再关闭对话框，否则，刚做的
设置将不会起作用。

3.4　对象的成组

如果一个物品是由分开的几个部件构成的整体，那么，把这些部件进行一个编组，会
为以后的操作带来很大的方便。

3.4.1　组的创建与分解

先选择所有要编组的对象，如图 3-52 所示，然后选择菜单栏中的"组"→"成组"命
令，在弹出的"组"对话框中，输入组的名称，如图 3-53 所示，单击"确定"按钮后，编
组完成，效果如图 3-54 所示。如果要解散已编好的组，可从菜单栏中选择"组"→"解
组"命令。

图 3-52　选择对象

图 3-53　"组"对话框

图 3-54　完成编辑后的组

3.4.2　组的打开与关闭

有时想对组中的部分个体做修改，但又不想解散组，就需要用到组的打开与关闭。选
择需要修改的对象所在的那个组，然后从菜单栏中选择"组"→"打开"命令，如图 3-55
所示，打开组后，就可以选择其中的个体对其进行操作了，如图 3-56 所示；要关闭组，则
从菜单栏中选择"组"→"关闭"命令即可，如图 3-57 所示。

图 3-55 打开组

图 3-56 打开组后的效果

图 3-57 关闭组

3.5 对象的链接

本节将介绍对象的链接知识，具体详述如下。

3.5.1 父体、子体和根的关系

学习创建对象的链接，就必须先了解父体、子体和根的关系。在 3ds Max 中，父体控制着所有子体，子体被链接到父体并由父体控制，而且一个父体可以有许多子体，但是，一个子体却只能有一个父体。另外，一个对象可以同时是父体和子体。

层级是包括所有父体和子体的对象集合。在层级中，祖先是一个子体对象上面的所有父体，子代是在一个父体对象下面的所有子体。根对象是父体的顶部，它不再有父体，并且控制全部层级中的对象。

每个层级都有若干分支和子树，有两个或更多子体的父体是新分支的开始，如图 3-58 所示。

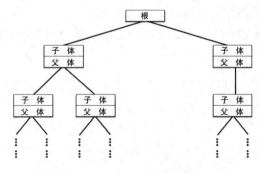

图 3-58 父体、子体、根和层级的关系

3.5.2 构建对象间的链接

在 3ds Max 中有几种方法可以用来建立层级。最简单的方法，是使用主工具栏中的 ⚓ 工具。在使用 ⚓ 工具时，选择的顺序决定了哪个对象成为父体，哪个对象成为子体。

⚓ 工具总是把子体链接到父体。并且应该记住，一个父体能有许多子体，但是，一个子体只能有一个父体。

链接对象的方法举例说明如下。

单击主工具栏中的 按钮,在场景中单击水桶(它将成为子体),然后,从水桶上拖出一根线到人物(它将成为父体),如图 3-59 所示。当箭头光标变成链接图标时,释放鼠标,父体对象将闪烁,表示链接被建立。此时移动人物,水桶将跟随人物一起移动,如图 3-60 所示。而断开链接后的效果如图 3-61 所示。

  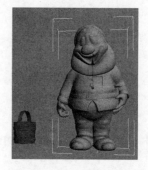

图 3-59　链接物体　　　　图 3-60　跟随移动　　　　图 3-61　断开链接后的效果

3.5.3　解除链接对象

上面提到了"断开链接",就是要解除链接对象。使用 工具,即可解除链接关系,但是仅解除与父体的链接。如果要解除一个层级的所有链接,应该用鼠标双击一个对象,这样,就可以选择它的全部层级,然后再单击 按钮即可。

3.5.4　查看链接的层次关系

在链接层级建立后,可以在场景的许多地方得到链接的信息了。例如,在"显示"命令面板中,就有一个在视图里显示链接信息的控件。

此外,单击"按名称选择"按钮,也可以显示出所有对象的层级列表。

1. 在视图中直接显示链接

为了在视图中直接显示链接关系,可以通过选中 显示命令面板中的"链接显示"卷展栏中的"显示链接"复选框来实现,如图 3-62 所示。

(1) 显示链接:选择该选项,首先会在各对象的轴心处产生一个钻石模样的标记,然后,用线连接这些标记,以显示出对象之间的链接关系,这些标记及连接线的颜色与对象一样。

(2) 链接替换对象:选择该选项后,移开对象只显示链接结构。这个特性可把复杂的对象从视图中移除,并直接用链接标记来工作。这样,尽管对象消失了,但仍然可以通过链接标记来变换消失的对象,如图 3-63 所示。

2. 对象间的层级关系

单击工具栏中的 按钮,打开"从场景选择"对话框,然后选中"显示子对象",即可看到选择对象下面的所有子体,如图 3-64 所示。

图 3-62　"链接信息"卷展栏　　　图 3-63　显示链接　　　图 3-64　"从场景选择"对话框

3.6　设置对象的属性

在 3ds Max 2012 中，有很多特殊的操作都需要设置对象的属性，例如设置对象的渲染属性，为对象设置 G 缓冲区，或开启对象的运动模糊属性等。

以上操作都是通过从菜单栏中的"编辑"→"对象属性"命令，如图 3-65 所示，打开"对象属性"对话框，并进行相应的设置来实现的。另外，通过用鼠标右击所选择的对象，从弹出的快捷菜单中选择"对象属性"命令，如图 3-66 所示，同样也可以打开"对象属性"对话框。

图 3-65　使用菜单栏

图 3-66　使用快捷菜单

3.6.1　查看对象的基本信息

在"对象属性"对话框中，可以看到对象的详细数据(只适用于单个对象)。这些数据包括对象的名称、颜色、X/Y/Z 的坐标值及顶点和面的数量。同时，还可以查看到此对象被分配了何种材质，被包含在哪个组中。不过，不能对这些数据进行编辑或修改。

在该对话框中，有一些信息栏只对特定对象才会显示，如"顶点"和"面数"下方的两个栏，只针对二维样条曲线，如图 3-67 所示。

图 3-67　"对象属性"对话框

3.6.2　设置对象的渲染属性

在"对象属性"对话框中，"渲染控制"选项组中的各个复选框是专门用于对象的渲染控制的。默认状态下，此选项组中的各种渲染特性是处于选中状态的，可以手动取消某些选项的选中状态，来完成一些特殊的任务。比如，取消选中"可渲染"复选框，可以使被选对象不被渲染；取消选中"接收阴影"复选框，则可以使此对象不接收其他对象的投影；而"投影阴影"复选框的作用与"接收阴影"正好相反，取消选中它，会禁止此对象向其他对象投影。

"渲染控制"组中的选项只在优化场景渲染速度或实现一些特殊功能时才会用到，一般工作状态下保持其默认设置即可。

3.6.3　启动运动模糊效果

"运动模糊"组的作用，是使移动的对象在渲染时产生移动模糊的效果。当一个高速运动的对象飞过人们的眼前时，为刻画对象的速度感，人们往往会为对象"拖出"一条模糊的轨迹，这就是运动模糊效果的典型实例，如图 3-68 和 3-69 所示。在"运动模糊"选项组中，"倍增"选项用于控制运动模糊的程度，值越大，图像就越模糊。

图 3-68　"运动模糊"选项组

图 3-69　运动模糊的效果

3.6.4　设置对象的交互性

"交互性"组中的选项主要用于对象在工作视图中的显示控制。其中，最常用的就是"隐藏"和"冻结"，其他选项一般保持默认设置即可。"交互性"选项组中的选项对于提高工作视图的刷新率很有帮助。

(1) 隐藏：将某一对象完全隐藏起来，既不能对其进行操作，也不能看见它。

(2) 冻结：对象可以在视图中显示，但却不能对其进行任何操作。

3.7　小型案例实训

下面通过两个案例，对本章所讲解的知识进行巩固。

3.7.1　制作折扇

本例将介绍如何制作折扇，首先是利用"矩形"、"编辑样条线"、"挤出"、"UVW 贴图"修改器制作扇面，然后使用"长方体"，将其转换为可编辑多边形，对其进行修改，然后将其旋转复制，最后，给扇面和扇骨赋予材质，其效果如图 3-70 所示。具体的操作步骤如下。

图 3-70　折扇效果

(1) 选择"创建"→"图形"→"矩形"工具，在顶视图中创建"长度"为 1、"宽度"为 360 的矩形，如图 3-71 所示。

(2) 单击"修改"按钮，进入"修改"命令面板，在修改器列表中选择"编辑样条线"修改器，将当前选择集定义为"分段"，在场景中选择上下两段分段，在"几何体"卷展栏中设置"拆分"为 32，单击"拆分"按钮，如图 3-72 所示。

(3) 将当前选择集定义为"顶点"，在"场景"中调整顶点的位置，如图 3-73 所示。

(4) 将当前选择集关闭，在修改器列表中选择"挤出"修改器，在"参数"卷展栏中设置数量为 150，在"输出"卷展栏中选中"面片"单选按钮，如图 3-74 所示。

(5) 在修改器列表中，选择"UVW 贴图"修改器，在"参数"卷展栏中选中"长方体"单选按钮，在"对齐"选项组中单击"适配"按钮，如图 3-75 所示。

(6) 确定模型处于选中状态，将其命名为"扇面 01"，在修改器列表中选择 Bend(弯曲)修改器，在"参数"卷展栏中设置"角度"为 160，选中"弯曲轴"选项组中的 X 单选按钮，如图 3-76 所示。

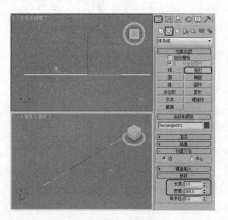

图 3-71　绘制矩形

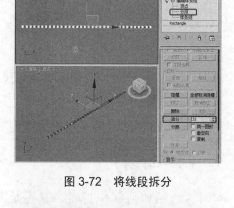

图 3-72　将线段拆分

图 3-73　调整顶点的位置

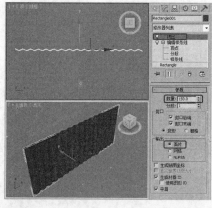

图 3-74　为矩形添加"挤出"修改器

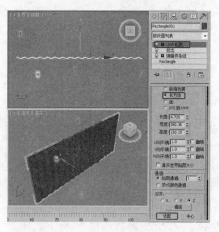

图 3-75　添加"UVW 贴图"修改器

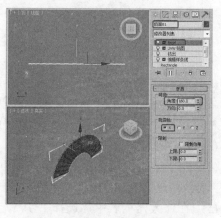

图 3-76　添加"弯曲"修改器

(7) 选择"创建"→"几何体"→"长方体"工具，在前视图中创建"长度"、"宽度"、"高度"为 300、12、1 的长方体，将其命名为"扇骨 01"，如图 3-77 所示。

(8) 在场景中选择"扇骨 01"，单击鼠标右键，在弹出的快捷菜单中选择"转换为"→"转换为可编辑多边形"命令，进入"修改"命令面板，将当前选择集定义为"顶点"，在场景中选择下面的两个顶点，然后对齐，进行缩放，关闭当前选择集，然后使用"选择并移动"和"选择并旋转"工具调整"扇骨 01"的位置，如图 3-78 所示。

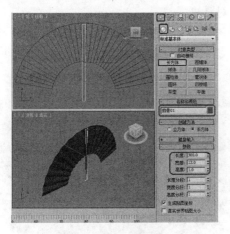

图 3-77　绘制扇骨

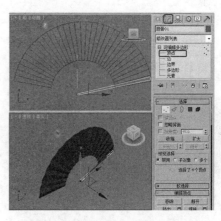

图 3-78　调整顶点并调整扇骨的位置

(9) 在场景中绘制两条与扇面边平行的线，选择"扇骨 01"，单击"层次"按钮，进入"层次"面板，再单击"轴"按钮，在"调整轴"卷展栏中单击"仅影响轴"按钮，然后在场景中将轴移动到两条线段的交点处，如图 3-79 所示。

(10) 关闭"仅影响轴"按钮，在场景中使用"选择并旋转"工具，按住 Shift 键，将其沿 Z 轴进行旋转，在弹出的对话框中，选择"复制"单选按钮，将"副本数"设置为 16，单击"确定"按钮，效果如图 3-80 所示。

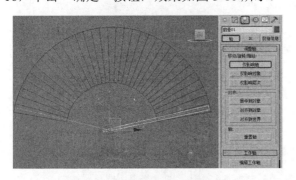

图 3-79　创建平行线并调整轴

图 3-80　旋转复制扇骨

(11) 在场景中调整扇骨，将其调整至扇面的两端，效果如图 3-81 所示。

(12) 选择"创建"→"几何体"→"圆柱体"工具，在场景中，创建一个"半径"为 3，"高度"为 12 的圆柱体，创建完成后，对圆柱体进行调整，效果如图 3-82 所示。

(13) 按 M 键打开"材质编辑器"对话框，选择一个空白的材质样本球，将其命名为"木纹"，在"Blinn 基本参数"卷展栏中，将"高光级别"和"光泽度"设置为 76、

47，在"贴图"卷展栏中，单击"漫反射颜色"通道后的 None 按钮，在弹出的对话框中选择"位图"，单击"确定"按钮，在弹出的对话框中选择 010bosse.jpg 位图文件，然后按照如图 3-83 所示的参数对位图设置参数，然后单击"转到父对象"按钮，将材质指定为场景中所有的"扇骨"对象。

(14) 选择一个新的材质样本球，将其命名为"扇面"，在"明暗器基本参数"卷展栏中勾选"双面"复选框，单击"漫反射颜色"通道后的 None 按钮，在弹出的对话框中选择"位图"选项，单击"确定"按钮，在弹出的对话框中选择 12_2.jpg，单击"打开"按钮，进入下一层级，然后对其进行如图 3-84 所示的设置。单击"转到父对象"按钮，将材质指定为场景中"扇面"对象。

图 3-81　调整扇骨的位置

图 3-82　创建圆柱体

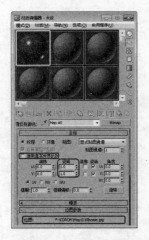

图 3-83　设置扇骨材质

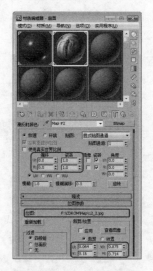

图 3-84　设置扇面材质

(15) 确定扇面处于选中状态，进入"修改"命令面板，在修改器列表中选择"UVW 贴图"修改器，如图 3-85 所示。在"参数"卷展栏中，选择"长方体"卷展栏。

(16) 在场景中绘制一个长方体，将该长方体调整至合适的位置，将其"颜色"RGB 设置为 184、228、153，在顶视图中创建摄影机，在"参数"卷展栏中，将镜头参数设置为 42mm，然后将透视视图调整为摄影机视图，在其他视图中调整摄影机的位置。

(17) 选择"创建"→"灯光"→"泛光灯"工具，在顶视图中创建泛光灯，并在其他视图中调整灯光的位置，进入"修改"命令面板，在"强度/颜色/衰减"卷展栏中，将"倍增"设置为 0.3，单击"常规"参数卷展栏中的"排除"按钮，在弹出的对话框中，选择"排除"和"两者兼有"单选按钮，选择"扇面"和"背面"，将其排除，如图 3-86 所示。

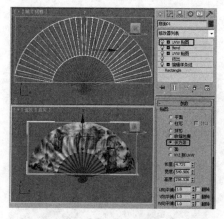

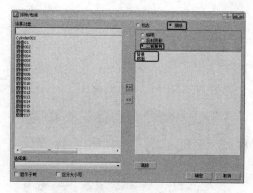

图 3-85　添加"UVW 贴图"修改器　　　　图 3-86　"排除/包含"对话框

(18) 在场景中创建一盏天光，在"天光参数"卷展栏中设置其"倍增"为 0.9，调整其位置，然后将其渲染输出即可。

3.7.2　制作餐具

本例将介绍餐具的制作，该实例主要通过"线"工具绘制盘子的轮廓图形，并为其添加"车削"修改器，制作出盘子效果，然后使用"长方体"工具和"线"工具制作支架，其效果如图 3-87 所示。

图 3-87　渲染后的效果

(1) 按 Ctrl+O 组合键，打开本书下载资源中的"下载资源\Scene\Cha03\餐具.max"文件，选择"创建" ![icon]→"图形" ![icon]→"线"工具，在左视图中绘制样条线，切换到"修改"命令面板，在"插值"卷展栏中将"步数"设置为 20，将当前选择集定义为"顶点"，在场景中调整盘子截面的形状，并将其命名为"盘子001"，如图 3-88 所示。

(2) 在修改器列表中，选择"车削"修改器，在"参数"卷展栏中勾选"焊接内核"复选框，将"分段"设置为 50，在"方向"选项组中单击 Y 按钮，在"对齐"选项组中单击"最小"按钮，如图 3-89 所示。

知识链接一 焊接内核：通过将旋转轴中的顶点焊接来简化网格。如果要创建一个变形目标，需禁用此选项。

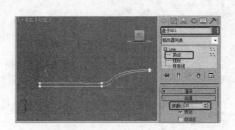

图 3-88　创建盘子的截面图形

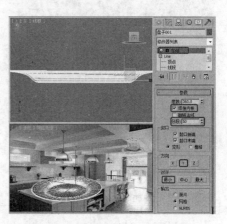

图 3-89　施加"车削"修改器

提示： 由于盘子的质感比较细腻，所以，必须指定"插值"卷展栏中"步数"参数为一个比较高的值。

(3) 选择"创建" → "几何体" → "长方体"工具，在顶视图中创建长方体，将其命名为"支架 001"，切换到"修改"命令面板，在"参数"卷展栏中，将"长度"设置为 600，将"宽度"设置为 30，将"高度"设置为 15，如图 3-90 所示。

(4) 在顶视图中按住 Shift 键，沿 X 轴移动复制模型，在弹出的对话框中，单击"实例"单选按钮，单击"确定"按钮，如图 3-91 所示。

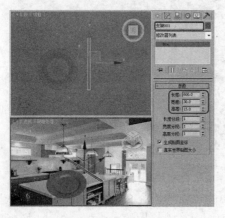

图 3-90　创建"支架 001"

图 3-91　复制支架

（5）选择"创建" 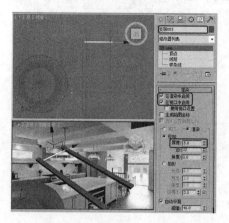 →"图形" →"线"工具，在顶视图中绘制样条线，将其命名为"支架 003"，切换到"修改"命令面板，在"渲染"卷展栏中勾选"在渲染中启用"和"在视口中启用"复选框，设置"厚度"为 5，如图 3-92 所示。

（6）在顶视图中按住 Shift 键，沿 Y 轴移动复制"支架 003"对象，在弹出的对话框中单击"复制"单选按钮，将"副本数"设置为 10，单击"确定"按钮，如图 3-93 所示。

图 3-92　创建"支架 003"

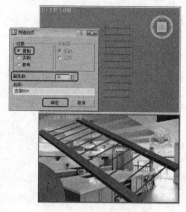

图 3-93　复制模型

（7）选择"创建" →"图形" →"线"工具，在前视图中绘制样条线，将其命名为"竖支架 001"，切换到"修改"命令面板，在"渲染"卷展栏中勾选"在渲染中启用"和"在视口中启用"复选框，设置"厚度"为 5，如图 3-94 所示。

（8）在顶视图中按住 Shift 键，沿 Y 轴移动复制"竖支架 001"对象，在弹出的对话框中，单击"复制"单选按钮，将"副本数"设置为 10，再单击"确定"按钮，如图 3-95 所示。

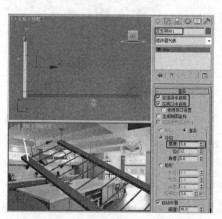

图 3-94　创建"竖支架 001"

图 3-95　复制"竖支架 001"对象

（9）在场景中选择所有的竖支架对象，然后在顶视图中按住 Shift 键，沿 X 轴移动复制模型，在弹出的对话框中单击"复制"单选按钮，单击"确定"按钮，如图 3-96 所示。

（10）选择所有的支架对象，在菜单栏中选择"组"→"成组"命令，在弹出的对话框中设置"组名"为"支架"，单击"确定"按钮，如图 3-97 所示。

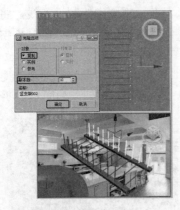

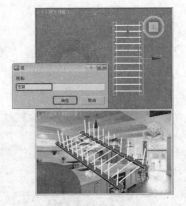

图 3-96　复制竖支架对象　　　　　　　　图 3-97　成组对象

(11) 选择盘子对象，使用"选择并移动"工具和"选择并旋转"工具在视图中调整盘子，效果如图 3-98 所示。

(12) 在左视图中按住 Shift 键，沿 X 轴移动，复制盘子模型，在弹出的对话框中单击"实例"单选按钮，设置"副本数"为 9，单击"确定"按钮，并在视图中调整盘子的位置，效果如图 3-99 所示。

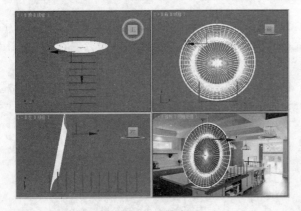

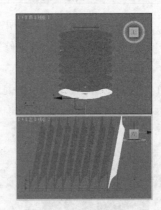

图 3-98　调整盘子　　　　　　　　　　图 3-99　复制盘子

知识链接二　　自发光: 有两种方法可以指定自发光。可以启用复选框并设置自发光颜色，或者禁用复选框，并使用单色微调器(这相当于使用灰度自发光颜色)。自发光材质不显示投到它们上面的阴影，它们也不受场景中光线的影响。不管场景中的光线如何，亮度仍然保持不变。

知识链接三　　光线跟踪: 使用"光线跟踪"贴图，可以提供全部光线跟踪反射和折射。生成的反射和折射比反射/折射贴图的更精确。渲染光线跟踪对象的速度比使用反射/折射的速度低。

(13) 在场景中选择所有盘子对象，按 M 键打开"材质编辑器"对话框，选择一个新的材质样本球，将其命名为"橙色瓷器"，在"Blinn 基本参数"卷展栏中，将"环境光"和"漫反射"的 RGB 值分别设置为 255、255、255，将"自发光"设置为 40，在"反射高光"选项组中,将"高光级别"和"光泽度"分别设置为 48 和 51,如图 3-100 所示。

(14) 打开"贴图"卷展栏,将"反射"后的"数量"设置为 8,并单击 None 按钮,在弹出的"材质/贴图浏览器"对话框中,选择"光线跟踪"贴图,然后单击"确定"按钮,如图 3-101 所示。

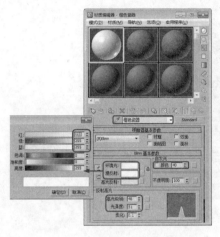

图 3-100　设置 Blinn 基本参数

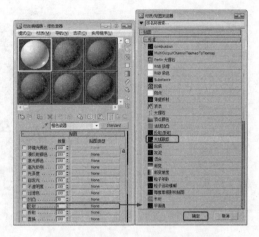

图 3-101　选择"光线跟踪"贴图

提示:如果仅选中贴图按钮左侧的单选按钮,则会将场景的环境贴图作为整体进行覆盖,反射和折射也使用场景范围的环境贴图。

(15) 然后在"光线跟踪器参数"卷展栏中,单击"背景"选项组中的"无"贴图按钮,在弹出的"材质/贴图浏览器"对话框中,选择"位图"贴图,单击"确定"按钮,如图 3-102 所示。

(16) 在弹出的对话框中,打开本书下载资源中的"室内环境.jpg"素材文件,然后在"位图参数"卷展栏中,勾选"裁剪/放置"选项组中的"应用"复选框,并将 W 和 H 分别设置为 0.461 和 0.547,如图 3-103 所示。

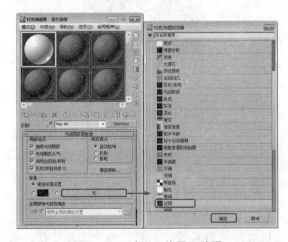

图 3-102　选择"位图"贴图

图 3-103　设置位图参数

(17) 单击两次"转到父对象"按钮 ，单击"漫反射颜色"右侧的 None 按钮，在弹出的"材质/贴图浏览器"对话框中选择"位图"贴图，单击"确定"按钮，在弹出的对话框中，打开本书下载资源中的 200710189629479_2.jpg 素材文件，单击"转到父对象"按钮 ，然后单击"将材质指定给选定对象"按钮 ，效果如图 3-104 所示。

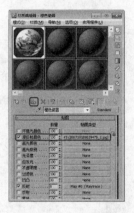

图 3-104　指定材质

(18) 在场景中选择"支架"对象，在"材质编辑器"对话框中，选择一个新的材质样本球，将其命名为"支架材质"，在"Blinn 基本参数"卷展栏中，将"自发光"设置为 20，在"反射高光"选项组中，将"高光级别"和"光泽度"设置为 42 和 62，如图 3-105 所示。

(19) 打开"贴图"卷展栏，单击"漫反射颜色"右侧的 None 按钮，在弹出的"材质/贴图浏览器"对话框中双击"位图"贴图，再在弹出的对话框中打开本书下载资源中的 009.jpg 素材文件，然后在"坐标"卷展栏中，勾选"使用真实世界比例"复选框，将"大小"下的"宽度"和"高度"都设置为 48，如图 3-106 所示。

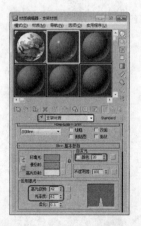

图 3-105　设置 Blinn 基本参数

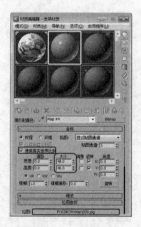

图 3-106　设置贴图

提示：勾选"使用真实世界比例"复选框后，使用真实"宽度"和"高度"值，而不是 UV 值将贴图应用于对象。对于 3ds Max，默认设置为禁用状态。

(20) 单击"转到父对象"按钮 ![icon]，在"贴图"卷展栏中，将"反射"后的"数量"设置为 5，并单击 None 按钮，在弹出的"材质/贴图浏览器"对话框中双击"光线跟踪"贴图，然后在"光线跟踪器参数"卷展栏中，单击"背景"选项组中的"无"按钮，在弹出的"材质/贴图浏览器"对话框中选择"位图"贴图，单击"确定"按钮，如图 3-107 所示。

(21) 在弹出的对话框中，打开本书下载资源中的"室内环境.jpg"素材文件，然后在"位图参数"卷展栏中，勾选"裁剪/放置"选项组中的"应用"复选框，并将 W 和 H 分别设置为 0.461 和 0.547，然后单击两次"转到父对象"按钮 ![icon]，并单击"将材质指定给选定对象"按钮 ![icon]，将材质指定给"支架"对象，效果如图 3-108 所示。

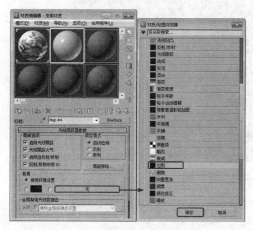

图 3-107　选择"位图"贴图

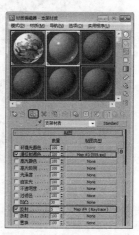

图 3-108　设置并指定材质

(22) 切换至顶视图，单击鼠标右键，在弹出的快捷菜单中选择"全部取消隐藏"，然后选择平面对象，按 M 键打开"材质编辑器"对话框，激活一个新的材质样本球，并单击 Standard 按钮，在弹出的"材质/贴图浏览器"对话框中双击"无光/投影"材质，然后打开"无光/投影基本参数"卷展栏，在"阴影"选项组中，将"颜色"的 RGB 值设置为 176、176、176，如图 3-109 所示。单击"将材质指定给选定对象"按钮 ![icon]，将材质指定给平面对象。

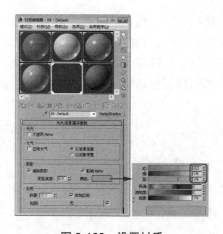

图 3-109　设置材质

(23) 选择"创建" ![]→"摄影机" ![]→"目标"工具,在视图中创建摄影机,激活透视视图,按 C 键将其转换为摄影机视图,切换到"修改"命令面板,在"参数"卷展栏中,将"镜头"设置为 29,并在其他视图中调整摄影机位置,效果如图 3-110 所示。

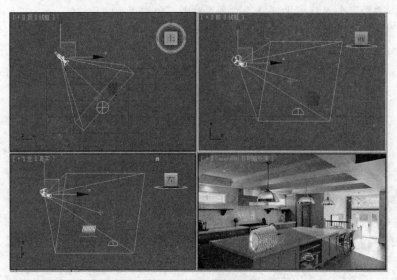

图 3-110   创建并调整摄影机

(24) 设置完成后,单击"渲染"按钮,即可渲染场景。

3.8 本 章 小 结

本章所讲解的内容属于操作性内容,也属于需要重点掌握的内容之一,本章的主要内容如下:

- 对象的选择,包括对象的选择方法及选择区域。
- 对象的变换操作方法,包括对象的移动、旋转、缩放等,是在建模的过程中最为常用的操作。
- 对象的复制方法,包括克隆、镜像、阵列等复制方法。
- 对象组的基本知识,包括组的创建、分解、打开与关闭。
- 对象的链接,包括如何对象链接及如何解除链接等。
- 对象属性的一些基本知识,包括基本属性、渲染属性及运动模糊。

习   题

1. 隐藏对象和冻结对象的区别是什么?
2. 变换中心的作用是什么?

第 4 章

基本编辑操作

本章要点:

● 编辑修改器的应用。

● 布尔元素建模。

● 放样建模。

学习目标:

● 掌握修改器和复合工具的应用。

● 掌握如何利用挤出、车削、倒角、弯曲修改器对创建的物体进行编辑。

● 掌握如何利用布尔、放样工具创建不同的对象。

4.1　编辑修改器

如果想修改模型,使其有更多的细节和增加逼真程度,就要用到编辑修改器。下面将对修改器进行详细讲解。

4.1.1　挤出修改器

"挤出"修改器可以为一个闭合的样条线曲线图形增加厚度,将其挤出成为三维实体,如果是为一条非闭合曲线进行挤出处理,那么,挤出后的物体就会是一个面片。

在"修改"命令面板中选择"挤出"修改器,其"参数"卷展栏如图 4-1 所示。

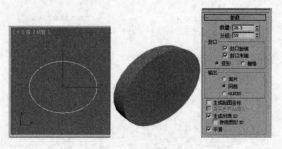

图 4-1　使用"挤出"修改器

(1) 数量:设置挤出的深度。

(2) 分段:设置挤出厚度上的片段划分数。

(3) "封口"选项组。

① 封口始端:在顶端加面,封盖物体。

② 封口末端:在底端加面,封盖物体。

③ 变形:不进行面的精简计算,以便用于变形动画的制作。

④ 栅格:进行面的精简计算,不能用于变形动画的制作。

(4) "输出"选项组。

① 面片:将放置成型的对象转化为面片模型。

② 网格:将旋转成型的对象转化为网格模型。

③ NURBS:将放置成型的对象转化为 NURBS 曲面模型。

（5）生成贴图坐标：将贴图坐标应用到挤出对象中。当"度数"值小于 360 并选中"生成贴图坐标"复选框时，将另外的贴图坐标应用到末端封口中，并在每个封口上放置一个 1×1 的平铺图案。

（6）真实世界贴图大小：控制应用于该对象的纹理贴图材质所使用的缩放方法。

（7）生成材质 ID：为模型指定特殊的材质 ID，两端面指定为 ID1 和 ID2，侧面指定为 ID3。

（8）使用图形 ID：旋转对象的材质 ID 号分配以封闭曲线继承的材质 ID 值决定。只有在对曲线指定材质 ID 后才可用。

（9）平滑：选中该复选框时自动平滑对象的表面，产生平滑过渡，否则会产生硬边。

4.1.2　车削修改器

使用"车削"修改器，可以通过旋转二维图形来产生三维模型，如图 4-2 所示。

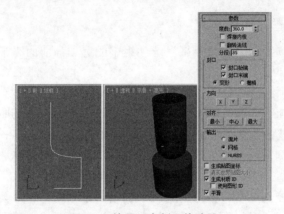

图 4-2　使用"车削"修改器

对图 4-2 中的"参数"卷展栏介绍如下。

（1）度数：设置旋转成型的角度，360°为一个完整环形，若小于 360°，则为不完整的扇形。

（2）焊接内核：通过焊接旋转轴中的顶点来简化网格，如果要创建一个变形目标，禁用此复选框。

（3）翻转法线：将模型表面的法线方向反向。

（4）分段：设置旋转圆周上的片段划分数，值越高，模型越平滑。

（5）方向：改选项组中的 X、Y、Z 按钮分别用于设置不同的轴向。

（6）对齐：此选项组包含下列内容。

①　最小：将曲线内边界与中心轴对齐。

②　中心：将曲线中心与中心轴对齐。

③　最大：将曲线外边界与中心轴对齐。

提示：至于"封口"选项组、"输出"选项组等的设置，与"挤出"修改器的参数设置相同，这里不再介绍。

4.1.3 倒角修改器

"倒角"修改器是对二维图形进行挤出成形，并且在挤出的同时，在边界上加入直的或圆形的倒角，一般用来制作立体文字和标志。在"倒角"修改器面板中包括"参数"和"倒角值"两个卷展栏，如图 4-3 所示。

图 4-3　使用"倒角"修改器

1．"参数"卷展栏

(1) "封口"选项组与"封口类型"选项组中的选项与前面"车削"修改器中的含义相同，这里就不详细介绍了。

(2) "曲面"选项组控制侧面的曲率、平滑度以及指定贴图坐标。

① 线性侧面：选中该单选按钮后，级别之间会沿着一条直线进行分段插值。

② 曲线侧面：选中该单选按钮后，级别之间会沿着一条 Bezier 曲线进行分段插值。

③ 分段：设置倒角内部的片段划分数。选中"线性侧面"单选按钮，设置"分段"的值。

④ 级间平滑：控制是否将平滑组应用于倒角对象侧面。封口会使用与侧面不同的平滑组。勾选该复选框后，对侧面应用平滑组，侧面显示为弧状；禁用此选项后，不应用平滑组，侧面显示为平面倒角。

⑤ 生成贴图坐标：勾选该复选框，将贴图坐标应用于倒角对角。

⑥ 真实世界贴图大小：控制应用于该对象的纹理贴图材质所使用的缩放方法。

(3) "相交"选项组：在制作倒角时，有时尖锐的折角会产生突出变形，这里提供了处理这种问题的方法。

① 避免线相交：勾选该复选框，可以防止尖锐折角产生的突出变形。

② 分离：设置两个边界线之间保持的距离间隔，以防止越界交叉。

2．"倒角值"卷展栏

在"倒角值"卷展栏中，"起始轮廓"选项组中包括级别 1、级别 2 和级别 3，它们分别设置 3 个级别的"高度"和"轮廓"。

提示：勾选"避免线相交"复选框，会增加系统的运算时间，可能会等待很久，而且将来在改动其他倒角参数时，也会变得迟钝，所以，应尽量避免使用这个功能。如果遇到线相交的情况，最好是返回到曲线图形中手动修改，将转折过于尖锐的地方调节圆滑。

4.1.4　弯曲修改器

"弯曲"修改器可以对物体进行弯曲处理,也可以调节弯曲的角度和方向,以及弯曲依据的坐标轴向,还可以限制弯曲在一定区域内。

"弯曲"修改器的参数面板如图 4-4 所示。

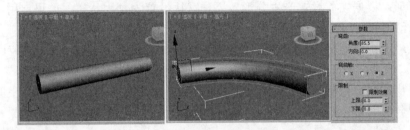

图 4-4　使用"弯曲"修改器

对"弯曲"修改器的"参数"卷展栏中的各项参数功能说明如下。

(1) 角度:设置弯曲的角度大小。

(2) 方向:用来调整弯曲方向的变化。

(3) 弯曲轴:设置弯曲的坐标轴向,包括 X、Y、Z 轴。

(4) 限制效果:对物体指定限制效果,影响区域将由下面的上、下限值来确定。

(5) 上限:设置弯曲的上限,在此限度以上的区域不会受到弯曲影响。

(6) 下限:设置弯曲的下限,在此限度与上限之间的区域都会受到弯曲影响。

除了这些基本的参数外,"弯曲"修改器还包括两个次物体选择集:Gizmo(线框)和"中心"。对于 Gizmo,可以对其进行移动、旋转、缩放等变换操作,在进行这些操作时将影响弯曲的效果。"中心"也可以被移动,从而改变弯曲所依据的中心点。

4.1.5　噪波修改器

"噪波"修改器可以使对象表面产生凹凸不平的效果,多用来制作群山或表面不光滑的物体。"噪波"修改器沿着 3 个轴的任意组合调整对象顶点的位置,它是模拟对象形状随机变化的重要动画工具。"噪波"修改器的"参数"卷展栏如图 4-5 所示,其各项参数的功能说明如下。

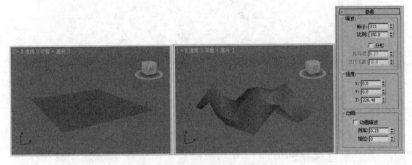

图 4-5　使用"噪波"修改器

(1) "噪波"选项组——控制噪波的出现，及引起的在对象的物理变形上的影响。

① 种子：从设置的数中生成一个随机起始点。在创建地形时尤其有用，因为每种设置都可以生成不同的配置。

② 比例：设置噪波影响(不是强度)的大小。较大的值产生更为平滑的噪波，较小的值产生锯齿现象更严重的噪波。默认值为100。

③ 分形：根据当前设置产生分形效果。默认设置为禁用状态。如果启用"分形"复选框，则激活"粗糙度"和"迭代次数"两个参数项。

④ 粗糙度：决定分形变化的程度。较低的值比较高的值更精细。范围为 0~1.0，默认设置为0。

⑤ 迭代次数：控制分形功能所使用的迭代(或是八度音阶)的数目。较小的迭代次数使用较少的分形能量并生成更平滑的效果。"迭代次数"设置为 1.0 时的效果与禁用"分形"复选框的效果一致。

(2) "强度"选项组——控制噪波效果的大小，应用强度后，噪波效果才会起作用。

X、Y、Z：可沿着 3 个不同的轴向设置噪波效果的强度，要产生噪波效果，至少要设置其中一个轴的参数。默认值为 0.0、0.0、0.0。

(3) "动画"选项组——通过为噪波图案叠加一个要遵循的正弦波形，控制噪波效果的形状。

① 动画噪波：允许调节"噪波"和"强度"参数的组合效果。下列参数用于调整基本波形。

② 频率：设置正弦波的周期，调节噪波效果的速度。较高的频率使噪波振动得更快。较低的频率产生较为平滑和更温和的噪波。

③ 相位：移动基本波形的开始和结束点。默认情况下，动画关键点设置在活动帧范围的任意一端。

4.1.6 拉伸修改器

"拉伸"修改器可以模拟"挤压和拉伸"的传统动画效果。通过对"拉伸"修改器参数的设置，可以得到各种不同的伸展效果，如图 4-6 所示。

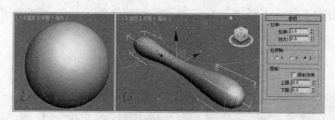

图 4-6 使用"拉伸"修改器

在"拉伸"修改器的"参数"卷展栏中，各项参数的功能说明如下。

(1) 拉伸——包括"拉伸"和"放大"两个参数。

① 拉伸：用于设置对象伸展的强度，数值越大，伸展效果越明显。

② 放大：用于设置对象拉伸中部扩大变形的程度。

(2) 拉伸轴——用于选择 X、Y、Z 这 3 个不同的轴向。

(3) 限制——通过设置"限制"参数，可以将拉伸效果应用到整个对象上，或限制到对象的一部分。

① 限制效果：选中"限制效果"复选框，可以应用"上限"、"下限"参数。

② 上限：设置数值后，将沿着拉伸轴的正向限制效果。

③ 下限：设置数值后，将沿着拉伸轴的负向限制效果。

4.1.7　FFD 编辑修改器

FFD 代表"自由形式变形"。可将它用于构建类似椅子和雕塑这样的圆图形。FFD 修改器使用晶格框包围选中的几何体。通过调整晶格的控制点，可改变封闭几何体的形状。

有三个 FFD 修改器，每个提供不同的晶格分辨率：2×2、3×3 和 4×4。3×3 修改器提供具有三个控制点(控制点穿过晶格每一方向)的晶格，或在每一侧面一个控制点(共 9 个)。

也有两个 FFD 相关修改器，它们提供原始修改器的超集，即 FFD(长方体/圆柱体)修改器。使用 FFD(长方体/圆柱体)修改器，可在晶格上设置任意数目的点，这使它们比基本修改器功能更强大。

下面以 FFD(长方体)为例来进行讲解，其各项功能参数如图 4-7 所示。

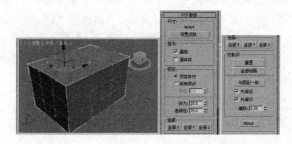

图 4-7　使用"FFD(长方体)"修改器

(1) 设置点数——显示一个对话框，其中包含 3 个标为"长度"、"宽度"和"高度"的微调器，以及"确定/取消"按钮，指定晶格中所需控制点的数目，然后单击"确定"按钮以进行更改。

(2) "显示"选项组——这些选项将影响 FFD 在视口中的显示。

① 晶格：将绘制连接控制点的线条以形成栅格。虽然在绘制这些额外的线条时会使视口显得混乱，但它们可以使晶格形象化。

② 源体积：控制点和晶格会以未修改的状态显示。当调整源体积以影响位于其内或其外的特定顶点时，该显示很重要。

(3) "变形"选项组——这些选项所提供的控件用来指定哪些顶点受 FFD 影响。

① 仅在体内：只有位于源体积内的顶点会变形。源体积外的顶点不受影响。

② 所有顶点：所有顶点都会变形，不管它们位于源体积的内部还是外部，具体情况取决于"衰减"微调器中的数值。体积外的变形是对体积内的变形的延续。请注意，离源晶格较远的点的变形可能会很极端。

③ 衰减：它决定着 FFD 效果减为零时离晶格的距离。仅用于选择"所有顶点"时。

当设置为 0 时，它实际处于关闭状态，不存在衰减。所有顶点无论到晶格的距离远近，都会受到影响。"衰减"参数的单位是实际相对于晶格的大小指定的：衰减值 1 表示那些到晶格的距离为晶格的宽度/长度/高度的点(具体情况取决于点位于晶格的哪一侧)所受的影响降为 0。

④ 张力/连续性：调整变形样条线的张力和连续性。虽然无法看到 FFD 中的样条线，但晶格和控制点代表着控制样条线的结构。在调整控制点时，会改变样条线(通过各个点)。样条线使对象的几何结构变形。通过改变样条线的张力和连续性，可以改变它们在对象上的效果。

(4) "选择"选项组——这些选项提供了选择控制点的其他方法。我们可以切换 3 个按钮的任何组合状态，来一次在 1 个、2 个或 3 个维度上选择。

全部 X、全部 Y、全部 Z：选中沿着由相应按钮指定的局部维度的所有控制点。通过打开两个按钮，可以选择两个维度中的所有控制点。

(5) "控制点"选项组——包括下列功能选项。

① 重置：将所有控制点返回到它们的原始位置。

② 全部动画：默认情况下，FFD 晶格控制点将不在"轨迹视图"中显示出来，因为没有给它们指定控制器。但是，在设置控制点动画时，给它指定了控制器，则它在"轨迹视图"中可见。也可以添加和删除关键点和执行其他关键点操作。使用"全部动画"将"点 3"控制器指定给所有控制点，这样，它们在"轨迹视图"中立即可见。

③ 与图形一致：在对象中心控制点位置之间沿直线延长线，将每一个 FFD 控制点移到修改对象的交叉点上，这将增加一个由"补偿"微调器指定的偏移距离。

④ 内部点：仅控制受"与图形一致"影响的对象内部点。

⑤ 外部点：仅控制受"与图形一致"影响的对象外部点。

⑥ 偏移：受"与图形一致"影响的控制点偏移对象曲面的距离。

4.1.8 网格平滑修改器

"网格平滑"修改器通过多种不同的方法平滑场景中的几何体。它允许我们细分几何体，同时，在角和边插补新角度的面以及将单个平滑组应用于对象中的所有面。

"网格平滑"的效果是使角和边变圆，就像它们被锉平或刨平一样。使用"网格平滑"参数，可控制新面的大小和数量，以及它们如何影响对象曲面，如图 4-8 所示。

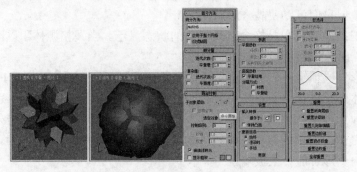

图 4-8 使用"网格平滑"修改器

(1)　"细分方法"卷展栏

①　NURMS：减少非均匀有理数网格平滑对象。"强度"和"松弛"平滑参数对于 NURMS 类型不可用。

②　经典：生成三面和四面的多面体

③　四边形输出：仅生成四面多面体，如果对整个对象(如长方体)应用使用默认参数的此控件，其拓扑与细化完全相同，即为边样式。

④　应用于整个网格：启用时，在堆栈中向上传递的所有子对象选择被忽略，且"网格平滑"应用于整个对象。

⑤　旧式贴图：使用 3ds Max 版本 3 算法将"网格平滑"应用于贴图坐标。此方法会在创建新面和纹理坐标移动时，应用变形基本贴图坐标。

(2)　"细分量"卷展栏

①　迭代次数：设置网格细分的次数。增加该值时，每次新的迭代会通过在迭代之前对顶点、边和曲面创建平滑差补顶点来细分网格。修改器会细分曲面，来使用这些新的顶点。默认值为 0，范围为 0~10。

②　平滑度：确定对尖锐的锐角添加面以平滑它。计算得到的平滑度为顶点连接的所有边的平均角度。值为 0.0 会禁止创建任何面。值为 1.0 会将面添加到所有顶点，即使它们位于一个平面上。

③　迭代次数：允许在渲染时选择一个不同数量的平滑迭代次数，应用于对象。启用"迭代次数"，然后使用其右侧的微调器设置迭代次数。

④　平滑度：用于选择不同的"平滑度"值，以便在渲染时应用于对象。启用"平滑度"，然后使用其右侧的微调器设置平滑度的值。

(3)　"局部控制"卷展栏

①　子对象层级：启用或禁用"边"或"顶点"层级。如果两个层级都被禁用，将在对象层级工作。有关选定边或顶点的信息，显示在"忽略背面"复选框下的消息区域中。

②　忽略背面：启用时，子对象会仅选择其法线使其在视口中可见的那些子对象。禁用(默认设置)时，选择包括所有子对象，而与它们的法线方向无关。

③　控制级别：用于在一次或多次迭代后查看控制网格，并在该级别编辑子对象点和边。"变换"控件和"权重"设置对所有层级的所有子对象可用。"折缝"设置仅在"边"子对象层级可用。

④　折缝：创建的曲面不连续，从而获得褶皱或唇状结构等清晰边界。

⑤　权重：设置选定顶点或边的权重。

⑥　等值线显示：启用时，3ds Max 仅显示等值线，使用此项的好处，是减少混乱的显示。禁用时，3ds Max 显示"网格平滑"添加的所有面。默认设置为启用。

⑦　显示框架：在细分之前，切换显示修改对象的两种颜色线框的显示。框架颜色显示为复选框右侧的色样。第一种颜色表示"顶点"子对象层级的未选定的边，第二种颜色表示"边"子对象层级的未选定的边。通过单击其色样，来更改颜色。

(4)　"软选择"卷展栏

①　使用软选择：在可编辑对象或编辑修改器的子对象层级上影响"移动"、"旋转"和"缩放"功能的操作。

② 边距离：启用该选项后，将软选择限制到指定的面数。

③ 影响背面：启用该选项后，那些法线方向与选定子对象的平均法线方向相反。

④ 衰减：用以定义影响区域的距离，它是用当前单位表示的从中心到球体的边的距离。使用越高的衰减设置，就可以实现更平缓的斜坡，具体情况取决于我们的几何体比例。默认设置为20。

⑤ 收缩：沿着垂直轴提高或降低曲线的顶点。为负数时，将生成凹陷，而不是点，设置为 0 时，收缩将跨越该轴生成平滑变换。默认值为 0。

⑥ 膨胀：沿着垂直轴展开和收缩曲线。"收缩"设为 0 并且"膨胀"设为 1.0 时，将会产生最为平滑的凸起。"膨胀"为负数值时，将在曲面下面移动曲线的底部，从而创建围绕区域基部的"山谷"。默认值为 0。

⑦ 软选择曲线：以图形的方式显示"软选择"将是如何进行工作的。

(5) "参数"卷展栏

① 在"平滑参数"选项组中有下列选项。

强度：使用 0.0 ~ 1.0 的范围设置所添加面的大小。接近 0.0 的值会创建非常薄并且靠近原始顶点和边的小面。接近 0.5 的值在边之间均匀设置面大小。接近 1.0 的值创建新的大面，并将原始面调整为非常小。

松弛：应用正的松弛效果以平滑所有顶点。

投影到限定曲面：将所有点放置到"网格平滑"结果的"限定曲面"上，即在无数次迭代后生成的曲面上。

② 在"曲面参数"选项组中有下列选项。

平滑结果：对所有曲面应用相同的平滑组。

材质：防止在不共享材质 ID 的曲面之间的边上创建新曲面。

平滑组：防止在不共享至少一个平滑组的曲面之间的边上创建新曲面。

(6) "设置"卷展栏

① 在"输入转换"选项组中有下列选项。

操作于：操作于三角形，将每个三角形作为面并对所有边(即使是不可见边)做平滑；操作于多边形，将忽略不可见边，将多边形(如组成长方体的四边形或圆柱体上的封口)作为单个面。

保持凸面：仅在"操作于多边形"模式下可用。保持所有输入多边形为凸面。选择此复选框后，会对非凸面多边形为最低数量的单独面(每个面都为凸面)进行处理。

② 在"更新选项"选项组中有下列选项。

始终：更改任意"平滑网格"设置时自动更新对象。

渲染时：只在渲染时更新对象的视口显示。

手动：启用手动更新。选中手动更新时，改变的任意设置直到单击"更新"按钮时才起作用。

更新：此按钮更新视口中的对象，仅在选择"渲染"或"手动"时才起作用。

(7) "重置"卷展栏

重置所有层级：将所有子对象层级的几何体编辑、折缝和权重恢复为默认，或者恢复为初始设置。

重置该层级：将当前子对象层级的几何体编辑、折缝和权重恢复为默认或初始设置。

重置几何体编辑：此按钮将对顶点或边所做的任何变换恢复为默认或初始设置。

重置边折缝：将边折缝恢复为默认或初始设置。

重置顶点权重：将顶点权重恢复为默认或初始设置。

重置边权重：将边权重恢复为默认或初始设置。

全部重置：将全部设置恢复为默认或初始设置。

4.1.9 扭曲修改器

扭曲修改器在对象几何体中产生一个旋转效果(就像拧湿抹布)。可以控制任意三个轴上扭曲的角度，并设置偏移，来压缩扭曲相对于轴点的效果。也可以对几何体的一段限制扭曲，如图 4-9 所示。

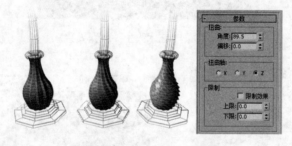

图 4-9 使用"扭曲"修改器

(1) "扭曲"选项组

① 角度：确定围绕垂直轴扭曲的量。默认设置是 0.0。

② 偏移：使扭曲旋转在对象的任意末端聚团。此参数为负时，对象扭曲会与 Gizmo 中心相邻。此值为正时，对象扭曲远离于 Gizmo 中心。如果参数为 0，将均匀扭曲。范围为 100 ~ -100。默认设置是 0.0。

(2) "扭曲轴"选项组

X/Y/装修：指定执行扭曲所沿着的轴。这是扭曲 Gizmo 的局部轴。默认设置为 Z 轴。

(3) "限制"选项组

① 限制效果：对扭曲效果应用限制约束。

② 上限：设置扭曲效果的上限。默认值为 0。

③ 下限：设置扭曲效果的下限。默认值为 0。

例 4-1：倒角文字——艺术人生

本例介绍如何制作倒角文字，其效果如图 4-10 所示，具体操作步骤如下。

(1) 打开本书下载资源中的"下载资源\Science\Cha04\倒角文字——艺术人生.max"。

(2) 选择文字图形，在修改器列表中选择"倒角"修改器，对其添加"倒角"修改器，在"倒角值"卷展栏中，将"级别 1"的"高度"和"轮廓"分别设为 1.5、0，将"级别 2"的"高度"和"轮廓"分别设为 0.07、-0.05，如图 4-11 所示。

(3) 按 M 键打开"材质编辑器"，选择一个空的样本球，将其命名为"文字"，在

"明暗器基本参数"卷展栏中,将"明暗器"类型设为 Blinn,在"Blinn 基本参数"卷展栏中,将"环境光"和"漫反射"的颜色的 RGB 值设为 235、235、235,将"高光级别"和"光泽度"设为 41、10,单击"将材质指定给选定对象"按钮,将材质指定给文字,如图 4-12 所示。

图 4-10 "艺术人生"倒角效果

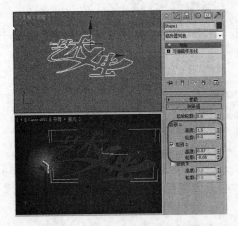

图 4-11 添加"倒角"修改器

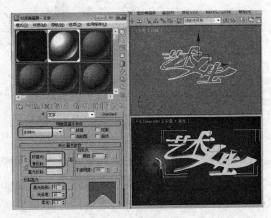

图 4-12 添加材质

(4) 激活"摄影机"视图进行渲染。

4.2 复合对象工具

复合对象就是将多个基本图形进行组合,形成一个新的图形。"复合"和"布尔"是常用的创建复合对象的工具。

4.2.1 布尔运算

布尔运算在数学上是指两个集合之间的相交、并集及差集运算,而在 3ds Max 2012 中,是指两个物体之间的并、交及减运算。通过布尔运算,可以制作出复杂的复合物体,还可以制作出严谨的动画。

布尔运算涉及的卷展栏如图 4-13 所示。

　　选择操作对象 B 时，根据在"拾取布尔"卷展栏中为布尔对象所做的选择操作对象 B，可指定为参考、移动、复制或实例化。应根据创建布尔对象之后希望如何使用场景几何体来进行选择。

　　在"参数"卷展栏中，"操作对象"列表框显示操作的对象，分为 A、B 两种，"名称"文本框显示操作对象的名称；"操作"选项组用来确定布尔运算的并、交或差运算的运算方式。"并集"、"交集"、"差集"、"切割"为并运算、交运算、差运算和剪切运算。

　　最后的"显示/更新"卷展栏，则用于设置布尔运算物体的显示与更新方式。

　　(1)　并集运算

　　所谓并集运算，就是将两个对象合并在一起，删除相交的部分，形成一个新的对象，如图 4-14 所示。

图 4-13　布尔运算涉及的卷展栏

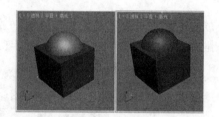

图 4-14　并集运算

　　(2)　交集运算

　　交集运算是将两个对象相交的部分保留，删除不相交的部分。交集运算和并集运算相同，只是在"参数"卷展栏中的操作选项不同，交集运算后的效果如图 4-15 所示。

　　(3)　差集运算

　　差集运算是将两个对象进行相减操作，从而形成一个新的对象，该方式对两个物体相减的顺序有要求，选择不同的相减顺序，将会得到不同的结果，其中，"差集(A-B)"是默认的运算方式，如图 4-16 所示。

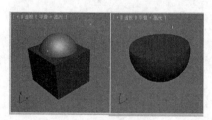

图 4-15　交集运算

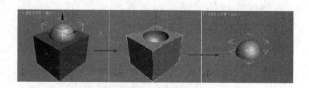

图 4-16　差集运算

(4) 切割运算

切割运算包括 4 种方式，分别是"优化"、"分割"、"移除内部"、"移除外部"方式。

① 优化：在操作对象 B 与操作对象 A 面相交处，采用操作对象 B 相交区域内的面来优化操作对象 A 的结果几何体，由相交部分所切割的面被细分为新的面，可以使用此选项来细化包含文本的长方体，以便为对象指定单独的材质 ID。

② 分割：类似于"细化"修改器，不过，此种剪切还沿着操作对象 B 剪切操作，对对象 A 的边界添加第二组顶点和边，或两组顶点和边。此选项产生属于同一个网格的两个元素，可以使用"分割"沿着另一个对象的边界将一个对象分为两个部分。

③ 移除内部：删除位于操作对象 B 内部的操作对象 A 的所有面。此选项可以修改和删除位于操作对象 B 相交区域内部的操作对象 A 的面，它类似于"差集"操作，不同的是，不添加来自操作对象 B 的面，可以使用"移除内部"操作，从几何体删除特定区域。

④ 移除外部：删除位于操作对象 B 外部的操作对象 A 的所有面。此选项可以修改和删除位于操作对象 B 相交区域外部的操作对象 A 的面。它类似于"交集"操作，不同的是，不添加来自操作对象 B 的面，可使用"移除外部"操作从几何体中删除特定的区域。

4.2.2 放样

放样也属于一种常用的建模方式，放样是在一条指定路径上排列截面，从而形成复杂的三维图形，放样涉及的卷展栏如图 4-17 所示。

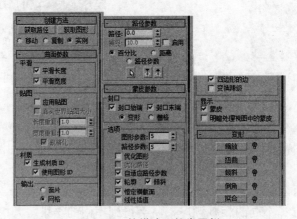

图 4-17 放样涉及的卷展栏

1. 创建放样的方法

创建放样的方法有以下两种。

● 获取路径：先选择作为截面的二维图形，单击"获取路径"按钮，然后选择作为路径的二维图形，即可创建放样物体。

● 获取图形：先选择作为路径的二维图形，单击"获取图形"按钮，然后选择作为截面的二维图形，即可创建放样物体。

创建放样物体时，在"创建方法"卷展栏中可以看到，"获取路径"和"获取图形"

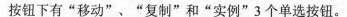

按钮下有"移动"、"复制"和"实例" 3 个单选按钮。

(1) 移动：选中此单选按钮，放样后原图形在场景中不存在。

(2) 复制：选中此单选按钮，放样后原图形在场景中仍然存在。

(3) 实例：选中此单选按钮，复制出来的路径或截面图形与原图形相关联，对原图形修改时，放样出来的物体也同时被修改。

2. 设置放样的表面

控制放样物体的表面的选项主要在"蒙皮参数"卷展栏中。切换到修改命令面板，展开"蒙皮参数"卷展栏。"蒙皮参数"卷展栏中主要参数的意义如下。

(1) 封口：该选项组中的两个复选框用于打开或关闭顶盖的显示。

(2) 图形步数：该参数微调框用来设置图形截面定点间的步幅数，值越大，纵向光滑度越高。

(3) 路径步数：该参数微调框用来设置路径定点间的步幅数，值越大，则横向光滑度越高。

(4) 优化图形：该复选框用来优化纵向光滑度，忽略图形步幅。

(5) 优化路径：如果启用，则对于路径的直分段，忽略"路径步数"。"路径步数"设置仅适用于弯曲截面。仅在"路径步数"模式下才可用。默认设置为禁用状态。

(6) 自适应路径步数：该复选框用来优化横向光滑度，忽略路径步幅。

(7) 轮廓：选中该复选框后，每个图形都将遵循路径的曲率。

(8) 倾斜：如果启用，则只要路径弯曲并改变其局部 Z 轴的高度，图形便围绕路径旋转。倾斜量由 3ds Max 控制。如果该路径为 2D，则忽略倾斜。如果禁用，则图形在穿越 3D 路径时，不会围绕其 Z 轴旋转。默认设置为启用。

(9) 蒙皮：该复选框用来控制各视图中是否只显示放样物体的路径和截面。

(10) 明暗处理视图中的蒙皮：该复选框用来控制在"0 透视"图中是否显示放样物体。

3. 多个截面的放样

在路径的不同位置摆放不同的二维图形主要是通过在"路径参数"卷展栏中的"路径"微调框中输入数值或单击微调按钮来实现，有 3 种定位方式。

(1) 百分比：此方式为沿路径的百分比放置二维图形，"路径"微调框中的数值表示路径的百分比，"路径"微调框中的值为 0，表示将在路径的起始点处添加第 1 个截面图形。它的取值范围为 0~100。

(2) 距离：此方式为沿路径的起点开始的绝对长度放置二维图形，"路径"微调框中的数值表示从路径第 1 个顶点开始的长度。取值范围从 0 到路径的最大长度。

(3) 路径步数：此方式为沿路径上的各个插值步数放置二维图形，"路径"微调框中的数值表示路径上的各个插值步数。

4. 放样对象变形

放样对象变形有 5 种变形方式，在"变形"卷展栏中分别有"缩放"、"扭曲"、"倾斜"、"倒角"、"拟合"，选择任意一种放样变形工具后，会打开相应的变形窗口，除了"拟合"和"倒角"变形窗口稍有不同外，其他变形窗口都基本相同。如图 4-18 所示为"扭曲变形"窗口。

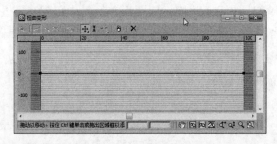

图 4-18 "扭曲变形"窗口

下面对各个不同变形窗口的属性进行介绍。

(1) "缩放"变形。

① 用于 X 轴缩放的两条曲线为红色，而用于 Y 轴缩放的曲线为绿色。

② 默认曲线值为 100%。

③ 大于 100%的值将使图形变得更大。

④ 介于 100%和 0%的值将使图形变得更小。

⑤ 负值缩放和镜像图形。

(2) "扭曲"变形。

① 单条红色曲线将沿着路径确定图形旋转。

② 默认曲线值为旋转 0 度。

③ 当从路径开始处查看时，正值将生成逆时针旋转。

④ 负值将生成顺时针旋转。

⑤ 扭曲变形和倾斜将沿着路径生成旋转。在应用倾斜角之后，将扭曲旋转应用到图形。可以使用"扭曲"变形来扩大或减少倾斜量。

(3) "倾斜"变形。

① 用于 X 轴旋转的两条曲线为红色，而用于 Y 轴旋转的曲线为绿色。

② 默认曲线值为 0 度旋转。

③ 正值围绕图形正轴方向逆时针旋转图形。

④ 负值围绕图形正轴方向顺时针旋转图形。

(4) "倒角"变形。

① 单个红色曲线是倒角量。

② 倒角值以当前单位指定。

③ 默认曲线值为 0 单位。

④ 正值减少图形，从而使其更接近路径。

⑤ 负值添加图形，从而背离路径将其移动。

(5) "拟合"变形。

拟合图形实际上是缩放边界。当横截面图形沿着路径移动时，缩放 X 轴可以拟合 X 轴拟合图形的边界，而缩放 Y 轴可以拟合 Y 轴拟合图形的边界。

例 4-2：制作花瓶

本案例将介绍如利用"放样"工具制作花瓶，其效果如图 4-19 所示。

图 4-19　花瓶效果

(1)　新建一个空白场景，选择"创建" →"图形" →"星形"工具，在顶视图中创建一个星形，在"参数"卷展栏中，将"半径 1"、"半径 2"、"点"、"扭曲"、"圆角半径 1"、"圆角半径 2"分别设置为 50、24.69、6、0、7、8，如图 4-20 所示。

(2)　选择"创建" →"图形" →"线"工具，在前视图中创建一条垂直直线，如图 4-21 所示。

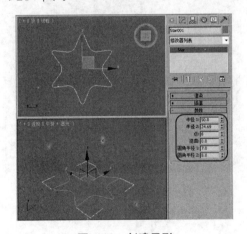

图 4-20　创建星形

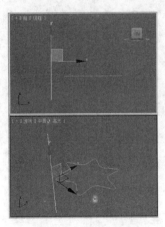

图 4-21　创建直线

(3)　在视图中选择前面所创建的星形，选择"创建" →"几何体" →"复合对象"→"放样"工具，在"创建方法"卷展栏中，单击"获取路径"按钮，在视图中拾取前面所绘制的直线，切换至"修改" 命令面板中，在"变形"卷展栏中，单击"缩放"右侧的 按钮，然后再单击"缩放"按钮，在弹出的对话框中单击"插入角点"按钮 ，在曲线上添加三个控制点，如图 4-22 所示。

(4)　在该对话框中单击"移动控制点"按钮 ，选择新添加的三个控制点，右击鼠标，在弹出的快捷菜单中选择"Bezier-平滑"命令，在该对话框中对曲线上的顶点进行调整，调整后的效果如图 4-23 所示。

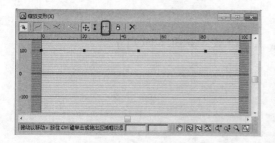

图 4-22　添加控制点　　　　　　　　图 4-23　调整控制点

(5)　调整完成后，将对话框关闭，继续选中该对象，在修改器下拉列表中选择"扭曲"修改器，在"参数"卷展栏中，将"扭曲"选项组中的"角度"设置为-50，在"扭曲轴"选项组中单击 Y 单选按钮，如图 4-24 所示。

(6)　在修改器下拉列表中选择"编辑网格"修改器，将当前选择集定义为"多边形"，在顶视图中选择最上侧的多边形。按 Delete 键将选中的多边形删除，然后关闭当前选择集，在修改器下拉列表中选择"壳"修改器，在"参数"卷展栏中将"外部量"设置为 1，其他参数保持默认即可，如图 4-25 所示。

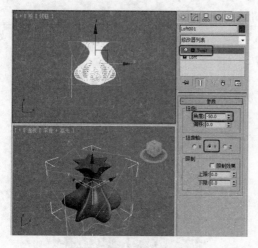
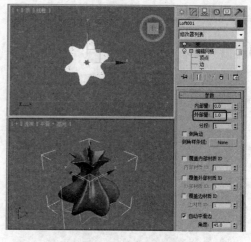

图 4-24　添加"扭曲"修改器　　　　　　图 4-25　添加"壳"修改器

(7)　在修改器下拉列表中选择"UVW 贴图"修改器，使用其默认参数即可。

(8)　确认该对象处于选中状态，按 M 键，在弹出的对话框中选择一个新的材质样本球，将其命名为"花瓶"，在"Blinn 基本参数"卷展栏中，将"环境光"的 RGB 值设置为 215、230、250，将"自发光"设置为 35，将"反射高光"选项组中的"高光级别"、"光泽度"分别设置为 93、75，如图 4-26 所示。

(9)　在"贴图"卷展栏中，单击"漫反射颜色"右侧的 None 按钮，在弹出的对话框中，选择"渐变坡度"选项，单击"确定"按钮，在"渐变坡度参数"卷展栏中，将位置 0 处的渐变滑块的 RGB 值设置为 255、100、170，将位置 50 处的渐变滑块的 RGB 值设置为 255、255、255，将位置 100 处的渐变滑块的 RGB 值设置为 100、160、255，如图 4-27 所示。

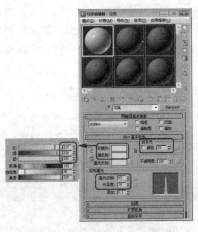

图 4-26　设置材质参数

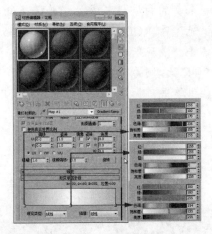

图 4-27　设置材质颜色

（10）单击"转到父对象"按钮，在"贴图"卷展栏中，将"反射"右侧的"数量"设置为 20，然后单击其右侧的 None 按钮，在弹出的对话框中选择"光线跟踪"选项，如图 4-28 所示。

（11）单击"确定"按钮，在"光线跟踪器参数"卷展栏中，单击"背景"选项组中的 None 按钮，在弹出的对话框中，选择"位图"选项，单击"确定"按钮，在弹出的对话框中，选择本书下载资源中的"下载资源\Map\BXG.JPG"贴图文件，单击"打开"按钮，在"位图参数"卷展栏中勾选"裁剪/放置"选项组中的"应用"复选框，将 U、V、W、H 分别设置为 0.339、0.16、0.469、0.115，如图 4-29 所示。

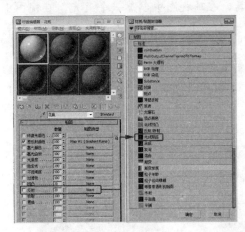

图 4-28　选择"光线跟踪"选项

图 4-29　设置光线跟踪

（12）设置完成后，单击"将材质指定给选定对象"按钮，将该对话框关闭，选择"创建" → "摄影机" → "目标"工具，在顶视图中创建一架摄影机，在"参数"卷展栏中，将其"镜头"设置为 50mm，激活透视视图，按 C 键，将其转换为摄影机视图，在其他视图中调整摄影机的位置，如图 4-30 所示。

（13）选择"创建" → "几何体" → "平面"工具，在顶视图中创建一个平面，选中该平面对象，按 M 键，在弹出的对话框中选择"花瓶"材质样本球，按住鼠标，将其拖曳至一个新的材质样本球上，并将其命名为"地面"，在"Blinn 基本参数"卷展栏中将"环境光"的 RGB 值设置为 255、255、255，将"自发光"设置为 15，在"贴图"卷展栏中右击"漫反射颜色"右侧的材质按钮，在弹出的快捷菜单中选择"清除"命令，然后将"反射"右侧的"数量"设置为 10，并单击其右侧的材质按钮，在"光线跟踪器参数"卷展栏中单击"背景"选项组中的"使用环境设置"单选按钮，如图 4-31 所示。

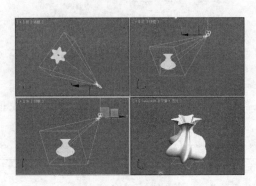

图 4-30　创建摄影机

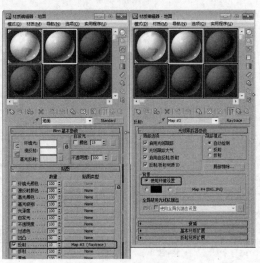

图 4-31　设置材质

(14) 设置完成后，单击"将材质指定给选定对象"按钮，关闭该对话框，选择"创建"→"灯光"→"标准"→"天光"工具，在顶视图中创建一个天光，在视图中调整其位置，切换至"修改"命令面板中，在"天光参数"卷展栏中，将"倍增"设置为 0.8，如图 4-32 所示。

(15) 按 F10 键，在弹出的对话框中选择"高级照明"选项卡，在"选择高级照明"卷展栏中，将照明类型设置为"光跟踪器"，在"参数"卷展栏中，将"附加环境光"的 RGB 值设置为 22、22、22，如图 4-33 所示。

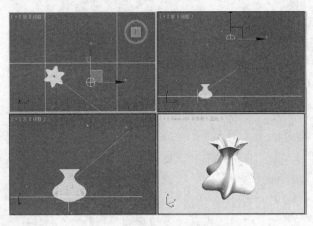

图 4-32　创建天光并调整其位置

图 4-33　设置附加环境光

(16) 设置完成后，单击"渲染"按钮，对摄影机视图进行渲染即可，然后对完成的场景进行保存。

4.3　小型案例实训

下面通过两个案例对本章所讲解的知识进行巩固。

4.3.1　金属文字

下面介绍金属文字的制作方法，其效果如图 4-34 所示。

图 4-34　金属文字

(1) 启动软件后，打开本书下载资源中的"下载资源\Science\Cha04\金属文字"，选择"创建"→"图形"→"文本"，将"字体"设置为"站酷高端黑"，将"大小"设置为 100，在"文本"下的文本框中输入文字"变形金刚"，然后在顶视图中单击鼠标创建文字，如图 4-35 所示。

(2) 对创建的文字添加"倒角"修改器，在"倒角值"卷展栏中，将"级别 1"的"高度"设为 13，将"级别 2"的"高度"设为 1，"轮廓"设为-1，如图 4-36 所示。

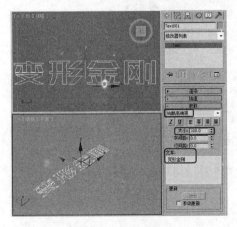

图 4-35　创建文字并调整其位置

图 4-36　添加"倒角"修改器

(3) 按 M 键打开"材质编辑器",选择一个空白的材质球,将其命名为"金属",然后将"明暗器"设置为"(M)金属",将"环境光"RGB 设置为 209、205、187,在"反射高光"选项组中,将"高光级别"、"光泽度"设置为 100、74,展开"贴图"卷展栏,单击"反射"通道后的"无"按钮,在弹出的"材质/贴图浏览器"对话框中双击"光线跟踪"选项,保持默认设置,然后单击"转到父对象"按钮 🎯,将材质指定给文字,如图 4-37 所示。

(4) 调整文字的位置,如图 4-38 所示。

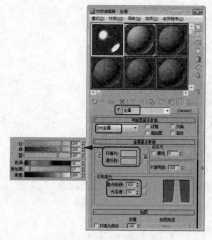

图 4-37　创建材质

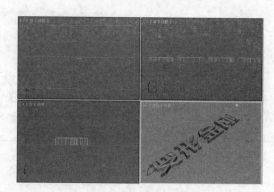

图 4-38　调整位置

(5) 在顶视图中创建摄影机,将"镜头"设为 50mm,将"透视"视图转换为"摄影机"视图,调整摄影机位置,如图 4-39 所示。

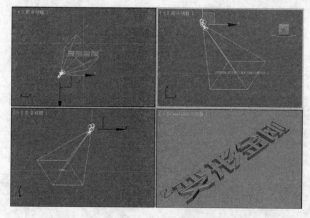

图 4-39　创建摄影机

(6) 激活"摄影机"视图进行渲染,另存为"金属文字 OK.max"。

4.3.2　制作休闲椅

下面介绍休闲椅的制作方法,其效果如图 4-40 所示。

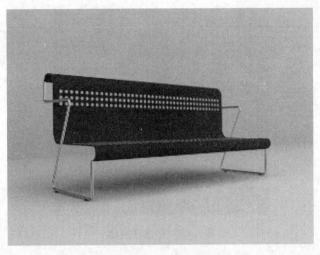

图 4-40　休闲椅效果图

（1）选择"创建" ![icon]→"图形" ![icon]→"线"工具，在左视图中绘制一条样条曲线，作为椅座的截面图形，然后切换到修改命令面板，将当前选择集定义为"顶点"，在视图中调整样条线，如图 4-41 所示。

（2）关闭当前选择集，在"修改器列表"中选择"挤出"修改器，在"参数"卷展栏中将数量设置为 1500，如图 4-42 所示。

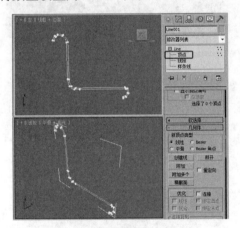

图 4-41　创建线并调整顶点

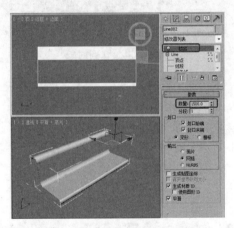

图 4-42　添加"挤出"修改器

（3）选择"创建" ![icon]→"几何体" ![icon]→"圆柱体"工具，在顶视图中创建圆柱体，在"参数"卷展栏中设置"半径"为 10、"高度"为 100，如图 4-43 所示。

（4）对创建的圆柱体进行复制，调整合适的间距，选择一个圆柱体，将其转换为可编辑多边形，并附加所有的圆柱体，如图 4-44 所示。

（5）选择椅座的截面图形，然后选择"创建" ![icon]→"几何体" ![icon]→复合对象→"布尔"工具，在"参数"卷展栏中选中"差集(A-B)"单选按钮，然后在"拾取布尔"卷展栏中单击"拾取操作对象 B"按钮，在视图中选择一个圆柱体进行布尔运算，完成后的效果如图 4-45 所示。

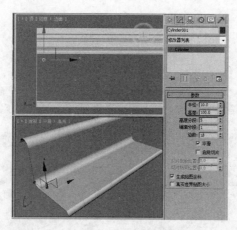

图 4-43　创建圆柱体

图 4-44　阵列对象

图 4-45　布尔运算

(6) 使用同样的方法，制作出靠背的空洞，如图 4-46 所示。

(7) 选择"创建" ➕ →"图形" ☑ →"线"工具，在左视图中绘制样条线，然后切换到修改命令面板，将当前选择集定义为"顶点"，在视图中调整样条线，在"渲染"卷展栏中勾选"在渲染中启用"和"在视口中启用"复选框，选中"径向"单选按钮，将"厚度"设为 15，如图 4-47 所示。

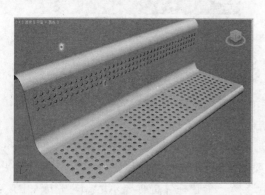

图 4-46　制作出靠背的空洞

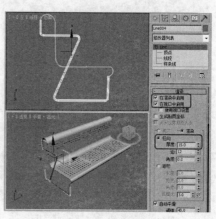

图 4-47　绘制扶手

(8) 在前视图中，对创建的扶手进行复制，对顶点适当调整，如图 4-48 所示。

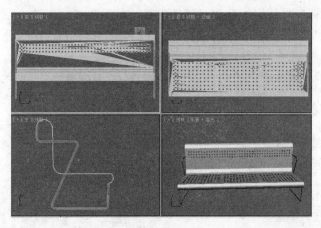

图 4-48　复制扶手

(9) 在顶视图中创建圆柱体，将"半径"和"高度"设为 10，复制出 4 个，调整到如图 4-49 所示的位置。

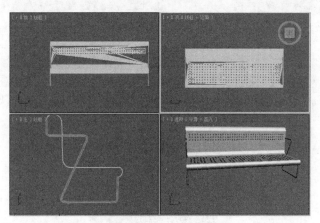

图 4-49　绘制圆柱

(10) 按 M 键，打开"材质编辑器"对话框，激活第一个材质样本球，在"明暗器基本参数"卷展栏中，将明暗器类型定义为"各向异性"，在"各向异性基本参数"卷展栏中将"环境光"和"漫反射"的 RGB 值设置为 134、0、38，将"高光反射"的 RGB 值设置为 255、255、255，将"自发光"区域下的"颜色"设置为 20，将"漫反射级别"设置为 119，然后将"反射高光"区域中的"高光级别"、"光泽度"和"各向异性"分别设置为 96、58 和 86，如图 4-50 所示，将制作好的材质指定给布尔对象。

(11) 激活第二个材质样本球，在"明暗器基本参数"卷展栏中，将明暗器类型定义为"金属"，在"金属基本参数"卷展栏中，将"环境光"的 RGB 值设置为 0、0、0，将"漫反射"的 RGB 值设置为 255、255、255，将"反射高光"区域中的"高光级别"和"光泽度"分别设置为 100 和 80。打开"贴图"卷展栏，单击"反射"通道右侧的 None 按钮，在弹出的"材质/贴图浏览器"对话框中，选择"位图"贴图，单击"确定"按钮，在打开的对话框中选择本书下载资源中的"下载资源\Map\Bxgmap1.jpg"文件，单击"打开"按钮，在"坐标"卷展栏中选中"环境"单选按钮，在右侧的"贴图"下拉列表中选择"收缩包裹环境"选项，如图 4-51 所示。将制作好的材质指定给扶手对象。

图 4-50　设置材质

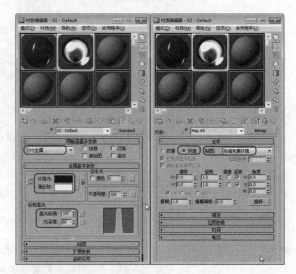

图 4-51　设置金属材质

(12) 激活第三个材质样本球，在"明暗器基本参数"卷展栏中，将明暗器类型定义为 Blinn，在"Blinn 基本参数"卷展栏中，将"环境光"和"漫反射"的 RGB 值设置为 0、0、0，如图 4-52 所示。然后单击"将材质指定给选定对象" 按钮，将材质指定给 4 个圆柱体。

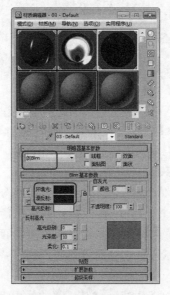

图 4-52　设置材质

(13) 在视图中创建平面、摄影机和灯光，进行渲染。

4.4　本　章　小　结

本章主要介绍修改器的知识，重点讲述修改器和复合工具的使用。

本章的主要内容如下：

- 常用修改器的应用，包括"挤出"、"车削"、"倒角"等修改器的应用，属于该软件的重点部分。
- 复合对象工具的应用，主要包括布尔工具和放样工具的应用。

习　　题

1. 3ds Max 2012 中的布尔运算包括哪几种？
2. 如何利用"放样"工具进行放样？

第 5 章

网 格 建 模

本章要点：

● 创建及编辑网格体。

● 关于"顶点"、"边"、"面"、"体"等子物体层级的使用。

学习目标：

● 了解网格建模编辑修改器。

● 掌握网格建模编辑器的使用。

5.1　网格建模编辑修改器

在选定的对象上单击鼠标右键，在弹出的快捷菜单中选择"转换为"→"转换为可编辑网格"命令，这样，对象就被转换为可编辑网格物体，如图 5-1 所示。可以看到，在堆栈中，对象的名称已经变为可编辑网格，单击左边的加号展开"可编辑网格"，可以看到各种次物体，包括"顶点"、"边"、"面"、"多边形"、"元素"，如图 5-2 所示。

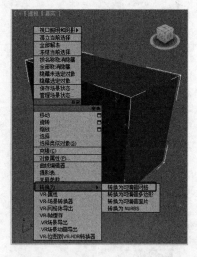

图 5-1　将物体转换为可编辑网格

图 5-2　可编辑网格物体的子层级菜单

5.1.1　"顶点"层级

在修改器堆栈中选择"顶点"，进入"顶点"层级，如图 5-3 所示。在"选择"卷展栏上方，横向排列着各个次物体的图标，通过单击这些图标，也可以进入对应的层级。由于此时在"顶点"层级，"顶点"图标呈黄色高亮显示，如图 5-4 所示。选中下方的"忽略背面"复选框，可以避免在选择顶点时选到后排的点。

1. "软选择"卷展栏

使用"软选择"，可以决定对当前所选顶点进行变换操作时，是否影响其周围的顶点，展开"软选择"卷展栏，如图 5-5 所示。

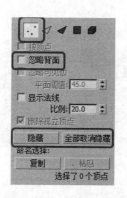

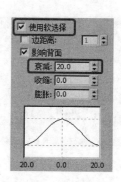

图 5-3　选择"顶点"层级　　　图 5-4　在"顶点"层级　　　图 5-5　"软选择"卷展栏

"使用软选择"：在可编辑对象或"编辑"修改器的子对象级别上影响"移动"、"旋转"和"缩放"功能的操作，如果变形修改器在子对象选择上进行操作，那么也会影响应用到对象上的变形修改器的操作(后者也可以应用到"选择"修改器)。启用该选项后，软件将样条线曲线变形应用到进行变化的选择周围的未选定子对象上。要产生效果，必须在变换或修改选择之前启用该复选框。

2．"编辑几何体"卷展栏

下面将介绍"编辑几何体"卷展栏，如图 5-6 所示。

(1)　创建：可使子对象添加到单个选定的网格对象中。选择对象并单击"创建"按钮后，单击空间中的任何位置以添加子对象。

(2)　附加：将场景中的另一个对象附加到选定的网格。可以附加任何类型的对象，包括样条线、片面对象和NURBS 曲面。附加非网格对象时，该对象会转化成网格。

(3)　断开：按下该按钮，点击对象，会对选择的顶点进行分裂处理，以产生更多的顶点用于编辑。

(4)　删除：删除选定的子对象及附加在上面的任何面。

(5)　分离：将选定子对象作为单独的对象或元素进行分

图 5-6　"编辑几何体"卷展栏

离。同时也会分离所有附加到子对象的面。

(6)　改向：将对角面中间的边改为另一种对角的方式，从而使三角面的划分方式改变，通常用于处理不正常的扭曲裂痕效果。

(7)　挤出：控件可以挤出边或面。边挤出与面挤出的工作方式相似。可以用交互(在子对象上拖动)或数值方式(使用微调器)应用挤出，如图 5-7 所示。

(8)　切角：单击此按钮，然后垂直拖动任何面，以便将其挤出。释放鼠标按钮，然后垂直移动鼠标光标，以便对挤出对象执行倒角处理。单击以完成。如图 5-8 所示为不同的倒角方向。

(9)　法线：确定如何挤出多于一条边的选择集。

①　组：沿着每个边的连续组(线)的平均法线执行挤出操作。

②　局部：将会沿着每个选定面的法线方向进行挤出处理。

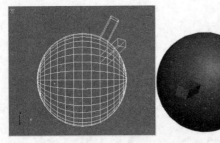

图 5-7　多边形挤出　　　　　　　　图 5-8　不同的倒角方向

(10) 切片平面：可以在需要对边执行切片操作的位置处创建定位和旋转的切片平面Gizmo。这将启用"切片"按钮。

(11) 切片：在切片平面位置处执行切片操作。仅当"切片平面"按钮高亮显示时，"切片"按钮才可用。

提示：　"切片"仅用于选中子对象。在激活"切片平面"之前确保选中子对象。

(12) 剪切：用来在任一点切分一条边，然后在任一点切分第二条边，在这两点之间创建一条新边或多条新边。单击第一条边设置第一个顶点，一条虚线跟随光标移动，直到单击第二条边。在切分每一边时，创建一个新顶点。另外，可以双击边再双击点切割边，边的另一部分不可见。

(13) 分割：启用时，通过"切片"和"剪切"操作，可以在划分边的位置处的点创建两个顶点集。这使删除新面创建孔洞变得很简单，或将新面作为独立元素设置动画。

(14) 优化端点：启用此选项后，在相邻的面之间进行平滑过渡。反之，则在相邻面之间产生生硬的边。

(15) "焊接"选项组。

① 选定项：在该按钮的右侧文本框中指定公差范围，如图 5-9 所示。然后单击该按钮，此时，在这个范围内的所有点都将焊接在一起，如图 5-10 所示。

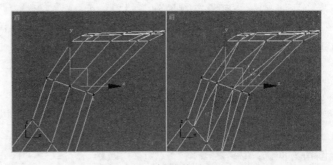

图 5-9　设置焊接参数　　　　　　　图 5-10　焊接前后对比

② 目标：进入焊接模式，可以选择顶点并将它们移来移去。移动时，光标照常变为"移动"光标，但是，将光标定位在未选顶点上时，它就变为"+"的样子。释放鼠标

以便将所有选定顶点焊接到目标顶点，选定顶点下落到该目标顶点上。"目标"按钮右侧的文本框用于设置鼠标光标与目标顶点之间的最大距离(以屏幕像素为单位)。

(16) 细化：按下该按钮，将会根据其下面的细分方式对选择的表面进行分裂复制，如图 5-11 所示。

① 边：根据选择面的边进行分裂复制，通过"细化"按钮右侧的文本框进行调节。

② 面中心：以选择面的中心为依据进行分裂复制。

(17) 炸开：按下该按钮，可以将当前选择面爆炸分离，使它们成为新的独立个体。

① 对象：将所有面爆炸为各自独立的新对象。

② 元素：将所有面爆炸为各自独立的新元素，但仍属于对象本身，这是进行元素拆分的一个路径。

💡 注意：炸开后，只有将对象进行移动，才能看到分离的效果。

(18) 移除孤立顶点：单击该按钮后，将删除所有孤立的点，不管点是否选中。

(19) 选择开放边：仅选择物体的边缘线。

(20) 由边创建图形：在选择一个或更多的边后，单击该按钮，会弹出"创建图形"对话框，如图 5-12 所示，将以选择的边为模板创建新的曲线，也就是把选择的边变成曲线独立出来使用。

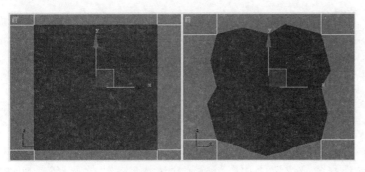

图 5-11　细化前后对比

图 5-12　"创建图形"对话框

① 曲线名：为新的曲线命名。

② 图形类型：其中包括"平滑"、"线性"两种。"平滑"是强制把线段变成圆滑的曲线，但仍和顶点呈相切状态，无调节手柄；"线性"顶点之间以直线连接，拐角处无平滑过渡。

③ 忽略隐藏边：控制是否对隐藏的边起作用。

(21) 视图对齐：使对象中的所有顶点与活动视口所在的平面对齐。

(22) 平面化：将所有的选择面强制压成一个平面，如图 5-13 所示。

(23) 栅格对齐：选择点或次物体被放置在同一平面，且这一平面平行于活动视图的栅格平面。

(24) 塌陷：将选择的点、线、面、多边形或元素删除，留下一个顶点与四周的面连接，产生新的表面，这种方法不同于删除面，它是将多余的表面吸收掉，如图 5-14 所示。

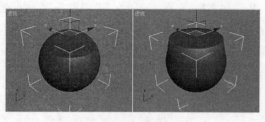 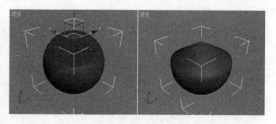

图 5-13　平面化前后效果对比　　　　　　　图 5-14　塌陷前后效果对比

3. "曲面属性"卷展栏

下面将对顶点模式的"曲面属性"卷展栏进行介绍。

(1) 权重：显示并可以更改 NURMS 操作的顶点权重。

(2) "编辑顶点颜色"选项组：使用这些控件，可以分配颜色、照明颜色(着色)和选定顶点的 Alpha(透明)值。

① 颜色：设置顶点的颜色。

② 照明：用于设置明暗度的调节。

③ Alpha：指定顶点透明度，当本文框中的值为 0 时，完全透明，如果为 100，则完全不透明。

(3) "顶点选择方式"选项组。

① 颜色/照明：用于指定选择顶点的方式，以颜色或发光度为准进行选择。

② 范围：设置颜色近似的范围。

③ 选择：选择该按钮后，将选择符合这些范围的点。

5.1.2　"边"层级

所谓"边"，指的是面片对象上在两个相邻顶点之间的部分。

在修改器堆栈中，将当前选择集定义为"边"，除了"选择"、"软选择"卷展栏外，其中"编辑几何体"卷展栏与"顶点"模式中的"编辑几何体"卷展栏功能相同，在前面的内容中，"编辑几何体"卷展栏已经介绍了，此处不再介绍。

而"曲面属性"卷展栏如图 5-15 所示，接下来将对该卷展栏进行介绍。

(1) 可见：使选中的边显示出来。

(2) 不可见：使选中的边不显示出来，并呈虚线显示，如图 5-16 所示。

 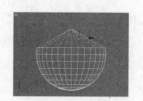

图 5-15　"曲面属性"卷展栏(边层级)　　　图 5-16　使用"不可见"边

(3) "自动边"选项组。

①　自动边：根据共享边的面之间的夹角来确定边的可见性，面之间的角度由该选项右边的微调器设置。

②　设置和清除边可见性：根据"阈值"设定更改所有选定边的可见性。

③　设置：边超过"阈值"设定时，使原先可见的边变为不可见，但不清除任何边。

④　清除：边小于"阈值"设定时，使原先不可见的边可见；不让其他任何边可见。

5.1.3　"面"层级

在"面"层级中，可以选择一个和多个面，然后使用标准方法对其进行变换。这一点对于"多边形"和"元素"子对象层级，同样适用。

接下来，将对它的参数卷展栏进行介绍。下面主要介绍"曲面属性"卷展栏，如图 5-17 所示。

(1)　"法线"选项组。

①　翻转：将选择面的法线方向进行反转。

②　统一：将选择面的法线方向统一为一个方向，通常是向外。

(2)　"材质"选项组。

图 5-17　"曲面属性"卷展栏

①　设置 ID：如果对物体设置多维材质时，在这里为选择的面指定 ID 号。

②　选择 ID：按当前 ID 号，将所有与此 ID 号相同的表面选中。

③　清除选定的内容：启用时，如果选择新的 ID 或材质名称，将会取消选择以前选定的所有子对象。

(3)　"平滑组"选项组。

使用这些控件，可以向不同的平滑组分配选定的面，还可以按照平滑组选择面。

①　按平滑组选择：将所有具有当前光滑组组号的表面选中。

②　清除全部：删除对面物体指定的光滑组。

③　自动平滑：根据其下的阈值进行表面自动光滑处理。

(4)　"编辑顶点颜色"选项组。

①　颜色：单击色块，可更改选定多边形或元素中各顶点的颜色。

②　照明：单击色块，可更改选定多边形或元素中各顶点的照明颜色。使用该选项，可以更改照明颜色，而不会更改顶点颜色。

③　Alpha：用于向选定多边形或元素中的顶点分配 Alpha(透明)值。

例 5-1：制作马克杯

本例将介绍马克杯的制作，效果如图 5-18 所示。该例使用"编辑多边形"修改器对一个圆柱体进行修改，初步形成马克杯的样子，然后再为其施加"网格平滑"修改器。

图 5-18　马克杯效果

（1）选择"创建" ![icon]→ "几何体" ![icon]→ "圆柱体"工具，在顶视图中创建一个圆柱体，在"参数"卷展栏中，将"半径"设置为 45，"高度"设置为 110，"高度分段"设置为 7，"端面分段"设置为 1，"边数"设置为 12，如图 5-19 所示。

（2）切换到修改命令面板，在"修改器列表"中，选择"编辑多边形"修改器，将当前选择集定义为"多边形"，选择如图 5-20 所示的两个多边形。

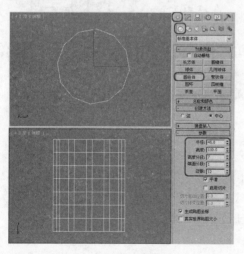

图 5-19　创建圆柱体

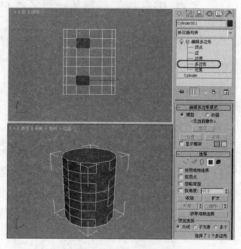

图 5-20　选择多边形

（3）在"编辑多边形"卷展栏中，单击"挤出"按钮右侧的"设置" ![icon]按钮，在弹出的对话框中，将"高度"设置为 15，然后单击"确定"按钮，效果如图 5-21 所示。

（4）重复步骤 3 中的操作，再连续挤出两次，每次挤出的高度都为 15，挤出完成后的效果如图 5-22 所示。

（5）选择挤出后在最外侧并相对的两个多边形，如图 5-23 所示，在"编辑多边形"卷展栏中单击"挤出"按钮右侧的"设置" ![icon]按钮，在弹出的对话框中，将"高度"设置为 15，然后单击"确定"按钮，效果如图 5-24 所示。

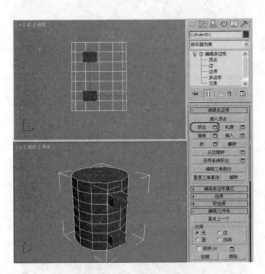

图 5-21　挤出多边形

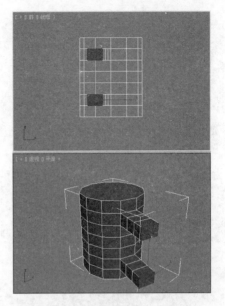

图 5-22　继续挤出多边形

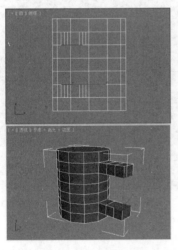

图 5-23　选择多边形

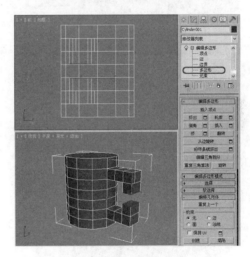

图 5-24　挤出多边形

(6) 将在步骤 5 中选择的两个多边形按 Delete 键删除，将当前选择集定义为"边界"，选择删除多边形后的边界，如图 5-25 所示。

(7) 在"编辑边界"卷展栏中单击"桥"按钮，即可将缺口部分连接起来，如图 5-26 所示。

(8) 将选择集定义为"边"，在视图中选择如图 5-27 所示的边。在"编辑边"卷展栏中单击"切角"按钮右侧的"设置" 按钮，在弹出的对话框中将"数量"设置为 10，然后单击"确定"按钮，效果如图 5-28 所示。

(9) 关闭当前选择集，在顶视图中将模型旋转 15 度，如图 5-29 所示。

(10) 将当前选择集定义为"顶点"，在左视图中调整杯把的形状，如图 5-30 所示。

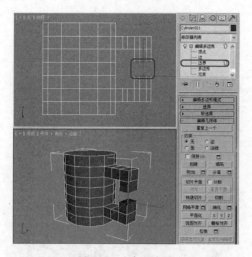

图 5-25　选择边界

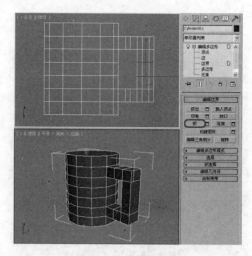

图 5-26　单击"桥"按钮

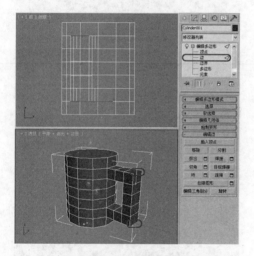

图 5-27　选择边

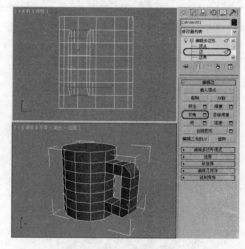

图 5-28　设置切角

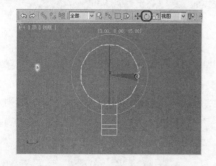

图 5-29　旋转模型

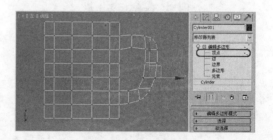

图 5-30　调整杯把

（11）将选择集定义为"多边形"，在顶视图中选择顶面上的多边形，在"编辑多边形"卷展栏中单击"插入"按钮右侧的"设置" 按钮，在弹出的对话框中，将"数量"设置为 4，单击"确定"按钮，如图 5-31 所示。

（12）在"编辑多边形"卷展栏中，单击"挤出"按钮右侧的"设置" 按钮，在弹出的对话框中，将"高度"设置为-100，然后单击"确定"按钮，效果如图 5-32 所示。

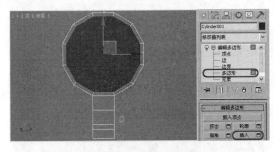

图 5-31　插入多边形

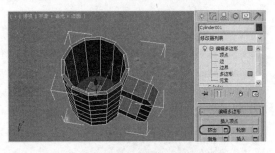

图 5-32　挤出多边形

（13）将选择集定义为"边"，选择杯口和杯底的边，如图 5-33 所示。在"编辑边"卷展栏中单击"切角"按钮右侧的"设置"按钮，在弹出的对话框中，将"数量"设置为0.2，单击"确定"按钮。

（14）将选择集定义为"多边形"，在场景中选择如图 5-34 所示的多边形，在"多边形：材质 ID"卷展栏中，将"设置 ID"设置为 2。

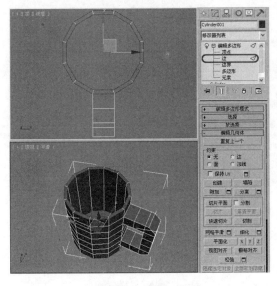

图 5-33　选择边

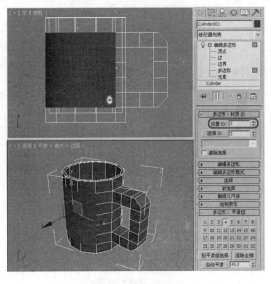

图 5-34　设置 ID2

（15）在菜单栏中选择"编辑"→"反选"命令，在"多边形：材质 ID"卷展栏中，将"设置 ID"设置为 1，如图 5-35 所示。

（16）关闭当前选择集，在"修改器列表"中选择"网格平滑"修改器，在"细分量"卷展栏中，将"迭代次数"设置为 3，如图 5-36 所示。

（17）按 M 键打开"材质编辑器"对话框，激活第一个材质样本球，将其命名为"马克杯 1"，单击 Standard 按钮，在弹出的"材质/贴图浏览器"对话框中选择"多维/子对象"材质，单击"确定"按钮，在弹出的对话框中使用默认设置，单击"确定"按钮，然后在"多维/子对象基本参数"卷展栏中单击"设置数量"按钮，在弹出的对话框中，将"材质数量"设置为 2，单击"确定"按钮，如图 5-37 所示。

(18) 单击 1 号材质后面的材质按钮，进入该子级材质面板，在"明暗器基本参数"卷展栏中，将明暗器类型定义为"各向异性"，在"各向异性基本参数"卷展栏中，将"环境光"和"漫反射"的 RGB 值设置为 0、144、255，将"高光反射"的 RGB 值设置为 255、255、255，将"自发光"区域下的"颜色"设置为 20，将"漫反射级别"设置为 119，将"反射高光"区域中的"高光级别"、"光泽度"和"各向异性"分别设置为 96、58 和 86，如图 5-38 所示。

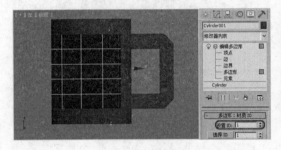

图 5-35　设置 ID1

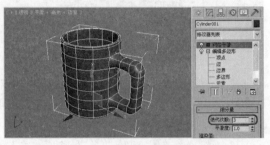

图 5-36　施加"网格平滑"修改器

图 5-37　设置材质数量

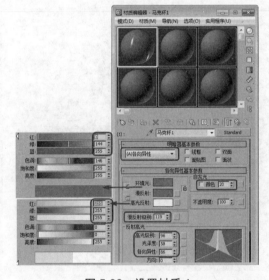

图 5-38　设置材质 1

(19) 单击"转到父对象" 按钮，然后单击 2 号材质后面的材质按钮，在弹出的"材质/贴图浏览器"对话框中，选择"标准"材质，单击"确定"按钮，在"明暗器基本参数"卷展栏中，将明暗器类型定义为"各向异性"，在"各向异性基本参数"卷展栏中，将"自发光"区域下的"颜色"设置为 15，将"漫反射级别"设置为 119，然后将"反射高光"区域中的"高光级别"、"光泽度"和"各向异性"分别设置为 96、58 和 86，如图 5-39 所示。

(20) 在"贴图"卷展栏中，单击"漫反射颜色"通道右侧的 None 按钮，在弹出的"材质/贴图浏览器"对话框中，选择"位图"贴图，单击"确定"按钮，在弹出的对话框中选择本书下载资源中的"下载资源\Map\图片 1.jpg"文件，单击"打开"按钮，在"坐标"卷展栏中，将"瓷砖"下的 U、V 设置为 3、1.5，如图 5-40 所示。单击两次"转到父对象" 按钮，然后单击"将材质指定给选定对象" 按钮。

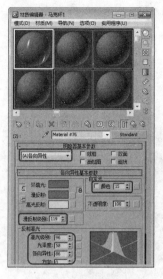

图 5-39　设置材质 2

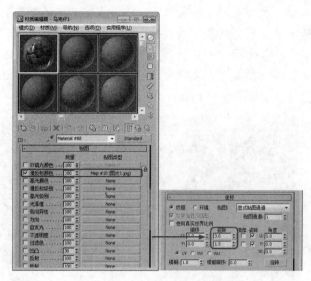

图 5-40　设置并指定材质

(21) 在场景中选择创建的模型，使用工具栏中的"选择并移动" 工具，并配合 Shift 键对其复制，复制完成后调整模型的位置，如图 5-41 所示。

(22) 按 M 键打开"材质编辑器"对话框，将第一个材质样本球拖曳到第二个材质样本球上，并将第二个材质样本球命名为"马克杯 2"，单击 1 号材质后面的材质按钮，在"各向异性基本参数"卷展栏中，将"环境光"和"漫反射"的 RGB 值设置为 255、0、0，将"高光反射"的 RGB 值设置为 255、255、255，将"自发光"区域下的"颜色"设置为 15，如图 5-42 所示。

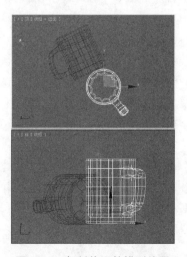

图 5-41　复制并调整模型位置

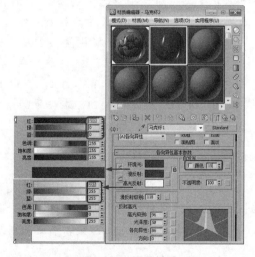

图 5-42　设置材质

(23) 单击 "转到父对象" 按钮，然后单击 2 号材质后面的材质按钮，在 "各向异性基本参数" 卷展栏中，将 "自发光" 区域下的 "颜色" 设置为 20，在 "贴图" 卷展栏中，将 "漫反射颜色" 通道右侧的贴图更改为本书下载资源中的 "下载资源\Map\图片 2.jpg" 文件，在 "坐标" 卷展栏中，将 "瓷砖" 下的 U、V 设置为 3、1.4，如图 5-43 所示。单击两次 "转到父对象" 按钮，然后单击 "将材质指定给选定对象" 按钮。

(24) 选择 "创建" → "几何体" → "长方体" 工具，在顶视图中创建一个长方体，在 "参数" 卷展栏中，将 "长度" 设置为 1000，"宽度" 设置为 1000，"高度" 设置为 1，如图 5-44 所示。

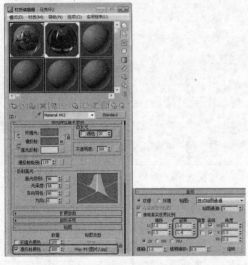

图 5-43　设置并指定材质

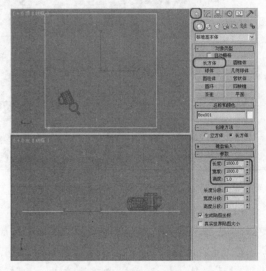

图 5-44　创建长方体

(25) 按 M 键打开 "材质编辑器" 对话框，激活第三个材质样本球，将其命名为 "地面"，在 "贴图" 卷展栏中，单击 "漫反射颜色" 通道右侧的 None 按钮，在弹出的 "材质/贴图浏览器" 对话框中选择 "位图" 贴图，单击 "确定" 按钮，再在弹出的对话框中选择本书下载资源中的 "下载资源\Map\0091.jpg" 文件，单击 "打开" 按钮，在 "坐标" 卷展栏中将 "瓷砖" 下的 U、V 设置为 1.9、1.9，如图 5-45 所示。

(26) 单击 "转到父对象" 按钮，在 "贴图" 卷展栏中，将 "反射" 通道右侧的 "数量" 设置为 10，并单击 None 按钮，在弹出的 "材质/贴图浏览器" 对话框中选择 "平面镜" 贴图，单击 "确定" 按钮，在 "平面镜参数" 卷展栏中，勾选 "应用于带 ID 的面" 复选框，如图 5-46 所示。单击 "转到父对象" 按钮，然后单击 "将材质指定给选定对象" 按钮。

(27) 选择 "创建" → "摄影机" → "目标" 摄影机工具，在顶视图中创建一架摄影机，在 "参数" 卷展栏中将 "镜头" 设置为 70，激活 "透视" 图，按 C 键将其转换为摄影机视图，并在其他视图中调整其位置，如图 5-47 所示。

(28) 对摄影机视图进行渲染，渲染完成后将效果保存，并将场景文件保存。

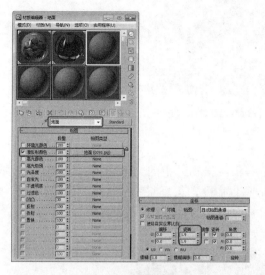

图 5-45　设置材质

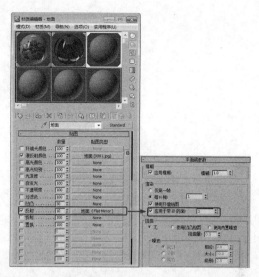

图 5-46　设置并指定材质

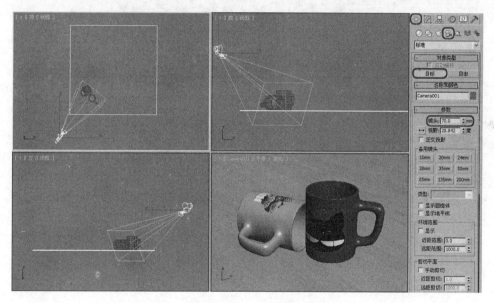

图 5-47　创建摄影机

5.1.4　"元素"层级

单击次物体中的"元素"就进入"元素"层级，在此层级中，主要是针对整个网格物体进行编辑。

1. "附加"的使用

使用附加，可以将其他对象包含到当前正在编辑的可编辑网格物体中，使其成为可编辑网格的一部分，如图 5-48 所示。

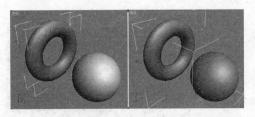

图 5-48　"附加"对象前后的对比效果

2. "分离"的使用

分离的作用与附加的作用相反，它是将可编辑网格物体中的一部分从中分离出去，成为一个独立的对象，如图 5-49 所示。通过"分离"命令，可以将物体从可编辑网格物体中分离出来，作为一个单独的对象，但是，此时被分离出来的并不是原物体了，而是另一个可编辑网格物体。

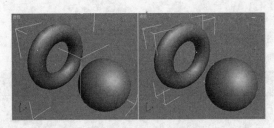

图 5-49　"分离"对象前后的效果对比

3. "炸开"的使用

炸开能够将可编辑网格物体分解成若干碎片。在单击"炸开"按钮前，如果选中"对象"单选按钮，则分解的碎片将成为独立的对象，即由 1 个可编辑网格物体变为 4 个可编辑网格物体；如果选中"元素"单选按钮，则分解的碎片将作为体层级物体中的一个子层级物体，并不单独存在，即仍然只有一个可编辑网格物体。

5.2　小型案例实训——制作藤椅

下面将讲解如何制作藤椅，以便对本章的知识进行巩固，其效果如图 5-50 所示。

图 5-50　渲染后的效果

（1）选择"创建"→"图形"→"圆"工具，在顶视图中创建一个"半径"为 123 的圆，在"渲染"卷展栏中，勾选"在渲染中启用"和"在视口中启用"复选框，将"厚度"设置为 18，将其命名为"椅子底"，如图 5-51 所示。

（2）切换至"修改"面板，在修改器列表中选择"编辑网格"修改器，并将当前选择集定义为"顶点"，在场景中选择如图 5-52 所示的点，在"选择并均匀缩放"工具上右击鼠标，在弹出的对话框中将"偏移：屏幕"区域中的百分比设置为 96。

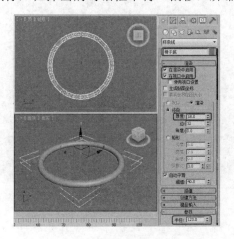

图 5-51　创建圆

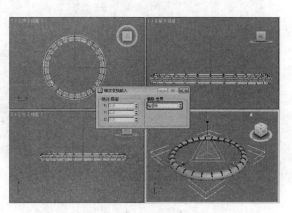

图 5-52　缩放顶点

（3）缩放完成后，关闭"缩放变换输入"对话框，关闭当前选择集，选择"创建"→"图形"→"弧"工具，在"前"视图中"椅子底"的上方创建一个"半径"、"从"、"到"分别为 82、19、161 的弧，将其命名为"椅子装饰腿 001"，并在"渲染"卷展栏中将"厚度"设置为 11，如图 5-53 所示。

（4）切换至"修改"面板，在修改器列表中选择"编辑样条线"修改器，将当前选择集定义为"顶点"，然后在场景中将点调整为如图 5-54 所示的效果。

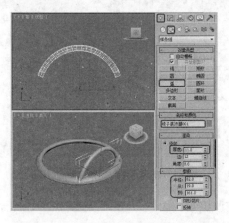

图 5-53　创建"椅子装饰腿 001"对象

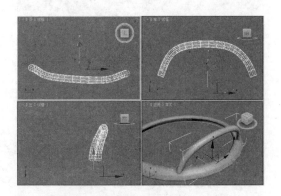

图 5-54　添加"编辑样条线"修改器

（5）调整完成后，关闭当前选择集，选择"线"工具，在场景中创建一条如图 5-55 所示的线，将其命名为"椅子装饰腿 002"，并在其他视图中调整其效果，在"渲染"卷展栏中，将"厚度"设置为14。

(6) 在修改器列表中选择"编辑网格"修改器，并将当前选择集定义为"顶点"，在前视图中选择上方的顶点，在工具栏中右击"选择并均匀缩放"工具，在弹出的对话框中将"偏移：屏幕"区域下的百分比设置为95，如图5-56所示。

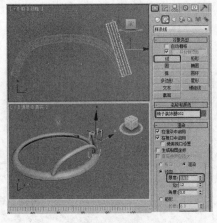

图 5-55　创建线

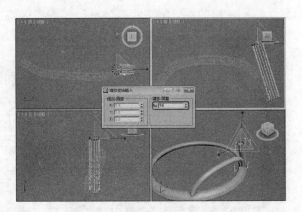

图 5-56　选中顶点并进行缩放

(7) 调整完成后，关闭"缩放变换输入"对话框，在工具栏中单击"选择并移动"工具，在视图中调整选定顶点的位置，调整后的效果如图5-57所示。

(8) 调整完成后，关闭当前选择集，在视图中选择"椅子装饰腿 001"和"椅子装饰腿 002"对象，激活顶视图，切换至"层次"命令面板，在"调整轴"卷展栏中单击"仅影响轴"按钮，在工具栏中单击"对齐"工具，在场景中选择"椅子底"对象，在弹出的对话框中勾选"X 位置"、"Y 位置"、"Z 位置"复选框，分别单击"当前对象"和"目标对象"选项组中的"轴点"单选按钮，如图5-58所示。

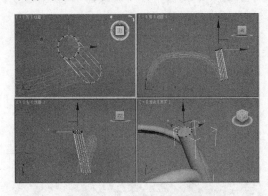

图 5-57　调整顶点的位置

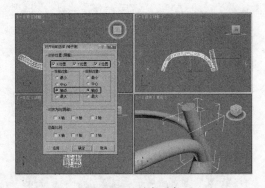

图 5-58　对齐对象

(9) 设置完成后，单击"确定"按钮，完成调整后，再次单击"仅影响轴"按钮，即可完成轴的调整，调整后的效果如图5-59所示。

(10) 在菜单栏中选择"工具"→"阵列"命令，打开"阵列"对话框，将"增量"选项组中的 Z 旋转设置为90°，然后将"阵列维度"选项组中"数量"的 1D 设置为4，单击"预览"按钮，查看阵列后的效果，最后单击"确定"按钮，如图5-60所示。

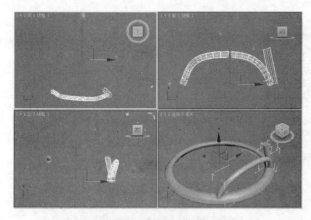

图 5-59   调整轴后的效果

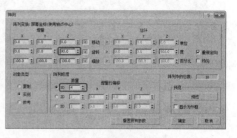

图 5-60   设置阵列参数

(11) 设置完成后，单击"确定"按钮，即可完成阵列，效果如图 5-61 所示。

(12) 选择"创建"→"图形"→"圆"工具，在"顶"视图中创建一个"半径"为 102 的可渲染的圆，并将其命名为"椅子底 002"，然后将其渲染的"厚度"设置为 12，如图 5-62 所示。

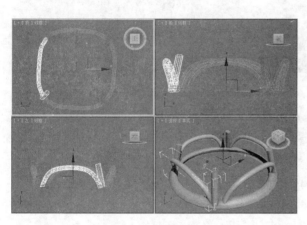

图 5-61   阵列后的效果

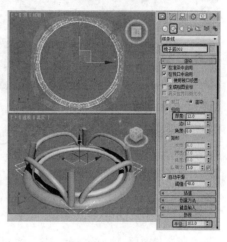

图 5-62   创建圆形

(13) 创建完成后，在工具栏中单击"选择并移动"工具，在视图中调整"椅子底 002"对象的位置，调整后的效果如图 5-63 所示。

(14) 使用"选择并移动"工具，在前视图中选择"椅子底 002"对象，按住 Shift 键，沿着 Y 轴向上进行移动，在弹出的"克隆选项"对话框中单击"实例"单选按钮，将"副本数"设置为 3，如图 5-64 所示。

(15) 单击"确定"按钮，即可完成对选中对象的复制，效果如图 5-65 所示。

(16) 选择"创建"→"图形"→"线"工具，在"左"视图中创建一条样条线，将其命名为"椅子扶手 001"，切换至"修改"面板，将当前选择集定义为"顶点"，并在其他视图中调整其效果，然后在"渲染"卷展栏中，将"厚度"设置为 15.5，效果如图 5-66 所示。

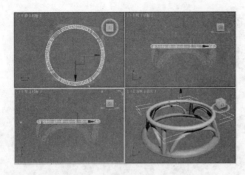

图 5-63　调整对象的位置

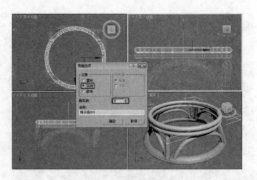

图 5-64　设置克隆参数

图 5-65　复制对象后的效果

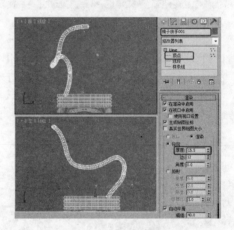

图 5-66　绘制线段

　　(17) 关闭当前选择集，选择"创建"→"图形"→"弧"工具，在顶视图中绘制一个圆弧，在视图中调整该对象的位置，切换至"修改"命令面板，将其命名为"椅子扶手下001"，在"参数"卷展栏中，将"半径"、"从"、"到"分别设置为 129、308、92，在"渲染"卷展栏中，将"厚度"设置为 14(用户可以适当的调整位置)，如图 5-67 所示。

　　(18) 在修改器下拉列表中选择"编辑样条线"修改器，将当前选择集定义为"顶点"，在视图中对顶点进行调整，效果如图 5-68 所示。

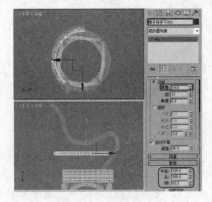

图 5-67　创建圆弧

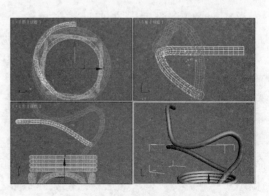

图 5-68　对顶点进行调整

(19) 调整完成后，关闭当前选择集，使用“线”工具，在左视图中绘制一条样条线，将其命名为“椅子支架 001”，切换至“修改”命令面板，在“渲染”卷展栏中，将“厚度”设置为 13，将当前选择集定义为“顶点”，在视图中对其进行调整，调整后的效果如图 5-69 所示。

(20) 关闭当前选择集，在视图中选择“椅子底 005”上方的三个对象，激活顶视图，切换至“层次”命令面板，在“调整轴”卷展栏中单击“仅影响轴”按钮，在工具栏中单击“对齐”工具，在场景中选择“椅子底”对象，在弹出的对话框中勾选“X 位置”、“Y 位置”、“Z 位置”复选框，分别单击“当前对象”和“目标对象”选项组中的“轴点”单选按钮，如图 5-70 所示。

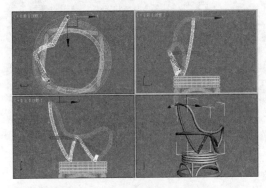

图 5-69　创建样条线并调整顶点

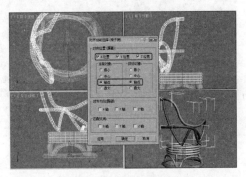

图 5-70　设置对齐选项

(21) 设置完成后，单击“确定”按钮，完成调整后，再次单击“仅影响轴”按钮，即可完成轴的调整，在工具栏中单击“镜像”按钮，在弹出的对话框中单击“实例”单选按钮，如图 5-71 所示。

(22) 单击“确定”按钮，选择“创建”→“图形”→“圆”工具，在顶视图中绘制一个半径为 101.5 的圆，然后切换至“修改”命令面板，将其命名为“椅子坐支架”，在“渲染”卷展栏中，将“厚度”设置为 14，并在视图中调整该对象的位置，调整后的效果如图 5-72 所示。

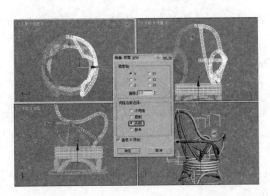

图 5-71　单击“实例”单选按钮

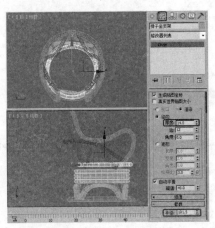

图 5-72　绘制圆形

(23) 在修改器列表中选择"编辑样条线"修改器，将当前选择集定义为"顶点"，然后在场景中进行调整，如图 5-73 所示。

(24) 关闭选择集，选择"创建"→"几何体"→"球体"工具，在场景中创建球体，并将其命名为"椅子装饰钉"，并对其进行复制，如图 5-74 所示为椅子装饰钉的位置。

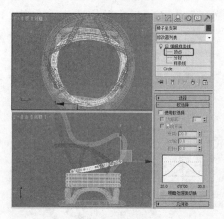

图 5-73　调整顶点

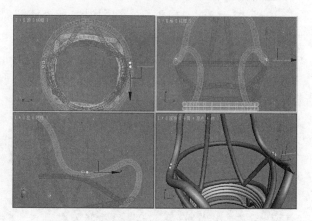

图 5-74　创建椅子装饰钉并对其进行复制

(25) 选择"创建"→"图形"→"线"工具，在左视图中创建一条样条线，将其命名为"放样路径"，在"渲染"卷展栏中取消勾选"在渲染中启用"和"在视口中启用"复选框，将当前选择集定义为"顶点"，如图 5-75 所示。

(26) 关闭当前选择集，然后选择"矩形"工具，在前视图中创建一个"长度"为 6、"宽度"为 200，"角半径"为 3 的矩形，将其命名为"放样图形"，如图 5-76 所示。

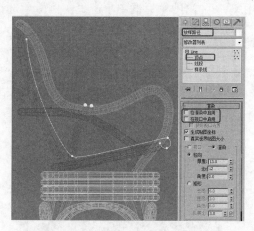

图 5-75　创建线并调整顶点的位置

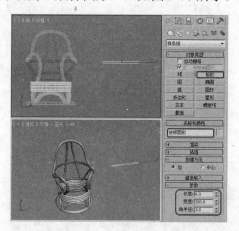

图 5-76　创建圆角矩形

(27) 在场景中选择作为放样路径的线，选择"创建"→"几何体"→"复合对象"→"放样"工具，在"创建方法"卷展栏中单击"获取图形"按钮，在场景中拾取作为放样图形的矩形，如图 5-77 所示。

(28) 在工具栏中选择"选择并旋转"工具，右击"角度捕捉切换"按钮，在弹出的对话框中，将"角度"设置为 90，如图 5-78 所示。

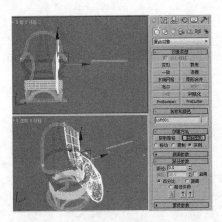

图 5-77　获取图形

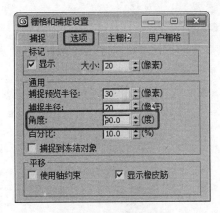

图 5-78　设置角度参数

(29) 设置完成后，关闭该对话框，在工具栏中单击"角度捕捉切换"按钮，切换至"修改"命令面板，将当前选择集定义为"图形"，在左视图选择放样图形，并沿着 Z 轴旋转图形-90°，旋转后的效果如图 5-79 所示。

(30) 旋转完成后，关闭当前选择集，关闭角度捕捉，将放样后的对象命名为"靠背001"，在"变形"卷展栏中，单击"缩放"按钮，在弹出的对话框中插入角点并进行调整，将"蒙皮参数"卷展栏中的"选项"选项组中的"图形步数"和"路径步数"参数分别设置为 0 和 5，效果如图 5-80 所示。

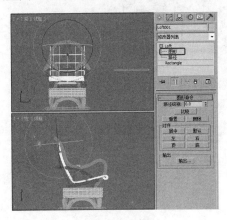

图 5-79　旋转图形

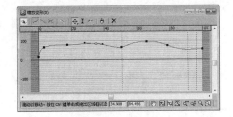

图 5-80　调整缩放曲线并设置图形步数

(31) 在修改器列表中选择"网格平滑"修改器，在"细分量"卷展栏中，将"迭代次数"设置为 0，如图 5-81 所示。

(32) 在工具栏中选择"选择并移动"工具，在场景中选择"靠背 001"对象，并在左视图中将其放置到如图 5-82 所示的位置。

(33) 继续选中靠背，按 M 键，在弹出的对话框中选择一个新的材质样本球，将其命名为"靠背"，在"明暗器基本参数"卷展栏中，勾选"面贴图"复选框，将明暗器类型设置为(P)Phong，在"Phong 基本参数"卷展栏中，将"环境光"的 RGB 值设置为 0、0、0，将"高光反射"的 RGB 值设置为 178、178、178，将"反射高光"选项组中的"光泽度"设置为 0，如图 5-83 所示。

(34) 在"贴图"卷展栏中单击"漫反射颜色"右侧的 None 按钮，在弹出的对话框中双击"位图"选项，在弹出的对话框中选择 Dt16.jpg 贴图文件，单击"打开"按钮，在"坐标"卷展栏中，将"模糊"设置为 1.07，如图 5-84 所示。

图 5-81　添加"网格平滑"修改器

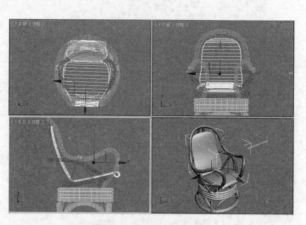

图 5-82　调整靠背的位置

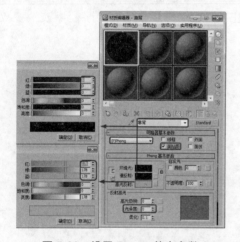

图 5-83　设置 Phong 基本参数

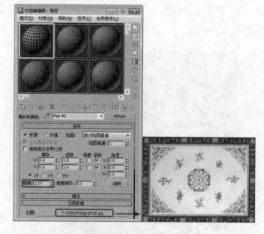

图 5-84　添加贴图文件

(35) 将设置完成后的材质指定给选定对象即可，在菜单栏中选择"编辑"→"反选"命令，在材质编辑器对话框中选择一个新的材质样本球，将其命名为"木材质"，在"明暗器基本参数"卷展栏中，勾选"面贴图"复选框，将明暗器类型设置为(P)Phong，在"Phong 基本参数"卷展栏中，将"环境光"的 RGB 值设置为 0、0、0，将"高光反射"的 RGB 值设置为 211、211、211，将"反射高光"选项组中的"高光级别"和"光泽度"分别设置为 65、36，如图 5-85 所示。

(36) 在"贴图"卷展栏中单击"漫反射颜色"右侧的 None 按钮，在弹出的对话框中双击"位图"选项，在弹出的对话框中选择 MW12.JPG 贴图文件，单击"打开"按钮，在"坐标"卷展栏中，将"模糊"设置为 1.07，如图 5-86 所示，设置完成后，将设置完成的材质指定给选定对象即可。

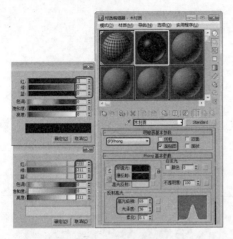

图 5-85　设置木纹材质

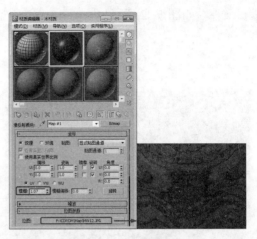

图 5-86　添加贴图文件

(37) 在视图中选中所有的对象，在菜单栏中选择"组"→"组"命令，在弹出对话框中将"组名"设置为"藤椅 001"，如图 5-87 所示。

(38) 选中创建的"藤椅 001"对象，适当调整位置，然后在工具栏中使用"选择并移动"和"选择并旋转"工具，对其进行复制和旋转，设置完成后的效果如图 5-88 所示。

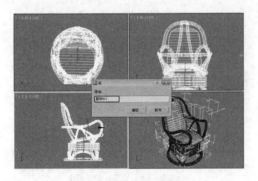

图 5-87　设置组名

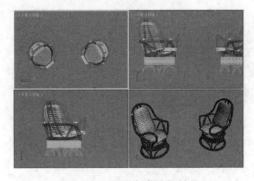

图 5-88　设置完成后的效果

(39) 选择"创建" ![创建图标] →"几何体" ![几何体图标] →"平面"工具，在顶视图中创建平面，切换到"修改"命令面板，将其命名为"地面"，在"参数"卷展栏中，将"长度"和"宽度"分别设置为 1986、2432，将"长度分段"和"宽度分段"都设置为 1，如图 5-89 所示。

(40) 右击平面对象，在弹出的快捷菜单中选择"对象属性"命令，将会弹出"对象属性"对话框，在"显示属性"选项组中勾选"透明"复选框，然后单击"确定"按钮，如图 5-90 所示。

(41) 按 M 键打开"材质编辑器"对话框，选择一个新的材质样本球，并单击 Standard 按钮，在弹出的"材质/贴图浏览器"对话框中选择"无光/投影"材质，单击"确定"按钮，如图 5-91 所示。

(42) 单击"将材质指定给选定对象"按钮 ![图标]，将材质指定给平面对象。按 8 键，弹出"环境和效果"对话框，在"公用参数"卷展栏中单击"无"按钮，在弹出的"材质/贴图

3ds Max 2012 基础教程

浏览器"对话框中双击"位图"贴图，在弹出的对话框中打开本书下载资源中的 G408.jpg 素材文件，如图 5-92 所示。

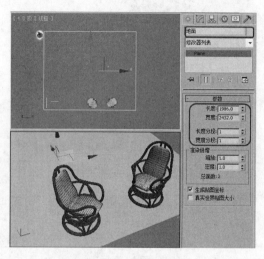

图 5-89　绘制平面

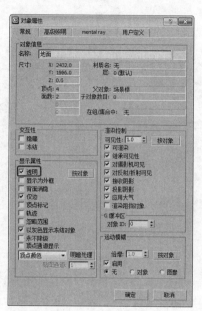

图 5-90　设置对象属性

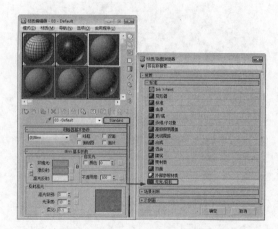

图 5-91　选择"无光/投影"材质

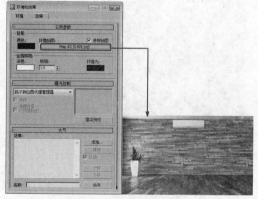

图 5-92　添加环境贴图

（43）在"环境和效果"对话框中，将环境贴图按钮拖曳到新的材质样本球上，在弹出的"实例(副本)贴图"对话框中单击"实例"单选按钮，并单击"确定"按钮，然后在"坐标"卷展栏中，将贴图设置为"屏幕"，如图 5-93 所示。

（44）激活"透视"视图，在菜单栏中选择"视图"→"视口背景"→"环境背景"命令，即可在"透视"视图中显示环境背景，如图 5-94 所示。

（45）选择"创建" → "摄影机" → "目标"工具，在视图中创建摄影机，激活"透视"视图，按 C 键将其转换为摄影机视图，然后在其他视图中调整摄影机的位置，效果如图 5-95 所示。

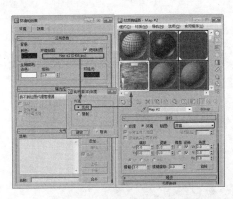

图 5-93　拖曳并设置贴图

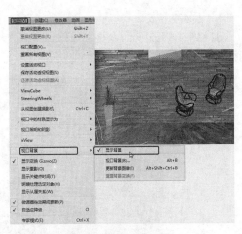

图 5-94　显示环境背景

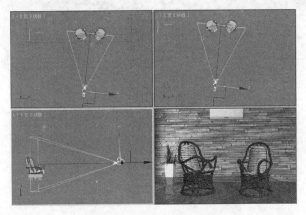

图 5-95　创建并调整摄影机

(46) 选择"创建" → "灯光" → "标准" → "泛光灯"工具，在顶视图中创建泛光灯，并在其他视图中调整灯光的位置，切换至"修改"命令面板，在"强度/颜色/衰减"卷展栏中将"倍增"设置为 0.35，如图 5-96 所示。

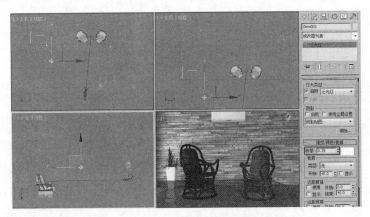

图 5-96　创建泛光灯并设置倍增

(47) 选择"创建" 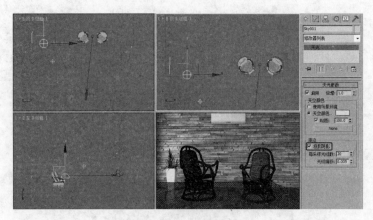→"灯光" →"标准"→"天光"工具，在顶视图中创建天光，切换到"修改"命令面板，然后在"天光参数"卷展栏中勾选"投射阴影"复选框，如图 5-97 所示。

图 5-97　创建天光

(48) 至此，藤椅就制作完成了，对完成后的场景进行渲染并保存即可。

5.3　本 章 小 结

本章为读者介绍了表面建模中面片建模的技巧和方法。主要讲解了常用网格建模的应用。包括"顶点"层级、"边"层级、"面"层级以及"元素"层级的应用，属于该软件的重点部分。

习　　题

简述多边形建模的一般过程。

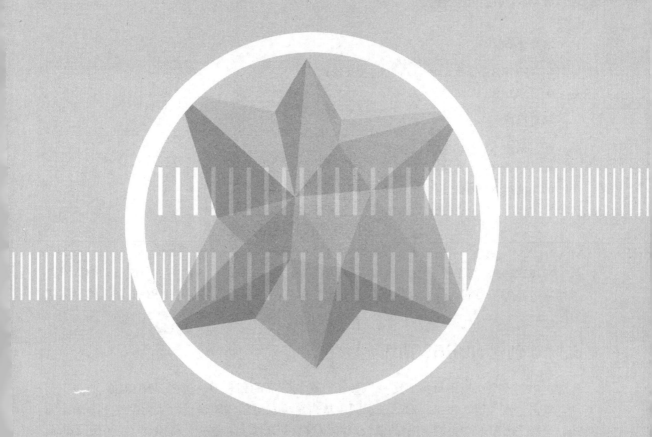

第 6 章

NURBS 建模

本章要点：

- NURBS 曲线、曲面的创建以及修改。
- NURBS 工具箱。

学习目标：

- 创建 NURBS 曲线、曲面。
- NURBS 工具的应用。
- 使用 NURBS 建模制作棒球棒。

6.1 创建 NURBS 模型

NURBS 建模的主要手段，是利用 NURBS 曲线生成曲面。这种曲线通过复杂的数学公式计算出曲度和走向，可以使用较少的点来生成光滑的曲面，这是 NURBS 建模的一大优势所在。

6.1.1 创建 NURBS 曲线

在"创建"面板中单击"图形"按钮，在其下面的列表中，选择"NURBS 曲线"选项，单击"点曲线"按钮，然后在视图中单击鼠标左键创建编辑点，从而创建出编辑点曲线。选择 NURBS 所创建出来的曲线，其编辑点都在线上，这样，可以比较直观地编辑曲线，如图 6-1 所示。

在"创建"面板中单击"图形"按钮，在其下面的列表中，选择"NURBS 曲线"选项，单击"CV 曲线"按钮，然后在视图中单击鼠标左键创建控制点，从而创建出控制点 NURBS 曲线。对于 CV NURBS 创建出来的曲线，其控制点一般在曲线周围，可以通过移动控制点来改变曲线的形状及曲率，如图 6-2 所示。

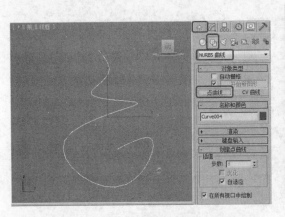

图 6-1 点曲线的创建面板及效果

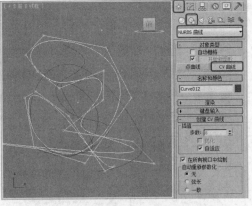

图 6-2 CV 曲线的创建面板及效果

在创建 NURBS 曲线时，当鼠标单击回到起点时，将弹出如图 6-3 所示的对话框，询问用户是否要将 NURBS 曲线闭合。如果单击"是"按钮，则曲线将闭合，起点和终点成为一个点；否则，曲线将不会闭合，起点与终点仅重合。闭合的曲线效果如图 6-4 所示。

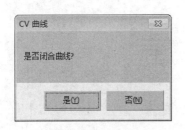

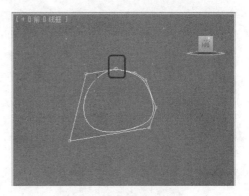

图 6-3　询问"是否闭合曲线"对话框　　　　　图 6-4　闭合的曲线效果

6.1.2　创建 NURBS 曲面

　　NURBS 曲面同样也分为两种：点曲面和 CV 曲面。点曲面可以交互地调整曲面，并且可以避免复杂混乱的控制点遮住工作区域，因此，在创建诸如人体模型等高级生物时，会更容易一些。在创建命令面板中单击"几何体"按钮，在其下面的列表中选择"NURBS 曲面"选项，单击"点曲面"按钮，然后在视图中单击鼠标左键，创建编辑点，并拖曳出平面，从而创建出编辑点曲面，如图 6-5 所示。

　　CV 曲面采用控制点来调整曲率，对曲面形状影响较小，所以它适合对曲面进行细微调整。在创建命令面板中单击"几何体"按钮，在其下面的列表中选择"NURBS 曲面"选项，单击"CV 曲面"按钮，然后在视图中单击鼠标左键，创建控制点，并拖曳出平面，从而创建出控制点 NURBS 曲面，如图 6-6 所示。

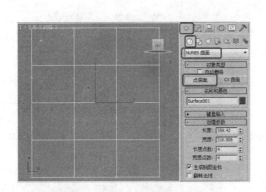

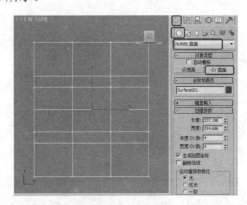

图 6-5　点曲面创建面板及效果　　　　　图 6-6　CV 曲面创建面板及效果

6.1.3　修改 NURBS 曲线

　　单击 按钮，进入修改命令面板，进入"曲线 CV"子层级，如图 6-7 所示，在视图中选择一个编辑点或者控制点进行移动，从而达到修改曲线形状的目的，如图 6-8 所示。

图 6-7　修改命令面板

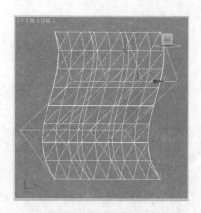

图 6-8　调整控制点

例 6-1：制作苹果

本例介绍如何使用 NURBS 制作苹果，效果如图 6-9 所示。

将首先创建一个球体，然后，将球体转换为 NURBS 曲面，再利用 NURBS 曲面建模，然后将其修改至苹果的最终造型。

图 6-9　苹果效果

(1) 重置一个新的 3ds Max 场景，选择"创建" ⚹ → "几何体" 🔘 → "球体"工具，在顶视图创建球体，在"参数"卷展栏中，将"半径"设置为 150，如图 6-10 所示。

(2) 选择"球体"，单击鼠标右键，在弹出的快捷菜单中选择"转换为" → "转换为 NURBS"命令，如图 6-11 所示。

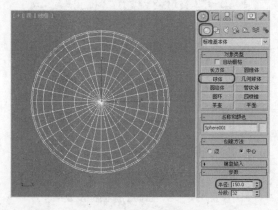

图 6-10　创建球体

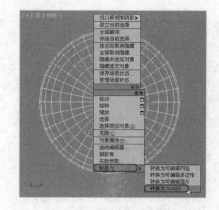

图 6-11　转换为 NURBS

(3) 切换到修改 🖉 命令面板，将当前选择集定义为"曲面 CV"，在左视图中选择如图 6-12 所示的控制点，并将点沿 Y 轴向下移。

(4) 在左视图中选择最上方的点，将其沿 Y 轴向下调整，再选择最下方的点，将其沿

Y 轴向上调整，如图 6-13 所示。

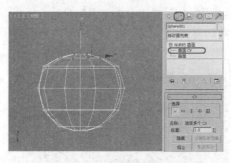

图 6-12 调整控制点的位置

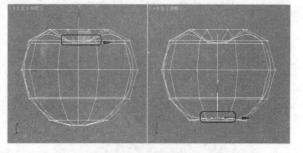

图 6-13 调整控制点

(5) 切换到左视图，将上方的中心点下调，将下方的中心点上调，如图 6-14 所示。

(6) 在左视图中调整苹果顶端的控制点，调整苹果的凹凸，如图 6-15 所示。

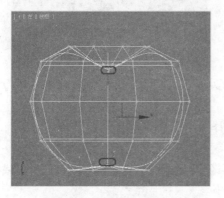

图 6-14 调整中心控制点

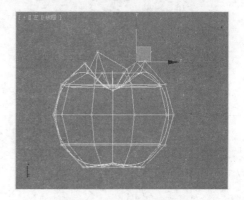

图 6-15 调整顶端控制点

(7) 使用同样的方法调整底端的控制点，如图 6-16 所示。

(8) 在左视图中选择如图 6-17 所示的控制点，在顶视图中进行缩放，效果如图 6-17 所示。

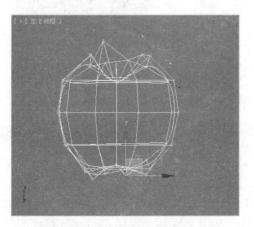

图 6-16 调整底端的控制点

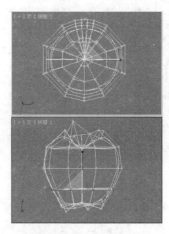

图 6-17 缩放控制点

(9) 选择"创建" 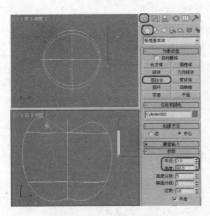 → "几何体" → "圆柱体"工具,在顶视图中创建圆柱体,在"参数"卷展栏中将"半径"设置为3、"高度"设置为80,如图6-18所示。

(10) 选择"圆柱体",单击鼠标右键,在弹出的快捷菜单中选择"转换为" → "转换为 NURBS"命令,如图6-19所示。

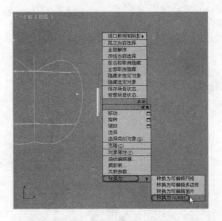

图6-18　创建圆柱体　　　　　　　　　图6-19　将圆柱体转换为 NURBS

(11) 切换到修改命令面板,将当前选择集定义为"曲面 CV",使用制作苹果的方法调整苹果把,最终效果如图6-20所示。

(12) 按 M 键打开"材质编辑器"面板,选择一个新的材质样本球,将其命名为"苹果",在"Blinn 基本参数"卷展栏中,将"环境光"和"漫反射"的 RGB 值均设置为 137、50、50,在"自发光"区域下,将"颜色"值设置为 15,在"反射高光"区域下将"高光级别"和"光泽度"分别设置为 48、26,如图6-21所示。

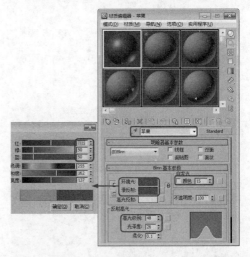

图6-20　调整苹果把　　　　　　　　　图6-21　设置苹果材质(1)

(13) 打开"贴图"卷展栏,单击"漫反射颜色"后面的 None 按钮,在弹出的"材质/贴图浏览器"对话框中选择"位图"贴图,单击"确定"按钮,在弹出的对话框中选择本书下载资源中的"下载资源\Map\Apple-A.JPG",单击"打开"按钮,如图6-22所示。

(14) 单击"转到父对象" 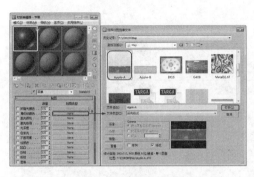 按钮，返回到父级材质层级，在"贴图"卷展栏中单击"凹凸"后面的 None 按钮，在弹出的"材质/贴图浏览器"对话框中选择"位图"贴图，单击"确定"按钮，在弹出的对话框中选择本书下载资源中的"下载资源\Map\Apple-B.JPG"文件，单击"打开"按钮，如图 6-23 所示。

(15) 单击"转到父对象" 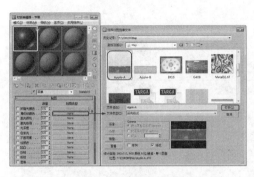 按钮，返回到父级材质层级，单击"将材质指定给选定对象" 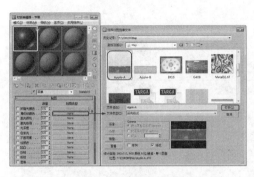 按钮，将材质指定给场景中的"苹果"对象。

图 6-22　设置苹果材质(2)　　　　　图 6-23　设置苹果材质(3)

(16) 在"材质编辑器"中选择另一个新的材质样本球，将其命名为"苹果把"，在"Blinn 基本参数"卷展栏中，将"自发光"区域下的"颜色"设置为 10，在"反射高光"区域下将"高光级别"、"光泽度"和"柔化"分别设置为 75、15、0.2，如图 6-24 所示。

(17) 打开"贴图"卷展栏，单击"漫反射颜色"后面的 None 按钮，在弹出的"材质/贴图浏览器"对话框中选择"位图"贴图，单击"确定"按钮，在弹出的对话框中选择本书下载资源中的"下载资源\Map\Stemcolr.TGA"，单击"打开"按钮，如图 6-25 所示。

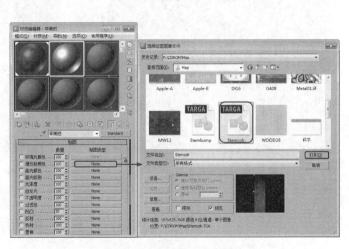

图 6-24　设置苹果把材质(1)　　　　图 6-25　设置苹果把材质(2)

(18) 单击"转到父对象" 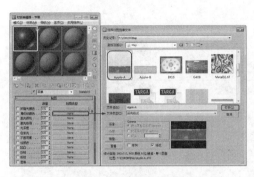 按钮，返回到父级材质层级，在"贴图"卷展栏中单击"高光级别"后面的 None 按钮，在弹出的"材质/贴图浏览器"对话框中选择"位图"贴

图，单击"确定"按钮，在弹出的对话框中选择本书下载资源中的"下载资源\Map \Stembump.TGA"文件，单击"打开"按钮，如图 6-26 所示。

(19) 单击"转到父对象" 按钮，返回到父级材质层级，设置"高光级别"的"数量"为 79，拖曳"贴图类型"按钮至凹凸的 None 按钮上，在弹出的对话框中选中"实例"单选按钮，单击"确定"按钮，设置"凹凸"的"数量"为 97，如图 6-27 所示。

(20) 最后，单击"将材质指定给选定对象" 按钮，将材质指定给场景中的"苹果把"对象。

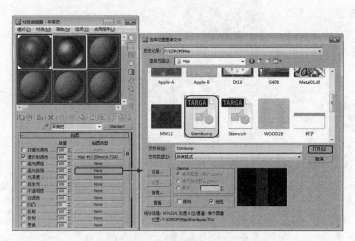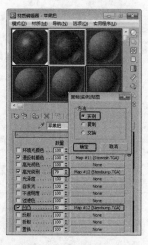

图 6-26　设置苹果把材质(3)　　　　　图 6-27　设置苹果把材质(4)

(21) 对制作完成后的效果进行保存，然后打开本书下载资源中的"下载资源\Scene \Cha03\制作苹果.max"，对苹果进行适当的调整，如图 6-28 所示。

(22) 然后对苹果进行多次复制，并对其调整位置，完成后的效果如图 6-29 所示。

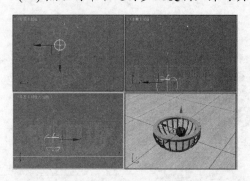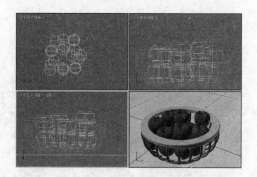

图 6-28　调整苹果的位置　　　　　图 6-29　复制完成后的效果

6.2　NURBS 工具的应用

选择某个 NURBS 对象后，在如图 6-30 所示的修改命令面板的"常规"卷展栏中，通过单击 按钮，可以打开 NURBS 工具箱，如图 6-31 所示。

图 6-30　"常规"参数卷展栏

图 6-31　NURBS 工具箱

6.2.1　创建变换曲面和偏移曲面

在 NURBS 工具箱中单击"变换"按钮，在视图中用鼠标单击 NURBS 曲面，并按住鼠标左键向上拖曳，这时，会从已有的 NURBS 曲面上偏移复制出一个新的 NURBS 曲面，如图 6-32 所示，但新生成的曲面与原曲面仍为一个整体。

在 NURBS 工具箱中单击"偏移"按钮来创建偏移曲面，它与变换曲面相似，不过偏移曲面会产生一定的形变，如图 6-33 所示。

图 6-32　创建变换曲面的效果

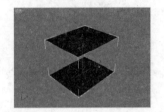

图 6-33　创建偏移曲面的效果

6.2.2　创建混合曲面

在视图中创建两个独立的 NURBS 曲面，选择其中的一个，在修改命令面板的"常规"卷展栏中，单击"附加"按钮，然后在视图中单击另一个 NURBS 曲面，这样，就将两个独立的曲面连接为一个整体了。在 NURBS 工具箱中单击"混合"按钮，然后在视图中分别单击两个曲面，这样，也可以将两个曲面连接在一起，并在两个曲面之间产生光滑的过渡，如图 6-34 所示。

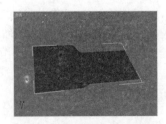

图 6-34　创建混合曲面的效果

6.2.3 创建挤出曲面

在视图中创建一条 NURBS 曲线。单击 NURBS 工具箱中的"挤出"按钮，然后在视图中单击已经创建好的 NURBS 曲线，并按住鼠标左键向上拖曳，来创建挤出曲面，它可以将 NURBS 曲线拉伸成 NURBS 曲面，如图 6-35 所示。

图 6-35　创建挤出曲面的效果

6.2.4 创建车削曲面

在前视图中创建一条 NURBS 曲线，并修改成如图 6-36 所示的形状，作为车削的截面。在 NURBS 工具箱中单击"车削"按钮，再单击"透视"图中创建好的 NURBS 曲线，然后在其修改命令面板中调整参数，使其生成如图 6-37 所示的曲面模型。

图 6-36　创建车削截面的效果　　　　　　　　图 6-37　车削后的效果

6.2.5 创建 U 向放样曲面

U 向放样曲面使用一系列的曲线子对象创建一个曲面。这些曲线在曲面中可以作为曲面在 U 轴方向上的等位线。

创建 U 向放样后，可以在活动的 NURBS 模型中选择非子对象的曲线。可以在场景中选择其他曲线或样条线对象。在选择曲线时，自动将其附加到当前的对象上，与使用了"附加"按钮效果相同。

6.2.6 创建封口曲面

所有经过放样的 NURBS 曲面和某些经过旋转生成的 NURBS 曲面，它们的上下都是开口的。在 NURBS 工具箱中单击"创建封口曲面"按钮，然后将鼠标指针移动到开口处，当开口处呈蓝色显示时，单击鼠标，这样就可以创建出封口曲面。

6.2.7 创建单轨扫描曲面和双轨扫描曲面

单轨扫描曲面和双轨扫描曲面由一个或多个曲线沿着一条或者两条边轨生成曲面。在视图中创建曲线分别作为截面和边轨，在 NURBS 工具箱中单击"创建单轨扫描"按钮，创建出如图 6-38 所示的单轨扫描曲面效果；然后，用同样的方法，创建双轨扫描效果，如图 6-39 所示。

图 6-38 单轨扫描曲面的效果　　　　　　图 6-39 双轨扫描曲面的效果

例 6-2：制作棒球棒

通过本节的学习，我们了解了 NURBS 工具的应用，本实例将根据本节所学的知识制作棒球棒，效果如图 6-40 所示，具体操作步骤如下。

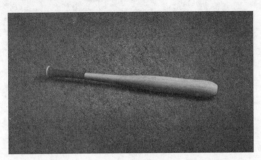

图 6-40 棒球棒

(1) 新建一个空白的场景文件，选择"创建" ✴ → "图形" ❷ → "样条线" → "圆"工具，在顶视图中创建一个圆形，在"参数"卷展栏中，将"半径"设置为 60，将其命名为"001"，如图 6-41 所示。

(2) 在工具栏中选择"选择并移动"工具 ✛，选中创建的圆形，在前视图中按住 Shift键，沿 Y 轴向下移动，在弹出的对话框中单击"复制"单选按钮，如图 6-42 所示。

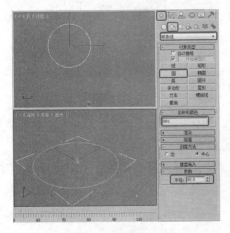

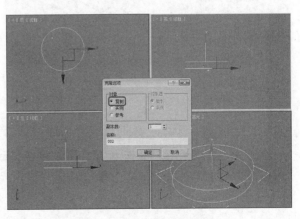

图 6-41 创建圆形　　　　　　　　　　图 6-42 复制图形

（3）单击"确定"按钮，选中复制后的对象，切换至"修改"命令面板 ，在"参数"卷展栏中，将"半径"设置为 90，如图 6-43 所示。

（4）使用同样的方法继续复制其他圆形，并调整其参数及位置，效果如图 6-44 所示。

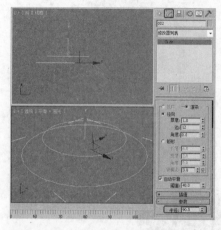

图 6-43　设置半径参数

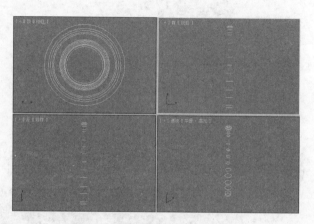

图 6-44　复制圆形并调整后的效果

（5）在视图中选中"001"对象，右击鼠标，在弹出的快捷菜单中选择"转换为"→"转换为 NURBS"命令，如图 6-45 所示。

（6）切换至"修改"命令面板 ，在"常规"卷展栏中，单击"附加多个"按钮，在弹出的对话框中选择所有对象，如图 6-46 所示。

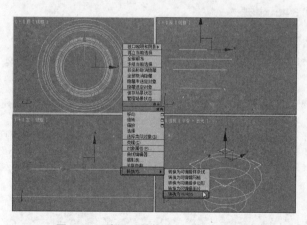

图 6-45　选择"转换为 NURBS"命令

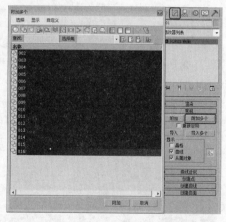

图 6-46　选择附加的对象

（7）选择完成后，单击"附加"按钮，然后，在 NURBS 对话框中单击"创建 U 向放样曲面"按钮 ，在左视图中从下向上依次连接圆形对象，如图 6-47 所示。

（8）在 NURBS 对话框中单击"创建封口曲面"按钮 ，在"透视"视图中旋转模型并选择两边的曲线，创建封口曲面，如图 6-48 所示。

（9）在工具栏中单击"选择并移动"工具 ，选中所创建的对象，右击鼠标，在弹出的快捷菜单中选择"转换为"→"转换为可编辑网格"命令，如图 6-49 所示。

（10）继续选中该对象，切换至"修改"命令面板 ，将当前选择集定义为"多边形"，在前视图中选择如图 6-50 所示的多边形。

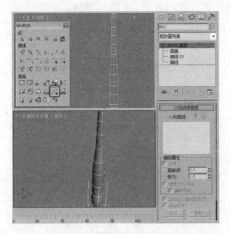

图 6-47　连接圆形对象

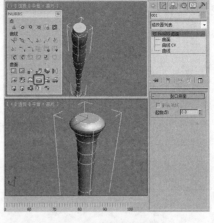

图 6-48　创建封口曲面

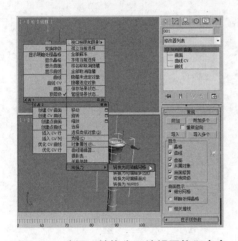

图 6-49　选择"转换为可编辑网格"命令

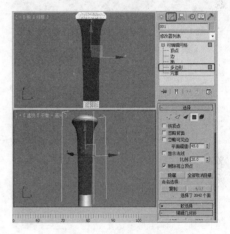

图 6-50　选择多边形

(11) 在"曲面属性"卷展栏中，将"设置 ID"设置为 2，如图 6-51 所示。

(12) 在视图中选择如图 6-52 所示的多边形，在工具栏中单击"选择并均匀缩放"工具，在前视图中沿 X 轴向左进行缩放。

(13) 使用同样的方法，对其他多边形进行缩放，效果如图 6-53 所示。

(14) 缩放完成后，关闭当前选择集，确认该对象处于选中状态，按 M 键弹出"材质编辑器"对话框，选择一个新的材质样本球，单击名称栏左侧的 Standard 按钮，在弹出的"材质/贴图浏览器"对话框中选择"多维/子对象"材质，如图 6-54 所示。

(15) 单击"确定"按钮，在弹出的对话框中单击"将旧材质保存为子材质"单选按钮，单击"确定"按钮，在"多维/子对象基本参数"卷展栏中单击"设置数量"按钮，在弹出的对话框中将"数量"设置为 2，如图 6-55 所示。

(16) 设置完成后，单击"确定"按钮，进入 ID1 右侧的子材质通道，在"明暗器基本参数"卷展栏中，勾选"双面"复选框，将"Blinn 基本参数"卷展栏中的"高光级别"和"光泽度"分别设置为 22、74，如图 6-56 所示。

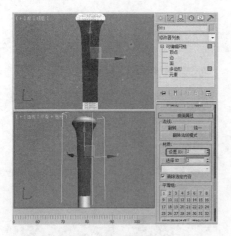

图 6-51　设置 ID 参数

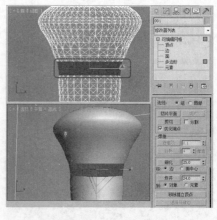

图 6-52　缩放多边形

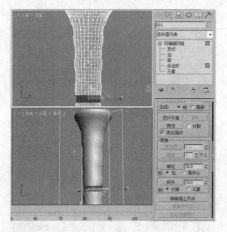

图 6-53　对其他多边形进行缩放后的效果

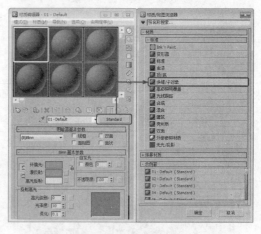

图 6-54　选择"多维/子对象"材质

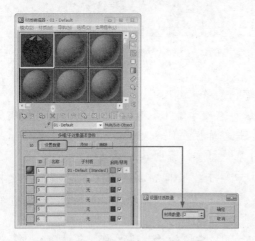

图 6-55　设置多维/子对象数量

图 6-56　设置材质参数

(17) 在"贴图"卷展栏中，单击"漫反射颜色"右侧的 None 按钮，在弹出的对话框中选择"位图"选项，如图 6-57 所示。

(18) 选择完成后，单击"确定"按钮，在弹出的对话框中选择本书下载资源中的"下载资源\Map\木纹贴图.jpg"贴图文件，如图 6-58 所示。

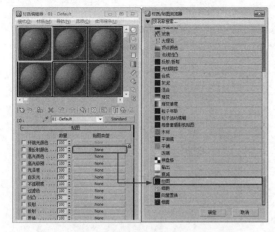

图 6-57　选择"位图"选项

图 6-58　选择贴图文件

(19) 单击"打开"按钮，在"坐标"卷展栏中将"瓷砖"下的 U、V 都设置为 1.6，将"角度"下的 W 设置为 90，将"模糊偏移"设置为 0.015，如图 6-59 所示。

(20) 单击"在视口中显示标准贴图"按钮，单击两次"转到父对象"按钮，在"多维/子对象基本参数"卷展栏中单击 ID2 右侧的子材质按钮，在弹出的"材质/贴图浏览器"对话框中选择"标准"选项，单击"确定"按钮，在"明暗器基本参数"卷展栏中勾选"双面"复选框，在"Blinn 基本参数"卷展栏中，将"环境光"和"漫反射"的 RGB 值设置为 137、42、0，在"自发光"选项组中，将"颜色"设置为 20，在"反射高光"选项组中，将"高光级别"和"光泽度"分别设置为 23、42，如图 6-60 所示。

图 6-59　设置坐标参数

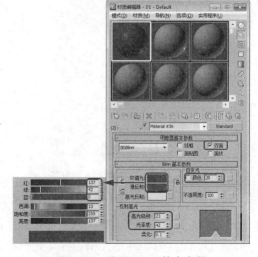

图 6-60　设置 Blinn 基本参数

(21) 设置完成后，单击"转到父对象"按钮，然后再单击"将材质指定给选定对象"按钮 ，效果如图 6-61 所示。

(22) 指定完成后，关闭"材质编辑器"对话框，选择"创建" ✛→"几何体" ◎→"平面"工具，在"顶"视图中创建一个平面，在"参数"卷展栏中，将"长度"、"宽度"分别设置为 3300、4800，将其命名为"地面"，如图 6-62 所示。

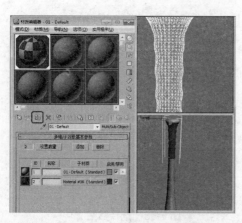

图 6-61　指定材质后的效果

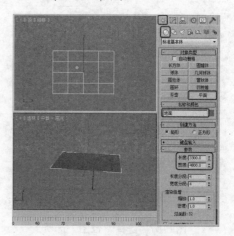

图 6-62　创建地面

(23) 在创建的平面上单击鼠标右键，在弹出的快捷菜单中选择"对象属性"命令，如图 6-63 所示。

(24) 弹出"对象属性"对话框，在"显示属性"选项组中，勾选"透明"复选框，如图 6-64 所示。

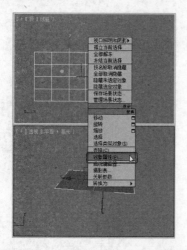

图 6-63　选择"对象属性"命令

图 6-64　勾选"透明"复选框

(25) 勾选完成后，单击"确定"按钮，按 M 键弹出"材质编辑器"对话框，选择一个新的材质样本球，单击名称栏左侧的 Standard 按钮，在弹出的"材质/贴图浏览器"对话框中选择"无光/投影"材质，如图 6-65 所示，单击"确定"按钮，单击"将材质指定给选定对象"按钮 ，将材质指定给地面对象，并关闭材质编辑器。

(26) 在视图中调整地面的位置，并调整 001 的角度及位置，效果如图 6-66 所示。

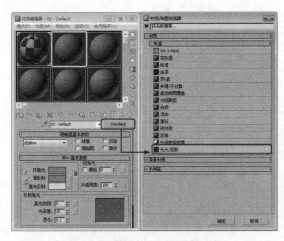

图 6-65　选择"无光/投影"材质

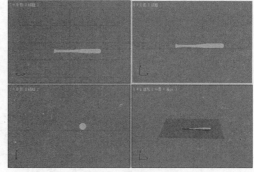

图 6-66　调整对象后的效果

(27) 选择"创建" → "摄影机" → "标准" → "目标"工具，在"参数"卷展栏中将"镜头"设置为 45mm，在顶视图中创建摄影机，激活"透视"视图，按 C 键将其转换为摄影机视图，然后，在其他视图中调整摄影机位置，如图 6-67 所示。

(28) 选择"创建" → "灯光" → "标准" → "目标聚光灯"工具，在顶视图中创建一盏目标聚光灯，切换到"修改" 命令面板，在"常规参数"卷展栏中勾选"阴影"选项组中的"启用"复选框，将阴影模式定义为"阴影贴图"，在"聚光灯参数"卷展栏中，勾选"泛光化"复选框，并在"强度/颜色/衰减"卷展栏中，将"倍增"设置为 0.6，如图 6-68 所示。

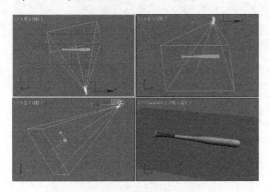

图 6-67　创建摄影机并调整其位置

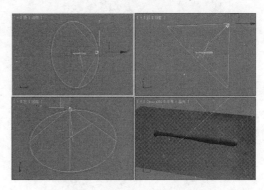

图 6-68　创建目标聚光灯

(29) 选择"创建" → "灯光" → "标准" → "天光"工具，在顶视图中创建一盏天光，在"天光参数"卷展栏中，将"倍增"设置为 0.5，勾选"渲染"选项组中的"投影阴影"复选框，如图 6-69 所示。

(30) 按键盘上的 8 键，弹出"环境和效果"对话框，选择"环境"选项卡，在"公用参数"卷展栏中，单击"环境贴图"按钮，弹出"材质/贴图浏览器"对话框，选择"位图"贴图，单击"确定"按钮，在弹出的对话框中，选择本书下载资源中的"下载资源\Map\草地.jpg"贴图文件，如图 6-70 所示。

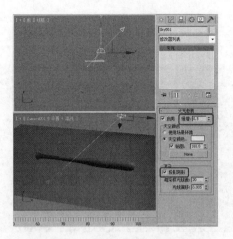

图 6-69　创建天光并设置其参数

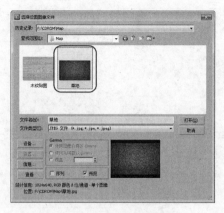

图 6-70　选择贴图文件

(31) 单击"打开"按钮，关闭"环境和效果"对话框，按 Alt+B 组合键，在弹出的对话框中勾选"使用环境背景"和"显示背景"复选框，如图 6-71 所示。

(32) 单击"确定"按钮，然后按 Shift+F 组合键，在摄影机视图中显示安全框，按 F10键，弹出"渲染设置"对话框，选择"公用"选项卡，在"输出大小"选项组中，将"宽度"设置为 800，将"高度"设置为 450，如图 6-72 所示。按 F9 键对摄影机视图进行渲染，渲染完成后，将场景文件保存即可。

图 6-71　设置视口背景

图 6-72　设置渲染参数

6.3　小型案例实训——制作抱枕

下面将介绍如何制作抱枕，效果如图 6-73 所示，具体操作步骤如下。

(1) 选择"创建" ※ →"几何体" ○ →"NURBS 曲面"→"CV 曲面"工具，在顶视图中创建 CV 曲面，并将创建的 CV 曲面命名为"抱枕"，然后在"创建参数"卷展栏中，将"长度"和"宽度"设置为 280，将"长度 CV 数"和"宽度 CV 数"设置为 4，如

图 6-74 所示。

(2) 切换到"修改"命令面板，将当前选择集定义为"曲面 CV"，在顶视图中选择如图 6-75 所示的 CV 点，并使用"选择并均匀缩放"工具，向内缩放选择的 CV 点。

图 6-73　抱枕

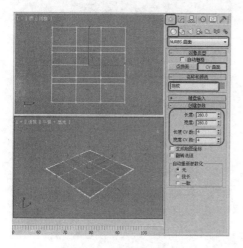

图 6-74　创建 CV 曲面

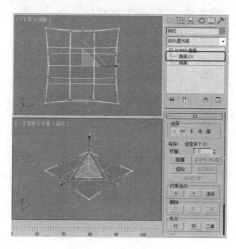

图 6-75　缩放 CV 点

(3) 在顶视图中选择中间的 4 个 CV 点，使用"选择并均匀缩放"工具向外缩放选择的 CV 点，如图 6-76 所示。

(4) 然后使用"选择并移动"工具，在左视图中沿 Y 轴将中间的 4 个 CV 点向下移动，效果如图 6-77 所示。

(5) 关闭当前选择集，在修改器下拉列表中选择"对称"修改器，在"参数"卷展栏中，单击 Z 单选按钮，然后取消勾选"沿镜像轴切片"复选框，将"阈值"设置为 2.5，如图 6-78 所示。

(6) 按 M 键，弹出"材质编辑器"对话框，选择一个新的材质样本球，在"明暗器基本参数"卷展栏中，勾选"双面"复选框，在"Blinn 基本参数"卷展栏中，将"自发光"选项组中的"颜色"设置为 50，如图 6-79 所示。

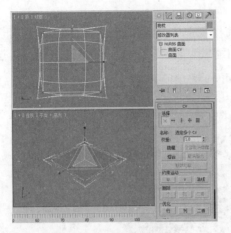

图 6-76　向外缩放 CV 点

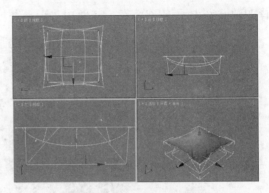

图 6-77　调整 CV 点的位置

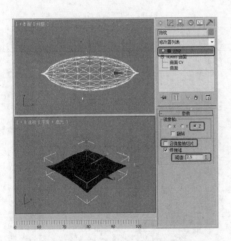

图 6-78　添加"对称"修改器

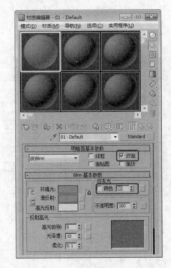

图 6-79　设置材质基本参数

　　(7)　在"贴图"卷展栏中单击"漫反射颜色"右侧的"无"按钮，在弹出的"材质/贴图浏览器"对话框中选择"位图"贴图，单击"确定"按钮，在弹出的对话框中选择本书下载资源中的"下载资源\Map\靠垫.jpg"素材图片，如图 6-80 所示，单击"打开"按钮，在"坐标"卷展栏中使用默认参数设置，单击"转到父对象"按钮 和"将材质指定给选定对象"按钮 ，将材质指定给抱枕对象。

　　(8)　选择"创建" → "几何体" → "平面"工具，在顶视图中创建一个平面，在"参数"卷展栏中，将"长度"、"宽度"都设置为 2000，并命名为"地面"，如图 6-81所示。

　　(9)　在创建的平面上单击鼠标右键，在弹出的快捷菜单中选择"对象属性"命令，如图 6-82 所示。

　　(10)　弹出"对象属性"对话框，然后，在"显示属性"选项组中勾选"透明"复选框，如图 6-83 所示。

图 6-80　选择贴图文件

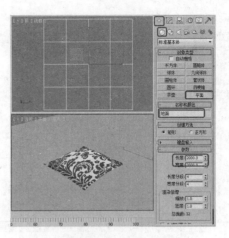

图 6-81　创建平面

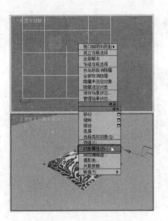

图 6-82　选择"对象属性"命令

图 6-83　勾选"透明"复选框

(11) 单击"确定"按钮，按 M 键，弹出"材质编辑器"对话框，选择一个新的材质样本球，单击名称栏左侧的 Standard 按钮，在弹出的"材质/贴图浏览器"对话框中选择"无光/投影"材质，如图 6-84 所示，单击"确定"按钮，单击"将材质指定给选定对象"按钮，将材质指定给地面对象，并关闭材质编辑器。

(12) 调整地面及抱枕的位置，选择"创建" → "摄影机" → "标准" → "目标"工具，在"参数"卷展栏中，将"镜头"设置为 45mm，在顶视图中创建摄影机，激活"透视"视图，按 C 键，将其转换为摄影机视图，然后在其他视图中调整摄影机的位置，如图 6-85 所示。

(13) 选择"创建" → "灯光" → "标准" → "天光"工具，在顶视图中创建一盏天光，然后在"天光参数"卷展栏中，勾选"渲染"选项组中的"投影阴影"复选框，如图 6-86 所示。

(14) 激活摄影机视图，按 Alt+B 组合键，在弹出的对话框中单击"文件"按钮，在弹出的对话框中选择本书下载资源中的"\Map\沙发.jpg"贴图文件，如图 6-87 所示。

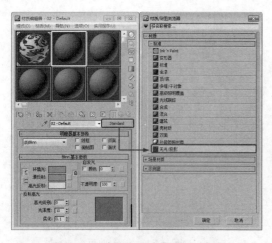

图 6-84　选择"无光/投影"材质

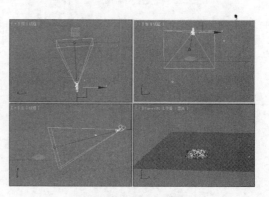

图 6-85　创建摄影机

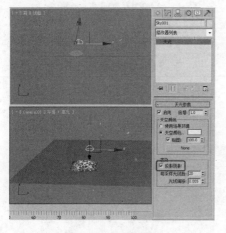

图 6-86　创建天光

图 6-87　选择贴图文件

(15) 单击"打开"按钮，在弹出的对话框中单击"确定"按钮，然后对摄影机视图进行渲染即可。

6.4　本 章 小 结

本章主要介绍了 NURBS 曲线、曲面的创建及修改方法，特别是 NURBS 工具箱的使用，它在 3ds Max 的 NURBS 建模中是一个十分重要的工具，也是本章的重点。

本章的主要内容如下：

● 如何创建 NURBS 模型，其中包括如何创建 NURBS 曲线、曲面以及修改 NURBS 曲线。

● 如何对 NURBS 工具进行应用，其中包含如何创建变换曲线和偏移曲线、创建混合曲面，以及创建挤出曲面等 NURBS 工具的应用。

习　　题

1. 如何创建 NURBS 曲面？
2. NURBS 曲线包括哪两种？
3. NURBS 工具箱包括哪些部分？

第 7 章

材质与贴图

本章要点:

- 材质概述。
- 材质编辑器与材质/贴图浏览器。
- 标准材质。
- 贴图通道。
- 复合材质。
- 贴图材质。

学习目标:

- 材质中所包含的视觉效果(纹理、质感、颜色、感光特性、反射、折射、透明度以及表面粗糙程度等)。
- 能够熟练地使用材质编辑器。
- 了解材质制作的流程。
- 充分认识材质与贴图的联系及重要性,为后面章节奠定基础。
- 掌握材质编辑器的参数设置,常用材质和贴图,以及结合"UVW 贴图"的使用方法。

7.1 材质编辑器

在三维世界里,要真实表现现实中的实物,除了要有精细的模型外,还要能够准确地模拟现实中实物的特征,如颜色、纹理、透明度、反光等,而材质正是用于模拟对象的表面特征的,材质编辑器能使用更为丰富的材质来模拟不同的物理特征,这样,在渲染中才可以看到。

7.1.1 材质的概述

材质的制作是一个相对复杂的过程,3ds Max 为材质制作提供了大量的参数和选项,在具体介绍这些参数之前,我们首先需要对材质的制作有一个全面的认识。

材质主要用于描述对象如何反射和传播光线,材质中的贴图主要用于模拟对象质地、提供纹理图案、反射、折射等其他效果(贴图还可用于环境和灯光投影)。依靠各种类型的贴图,可以制作出千变万化的材质。对于材质的调节和指定,系统提供了材质编辑器和材质/贴图浏览器。材质编辑器用于创建、调节材质,并最终将其指定到场景中;材质/贴图浏览器用于检查材质和贴图。

7.1.2 材质编辑器简介

材质编辑器是 3ds Max 重要的组成部分之一,使用它,可以定义、创建和使用材质。材质编辑器随着 3ds Max 版本的不断更新,功能也变得越来越强大。按照不同的材质特征,可以分为标准、混合、合成、顶/底、多维/子对象等 16 种材质类型。

7.1.3　材质编辑器的界面

从整体上看，材质编辑器可以分为菜单栏、材质示例窗、工具按钮(又分为工具栏和工具列)和参数控制区 4 部分，如图 7-1 所示。

1. 菜单栏

菜单栏位于材质编辑器的顶端，包括"模式"、"材质"、"导航"、"选项"和"实用程序"5 项菜单，如图 7-2 所示。

图 7-1　材质编辑器

图 7-2　菜单

(1) 模式：用于选择材质编辑器界面，分为精简和 Slate 两种。

(2) 材质：提供了最常用的材质编辑器工具，如"获取材质"、"从对象拾取"、"生成预览"、"更改材质/贴图类型"等。

(3) 导航：提供了导航材质的层次的工具，包含"转到父对象"、"前进到同级"和"后退到同级"3 项命令。

(4) 选项：提供了一些附加的工具和显示命令。

(5) 工具：提供了贴图渲染和按材质选择对象命令。

2. 材质示例窗

用来显示材质的调节效果，默认为 6 个示例球，当调节参数时，其效果会立刻反映到示例球上，用户可以根据示例球来判断材质的效果。示例窗中共有 24 个示例球，示例窗可以变小或变大。示例窗的内容不仅可以是球体，还可以是其他几何体，包括自定义的模型；示例窗的材质可以直接拖动到对象上进行指定。

(1) 窗口类型：在示例窗中，窗口都以黑色边框显示，如图 7-3 中左侧示例球所示。当前正在编辑的材质称为激活材质，它具有白色边框，如图 7-3 中右侧的示例球所示。如果要对材质进行编辑，首先要在材质上单击，将其激活。对于示例窗中的材质，有一种同步材质的概念，当一个材质指定给场景中的对象时，便成了同步材质，特征是四角有三角形标记，如图 7-4 所示。如果对同步材质进行编辑操作，场景中的对象也会随之发生变化，不需要重新指定。图 7-4 左侧的示例球表示使用该材质的对象在场景中未被选中。

(2) 拖动操作：示例窗中的材质可以方便地执行拖动操作，从而进行各种复制和指定活动。将一个材质窗口拖动到另一个材质窗口之上，释放鼠标左键，即可将它复制到新的示例窗中。对于同步材质，复制后会产生一个新的材质，它已不属于同步材质，因为同一种材质只允许有一个同步材质出现在示例窗中。材质和贴图的拖动是针对软件内部的全部操作而言的，拖动的对象可以是示例窗、贴图按钮或材质按钮等，它们分布在材质编辑器、灯光设置、环境编辑器、贴图置换命令面板以及资源管理器中，相互之间都可以进行拖动操作。作为材质，还可以直接拖动到场景中的对象上，进行快速指定。

在激活的示例窗中右击鼠标，可以弹出一个快捷菜单，如图 7-5 所示。

图 7-3　未激活与激活的示例窗　　图 7-4　指定材质后的效果　　图 7-5　右键菜单

① 拖动/复制：这是默认的设置模式，支持示例窗中的拖动复制操作。

② 拖动/旋转：这是一个非常有用的工具，选择该命令后，在示例窗中拖动，可以转动示例球，便于观察其他角度的材质效果。示例球内的旋转是在三维空间上进行的，而在示例球外旋转则是垂直于视平面方向进行的。在具备三键鼠标和 NT 以上级别操作系统的平台上，可以在"拖动/复制"模式下单击鼠标中键来执行旋转操作，不必进入菜单中选择。如图 7-6 所示为旋转后的示例窗效果。

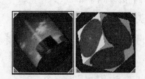

图 7-6　旋转后的示例窗效果

③ 重置旋转：恢复示例窗中默认的角度方位。

④ 渲染贴图：只对当前贴图层级的贴图进行渲染。如果是材质层级，则该命令不可用。当贴图渲染为静态或动态图像时，会弹出一个"渲染贴图"对话框，如图 7-7 所示。

⑤ 选项：选择该命令，将弹出如图 7-8 所示的"材质编辑器选项"对话框，主要用于控制有关编辑器自身的属性。

⑥ 放大：可以将当前材质以一个放大的示例窗显示，它独立于材质编辑器，以浮动框的形式存在，这有助于更清楚地观察材质效果，如图 7-9 所示。

每一个材质只允许有一个放大窗口，最多可以同时打开 24 个放大窗口。通过拖动它的四角，可以任意放大尺寸。这个命令同样可以通过在示例窗上双击来执行。

⑦ 3×2 示例窗、5×3 示例窗、6×4 示例窗：用来设计示例窗的布局，材质示例窗中其实一共有 24 个小窗，当以 6×4 方式显示时，它们可以完全显示出来，只是比较小；如果以 5×3 或 3×2 方式显示，可以使用手形拖动窗口，显示出隐藏在内部的其他示例窗。示例

窗的显示方式如图 7-10 所示。

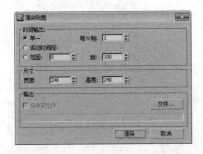

图 7-7　"渲染贴图"对话框　　　　图 7-8　"材质编辑器选项"对话框

图 7-9　放大示例窗

图 7-10　示例窗的不同显示方式

3. 材质工具按钮

　　围绕示例窗有横、竖两排工具按钮，它们用来控制各种材质，横向的工具按钮大多用于材质的指定、保存和层级跳跃。纵向的工具按钮大多针对示例窗中的显示。

　　在横向工具栏的下方是材质的名称，材质的起名很重要，对于多层级的材质，此处可以快速地进入其他层级的材质中；右侧是一个"类型"按钮，单击该按钮，可以打开材质/贴图浏览器对话框。

　　(1) 工具栏如图 7-11 所示，工具栏中各按钮的功能如下。

　　① 获取材质：单击该按钮，打开"材质/贴图浏览器"对话框，可以进行材质和贴图的选择，也可以调出材质和贴图，从而进行编辑修改。

　　② 将材质放入场景：在编辑完材质之后，将它重新应用到场景中的对象上。在场景中有对象的材质与当前编辑的材质同名，或者当前材质不属于同步材质时，即可应用该按钮。

　　③ 将材质指定给选定对象：将当前激活的示例窗中的材质指定给当前选择的对象，同时，此材质会变为一个同步材质。贴图材质被指定后，如果对象还未进行贴图坐标的指定，在最后渲染时，也会自动进行坐标指定，如果打开"在视口中显示标准贴图"按钮，在视图中观看贴图效果，同时也会自动进行坐标指定。

　　④ 重置贴图/材质为默认设置：对当前示例窗的编辑项目进行重新设置，如果处在

材质层级，将恢复为一种标准材质，即灰色轻微反光的不透明材质，全部贴图设置都将丢失；如果处在贴图层级，将恢复为最初始的贴图设置；如果当前材质为同步材质，将会弹出"重置材质/贴图参数"对话框，如图 7-12 所示。

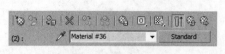

图 7-11　工具栏

图 7-12　"重置材质/贴图参数"对话框

⑤　生成材质副本 ：该按钮只针对同步材质起作用。单击该按钮，会将当前同步材质复制成一个相同参数的非同步材质，且名称相同，以便在编辑时不影响场景中的对象。

⑥　使唯一 ：该按钮可以将贴图关联复制为一个独立的贴图，也可以将一个关联子材质转换为独立的子材质，并对子材质重新命名。通过单击"使唯一"按钮，可以避免在对多维子对象材质中的顶级材质进行修改时，影响到与其相关联的子材质，起到保护子材质的作用。

⑦　放入库 ：单击该按钮，会将当前未指定的材质保存到当前的材质库中，单击该按钮后，会弹出"放置到库"对话框，在此可以设置材质的名称，如图 7-13 所示。

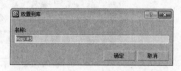

图 7-13　"放置到库"对话框

⑧　材质 ID 通道 ：通过材质的特效通道，可以在 Video Post 视频合成器和 Effects 特效编辑器中为材质指定特殊效果。

⑨　在视口中显示标准贴图 ：在贴图材质的贴图层级中，此按钮可用。单击该按钮，可以在场景中显示出材质的贴图效果，如果是同步材质，对贴图的各种设置调节也会同步影响场景中的对象，这样，就可以很轻松地进行贴图材质的编辑工作。

⑩　显示最终结果 ：此按钮是针对多维材质或贴图材质等具有多个层级嵌套的材质作用的，在子级层级中单击选中该按钮，将会显示出最终材质的效果(也就是顶级材质的效果)，取消选中该按钮，会显示当前层级的效果。

□　转到父对象 ：向上移动一个材质层级，只在复合材质的子级层级有效。

□　转到下一个同级项 ：如果处在一个材质的子级材质中，并且还有其他子级材质，此按钮有效，可以快速移动到另一个同级材质中。

□　从对象拾取材质 ：单击此按钮后，可以从场景中某一对象上获取其所附的材质，此时，鼠标指针会变为一个吸管，在有材质的对象上单击，即可将材质选择到当前示例窗中，并且变为同步材质，这是一种从场景中选择材质的好方法。

□　材质名称下拉列表框 01-Default ▾：在编辑器工具行下方正中央，是当前材质的名称输入框，作用是显示并修改当前材质或贴图的名称，在同一个场景中，不允许有同名材质存在。

□ 类型 Standard ：这是一个非常重要的按钮，默认情况下显示 Standard，表示当前的材质类型是标准类型。通过它可以打开材质/贴图浏览器对话框，从中可以选择各种材质或贴图类型。如果当前处于材质层级，则只允许选择材质类型；如果处于贴图层级，则只允许选择贴图类型。选择后按钮会显示当前的材质或者贴图类型名称。

(2) 示例窗右侧纵向的工具按钮主要用于示例窗的显示设置，如图 7-14 所示。

① 采样类型○：用于控制示例窗中样本的形态，包括球体、柱体、立方体等。

② 背光○：为示例窗中的样本增加一个背光效果，有助于金属材质的调节。

③ 背景▨：为示例窗增加一个彩色方格背景，主要用于透明材质和不透明贴图效果的调节。在菜单栏中选择"选项"→"选项"命令，在打开的"材质编辑器选项"对话框中勾选"自定义背景"复选框，并单击其右侧的空白按钮，可以选择一个位图用作背景，如图 7-15 所示。显示背景的效果如图 7-16 所示。

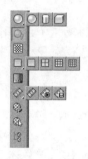
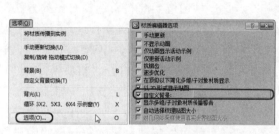

图 7-14　工具按钮　　　　图 7-15　选择背景　　　　图 7-16　指定背景效果

④ 采样 UV 平铺▫：用来测试贴图重复的效果，只是改变示例窗中的显示，并不对实际的贴图产生影响，其中包括几个重复级别，如图 7-17 所示。

⑤ 视频颜色检查▪：用于检查材质表面色彩是否超过视频限制，对于 NTSC 和 PAL 制视频，色彩饱和度有一定限制，如果超过这个限制，颜色转化后会变模糊，所以要尽量避免发生。不过单纯从材质避免还是不够的，因为最后渲染的效果还决定于场景中的灯光，通过渲染控制器中的视频颜色检查，可以控制最后渲染图像是否超过限制。比较安全的做法是将材质色彩的饱和度降低到85%以下。

⑥ 生成预览◈：用于制作材质动画的预视效果，对于进行了动画设置的材质，可用它来实时观看动态效果。单击该按钮，会弹出"创建材质预览"对话框，如图 7-18 所示。

图 7-17　采样 uv 平铺　　　　　　图 7-18　"创建材质预览"对话框

该对话框中的各项功能如下。

- 预览范围：设置动画的渲染区段。预览范围又分为"活动时间段"和"自定义范围"两部分，选中"活动时间段"单选按钮，可以将当前场景的活动时间段作为动画渲染的区段；选中"自定义范围"单选按钮，可以通过下面的文本框指定动画的区域，确定从第几帧到第几帧。

- 帧速率：设置渲染和播放的速度。在"帧速率"选项组中，包含"每 N 帧"和"播放 FPS"微调框。"每 N 帧"微调框用于设置预视动画间隔几帧进行渲染；"播放 FPS"微调框用于设置预视动画播放时的速率，N 制为 30 帧/秒，PAL 制为 25 帧/秒。

- 图像大小：设置预视动画的渲染尺寸。在"输出百分比"文本框中，可以通过输出百分比来调节动画的尺寸。

⑦ 选项：单击该按钮，即可打开"材质编辑器选项"对话框。

⑧ 按材质选择：这是一种通过当前材质选择对象的方法，可以将场景中全部附有该材质的对象一同选中(不包括隐藏和冻结的对象)。单击该按钮，打开选择对象对话框，全部附有该材质的对象名称都会高亮显示出来，单击"选择"按钮即可。

⑨ 材质/贴图导航器：单击该按钮可打开"材质/贴图导航器"对话框，如图 7-19 所示。这是一个可以通过材质、贴图层级或复合材质子材质关系快速导航的浮动对话框。在导航器中，当前所在的材质层级会高亮显示。如果在导航器中单击一个层级，材质编辑器也会直接跳到该层级，这样，就可以快速地进入每一层级中进行编辑操作。用户还可以直接从导航器中将材质或贴图拖曳到材质球或界面的按钮上。

图 7-19   "材质/贴图导航器"对话框

4. 参数控制区

在材质编辑器下部，是它的参数控制区，根据材质类型的不同以及贴图类型的不同，其内容也不同。一般的参数控制包括多个项目，分别放置在各自的控制面板上，通过伸缩条展开或收起，如果超出了材质编辑器的长度，可以通过手形指针进行上下滑动，与命令面板中的用法相同。

7.1.4　将材质指定到对象上

在视图中选中要指定材质的对象，如图 7-20 所示。按下 M 键打开"材质编辑器"面板，选择一个样本球，其边框会呈白色显示，这表现已经选择该材质，如图 7-21 所示。

图 7-20　选中要指定材质的对象

图 7-21　选择材质样本球

单击 按钮，将材质指定给视图中选中的对象，此时，样本球的边框四个角处会出现四个白色三角，这说明当前材质已经指定到当前选中的对象上，如图 7-22 所示。

指定材质后，如果视图中赋予材质的对象没有被选中，此时，它的四个角会呈镂空显示，如图 7-23 所示，设置材质后的效果如图 7-24 所示。

图 7-22　当前材质已经指定　　图 7-23　未选中应用材质的对象　　图 7-24　指定材质后的效果

7.2　基本材质的参数设置

在 3ds Max 中，默认的材质类型是标准材质，它通过环境光、漫反射、高光和过滤色样本球提供单一、均匀的颜色。除了可以设置明暗方式外，它还控制高光、不透明度、自发光等参数。这些设置都包括在"明暗器基本参数"、"Blinn 基本参数"等卷展栏中，通过对卷专栏中参数的调整，可以使材质更加真实、独特。

7.2.1　"明暗器基本参数"卷展栏

在"明暗器基本参数"卷展栏中，共有 8 种不同的明暗器类型，"明暗器基本参数"卷展栏如图 7-25 所示。

(1) 线框：以网格线框的方式来渲染对象，它只能表现出对象的线架结构，对于线框的粗细，可以通过"扩展参数"卷展栏中的"线框"选项组来调节，"大小"值用于确定它的粗细，可以选择"像素"和"单位"两种单位，如果选择"像素"为单位，对象无论远近，线框的粗细都将保持一致；如果选择"单位"为单位，将以 3ds Max 内部的基本单元作为单位，会根据对象离镜头的远近而发生粗细的变化。如图 7-26 所示为线框渲染效果，如果需要更优质的线框，可以对对象使用结构线框修改器。

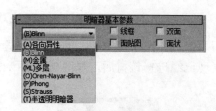

图 7-25 "明暗器基本参数"卷展栏

图 7-26 线框渲染效果

(2) 双面：将对象法线相反的一面也进行渲染，通常计算机为了简化计算，只渲染对象法线为正方向的表面(即可视的外表面)，这对大多数对象都适用，但有些敞开面的对象，其内壁看不到任何材质效果，这时，就必须打开双面设置。如图 7-27 所示，左侧为未勾选"双面"复选框时的渲染效果；右侧为勾选"双面"复选框时的渲染效果。

图 7-27 未勾选和勾选"双面"复选框的效果

📑 **提示：** 使用双面材质，会使渲染变慢。最好的方法是对必须使用双面材质的对象使用双面材质，而不要在最后渲染时再打开渲染设置框中的"强制双面"渲染属性。

(3) 面贴图：将材质指定给造型的全部面，对于含有贴图的材质，在没有指定贴图坐标的情况下，贴图会均匀分布在对象的每一个表面上。

(4) 面状：将对象的每个表面以平面化进行渲染，不进行相邻面的组群平滑处理。

接下来，对明暗器的 8 种类型进行详细介绍。

1. 各向异性

"各向异性"通过调节两个垂直正交方向上可见高光级别之间的差额，来实现一种"重折光"的高光效果。这种渲染属性可以很好地表现毛发、玻璃和被擦拭过的金属等模型效果。它的基本参数大体上与 Blinn 相同，只在高光和漫反射部分有所不同。

"各向异性基本参数"卷展栏如图 7-28 所示。

颜色控制用来设置材质表面不同区域的颜色，包括"环境光"、"漫反射"和"高光反射"，调节方法为在区域右侧色块上单击鼠标，打开颜色选择器，从中进行颜色的选择，如图 7-29 所示。

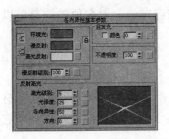

图 7-28　"各向异性基本参数"卷展栏

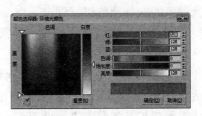

图 7-29　"颜色选择器：环境光颜色"对话框

这个颜色选择器属于浮动框性质，只要打开一次即可，如果选择另一个材质区域，它也会自动去影响新的区域色彩，在色彩调节的同时，示例窗中和场景中都会进行效果的即时更新显示。

在色钮右侧有小的空白按钮，单击它们，可以直接进入该项目的贴图层级，为其指定相应的贴图，属于贴图设置的快捷操作，另外的 4 个与此相同。如果指定了贴图，小方块上会显示 M 字样，以后单击它，可以快速进入该贴图层级。如果该项目贴图目前是关闭状态，则显示小写 m。

左侧有两个 C 锁定钮，用于锁定"环境光"、"漫反射"和"高光反射"三种材质中的两种(或三种全部锁定)，锁定的目的，是使被锁定的两个区域颜色保持一致，调节一个时，另一个也会随之变化，如图 7-30 所示。

(1)　环境光：控制对象表面阴影区的颜色。

(2)　漫反射：控制对象表面过渡区的颜色。

(3)　高光反射：控制对象表面高光区的颜色。

如图 7-31 所示为这三个标识区域分别所指对象表面的三个明暗高光区域。通常，我们所说的对象的颜色是指漫反射，它提供对象最主要的色彩，使对象在日光或人工光的照明下可视，环境色一般由灯光的光色决定，否则会依赖于漫反射。高光反射与漫反射相同，只是饱和度更强一些。

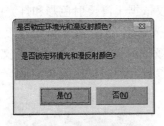

图 7-30　锁定提示框

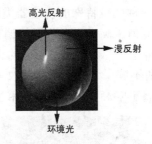

图 7-31　三个色彩的区域

(4)　自发光：使材质具备自身发光效果，常用于制作灯泡、太阳等光源对象。100%的发光度使阴影色失效，对象在场景中不受来自其他对象的投影影响，自身也不受灯光的影响，只表现出漫反射的纯色和一些反光，亮度值(HSV 颜色值)保持与场景灯光一致。在 3ds Max 中，自发光颜色可以直接显示在视图中。

指定自发光有两种方式。一种是选中前面的复选框，使用带有颜色的自发光；另一种是取消选中复选框，使用可以调节数值的单一颜色的自发光，对数值的调节可以看作是对自发光颜色的灰度比例进行调节。

要在场景中表现可见的光源，通常是创建好一个几何对象，将它和光源放在一起，然后给这个对象指定自发光属性。

(5) 不透明度：设置材质的不透明度百分比值，默认值为 100，即不透明材质。降低值使透明度增加，值为 0 时，变为完全透明材质。对于透明材质，还可以调节它的透明衰减，这需要在扩展参数中进行调节。

(6) 漫反射级别：控制漫反射部分的亮度。增减该值，可以在不影响高光部分的情况下增减漫反射部分的亮度，调节范围为 0~400，默认值为 100。

(7) 高光级别：设置高光强度，默认值为 5。

(8) 光泽度：设置高光的范围。值越高，高光范围越小。

(9) 各向异性：控制高光部分的各向异性和形状。值为 0 时，高光形状呈椭圆形；值为 100 时，高光变形为极窄的条状。反光曲线示意图中的一条曲线用来表示"各向异性"的变化。

(10) 方向：用来改变高光部分的方向，范围是 0~9999。

2. Blinn

Blinn 高光点周围的光晕是旋转混合的，背光处的反光点形状为圆形，清晰可见，如增大柔化参数值，Blinn 的反光点将保持尖锐的形态，从色调上来看，Blinn 趋于冷色。

"Blinn 基本参数"卷展栏如图 7-32 所示。

使用"柔化"微调框，可以对高光区的反光做柔化处理，使它变得模糊、柔和。如果材质的反光度值很低，反光强度值很高，这种尖锐的反光往往在背光处产生锐利的界线，增加"柔化"值，可以很好地进行修饰。

其余参数可参照"各向异性基本参数"卷展栏中的介绍。

3. 金属

这是一种比较特殊的明暗器类型，专用于金属材质的制作，可以提供金属所需的强烈反光。它取消了高光反射色彩的调节，反光点的色彩仅依据于漫反射色彩和灯光的色彩。

由于取消了高光反射色彩的调节，所以，在高光部分的高光度和光泽度设置也与Blinn 有所不同。"高光级别"文本框仍控制高光区域的亮度，而"光泽度"文本框变化的同时，将影响高光区域的亮度和大小。"金属基本参数"卷展栏如图 7-33 所示。

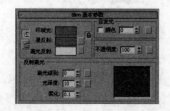

图 7-32 "Blinn 基本参数"卷展栏   图 7-33 "金属基本参数"卷展栏

其基本参数可参照前面的介绍。

4. 多层

"多层"明暗器与"各向异性"明暗器有相似之处，它的高光区域也属于"各向异性"类型，意味着从不同的角度产生不同的高光尺寸，当"各向异性"值为 0 时，它们根本是相同的，高光是圆形的，与 Blinn、Phong 相同；当"各向异性"值为 100 时，这种高光的各向异性达到最大程度的不同，在一个方向上，高光非常尖锐，而另一个方向上，光泽度可以单独控制。"多层基本参数"卷展栏如图 7-34 所示。

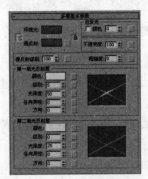

图 7-34　"多层基本参数"卷展栏

粗糙度：设置由漫反射部分向阴影色部分进行调和的快慢。提升该值时，表面的不光滑部分随之增加，材质也显得更暗、更平。值为 0 时，则与 Blinn 渲染属性没有什么差别，默认值为 0。

其余参数可参照前面的介绍。

5. Oren-Nayar-Blinn

Oren-Nayar-Blinn 明暗器是 Blinn 的一个特殊变量形式。通过它附加的"漫反射级别"和"粗糙度"设置，可以实现物质材质的效果。这种明暗器类型常用来表现织物、陶制品等不光滑粗糙对象的表面，"Oren-Nayar-Blinn 基本参数"卷展栏如图 7-35 所示。

6. Phong

Phong 高光点周围的光晕是发散混合的，背光处 Phong 的反光点为梭形，影响周围的区域较大。如果增大"柔化"参数值，Phong 的反光点趋向于均匀柔和的反光，从色调上看，Phong 趋于暖色，将表现暖色柔和的材质，常用于塑性材质，可以精确地反映出凹凸、不透明、反光、高光和反射贴图效果。"Phong 基本参数"卷展栏如图 7-36 所示。

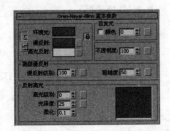

图 7-35　"Oren-Nayar-Blinn 基本参数"卷展栏

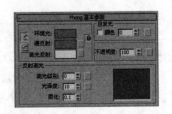

图 7-36　"Phong 基本参数"卷展栏

7. Strauss

Strauss 提供了一种金属感的表面效果，比"金属"明暗器更简洁，参数更简单。"Strauss 基本参数"卷展栏如图 7-37 所示。

图 7-37　"Strauss 基本参数"卷展栏

相同的基本参数可参照前面的介绍。

(1) 颜色：设置材质的颜色。相当于其他明暗器中的漫反射颜色选项，而高光和阴影部分的颜色则由系统自动计算。

(2) 金属度：设置材质的金属表现程度。由于主要依靠高光表现金属程度，所以"金属度"需要配合"光泽度"才能更好地发挥效果。

8. 半透明明暗器

"半透明明暗器"与 Blinn 类似，最大的区别在于能够设置半透明的效果。光线可以穿透这些半透明效果的对象，并且在穿过对象内部时离散。通常，"半透明明暗器"用来模拟很薄的对象，例如窗帘、电影银幕、霜或者毛玻璃等效果。如图 7-38 所示为半透明效果。"半透明基本参数"卷展栏如图 7-39 所示。

图 7-38　半透明效果

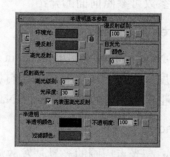

图 7-39　"半透明基本参数"卷展栏

相同的基本参数可参照前面的介绍。

(1) 半透明颜色：半透明颜色是离散光线穿过对象时所呈现的颜色。设置的颜色可以不同于过滤颜色，两者互为倍增关系。可以通过单击色块来选择颜色，右侧的灰色方块用于指定贴图。

(2) 过滤颜色：设置穿透材质的光线的颜色。与半透明颜色互为倍增关系。可以通过单击色块来选择颜色，右侧的灰色方块用于指定贴图。过滤颜色(或穿透色)是指透过透明或半透明对象(如玻璃)后的颜色。过滤颜色配合体积光，可以模拟例如彩光穿过毛玻璃后的效果，也可以根据过滤颜色，为半透明对象产生的光线跟踪阴影配色。

(3) 不透明度：用百分数表示材质的透明/不透明程度。当对象有一定厚度时，能够产生一些有趣的效果。

除了模拟很薄的对象外，半透明明暗器还可以模拟实体对象次表面的离散，用于制作玉石、肥皂、蜡烛等半透明对象的材质效果。

例 7-1：为足球添加材质

下面将介绍如何为足球添加材质，效果如图 7-40 所示，具体操作步骤如下。

图 7-40　为足球添加材质

(1) 按 Ctrl+O 组合键，在弹出的对话框中选择本书下载资源中的"下载资源\Scene\Cha07\为足球添加材质.max"，单击"打开"按钮，如图 7-41 所示。

(2) 在视图中选择足球对象，切换至"修改"命令面板，将当前选择集定义为"元素"，在视图中选择如图 7-42 所示的元素，在"多边形：材质 ID"卷展栏中，将"设置 ID"设置为 2。

图 7-41　打开的素材文件

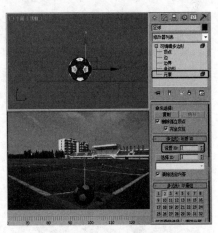

图 7-42　设置 ID 参数

(3) 关闭当前选择集，按 M 键打开材质编辑器，选择一个新的材质样本球，单击名称栏左侧的 Standard 按钮，在弹出的"材质/贴图浏览器"对话框中选择"多维/子对象"材质，如图 7-43 所示。

(4) 单击"确定"按钮，在弹出的对话框中单击"将旧材质保存为子材质"单选按钮，单击"确定"按钮，在"多维/子对象基本参数"卷展栏中，单击"设置数量"按钮，在弹出的对话框中将"数量"设置为2，如图7-44所示。

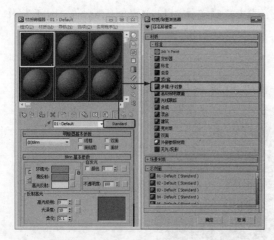

图 7-43　选择"多维/子对象"材质	图 7-44　设置材质数量

(5) 设置完成后，单击"确定"按钮，进入 ID1 右侧的子材质通道，在"明暗器基本参数"卷展栏中，将明暗器类型设置为(P)Phong，将"Phong 基本参数"卷展栏中的"环境光"的 RGB 值设置为 0、0、0，将"高光级别"和"光泽度"分别设置为 98、40，如图 7-45 所示。

(6) 单击"转到父对象"按钮，在"多维/子对象基本参数"卷展栏中，单击 ID2 右侧的子材质按钮，在弹出的"材质/贴图浏览器"对话框中选择"标准"选项，单击"确定"按钮，在"明暗器基本参数"卷展栏中，将明暗器类型设置为(P)Phong，在"Phong 基本参数"卷展栏中，将"环境光"和"漫反射"的 RGB 值设置为 255、255、255，在"自发光"选项组中将"颜色"设置为 5，在"反射高光"选项组中将"高光级别"和"光泽度"分别设置为25、30，如图 7-46 所示。

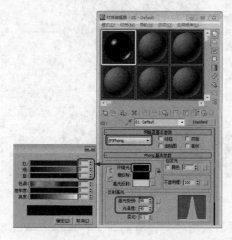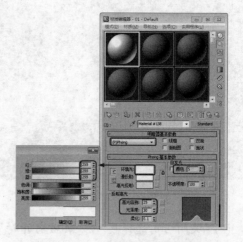

图 7-45　设置 Phong 参数	图 7-46　设置 ID2 材质参数

(7) 单击"转到父对象"按钮和"将材质指定给选定对象"按钮，关闭该材质编辑器，激活摄影机视图，按F9键对其进行渲染即可。

7.2.2 Blinn 基本参数

"Blinn 基本参数"卷展栏主要包括光的颜色(环境光、漫反射、高光反射)、自发光、反射高光(高光级别、光泽度、柔化)、不透明度。光的"颜色"选项,主要用于控制物体表面所显现的各类颜色;"自发光"选项组中的选项,主要用于表现物体自身发光的亮度;"反射高光"选项组中的选项主要用于表现物体表面反射的亮度、范围及形状等;"不透明度"选项主要用于控制物体在渲染时的不透明度,如图 7-47 所示。

1. 自发光材质的使用

在"Blinn 基本参数"卷展栏中的自发光可以模拟筒灯的发光效果,如图 7-48 所示。可以根据需要调整自发光的参数。

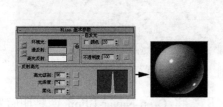

图 7-47 材质的基本参数   图 7-48   模拟筒灯的发光效果

提示:在勾选"自发光"下的"颜色"复选框后,通过其后面的色块,可以设置不同的颜色,在渲染时,系统会根据所选颜色的色相、明度等来调整物体自发光的亮度、颜色等。

2. 透明材质的使用

"不透明度"可以用来创建不同透明程度的材质。当值为 100 时,完全不透明;当值为 0 时,完全透明。因为使用"不透明度"表现出来的效果不太自然,所以,最好在制作玻璃等透明材质时,不采用不透明度贴图来制作。

7.3 贴 图 通 道

在"标准"材质中提供了 12 种贴图通道,如"漫反射颜色"、"反射"、"不透明度"、"凹凸"等,每种通道右侧都有一个 None 按钮,单击该按钮,可以选择磁盘上的位图文件或程序贴图。左侧的"复选框"用于启用或禁用贴图效果。"数量"参数用于控制贴图影响材质的数量,以百分比来表示。

7.3.1 漫反射颜色贴图通道

漫反射颜色贴图通道主要用于表现材质的纹理效果,当值为 100%时,会完全覆盖漫反射的颜色,这就好像在对象表面用油漆绘画一样,例如,为墙壁指定砖墙的纹理图案,就可以产生砖墙的效果。

制作中，并不严格要求非要将漫反射贴图与环境光贴图锁定在一起，通过对漫反射贴图和环境光贴图分别指定不同的贴图，可以制作出很多有趣的融合效果。但如果漫反射贴图用于模拟单一的表面，就需要将漫反射贴图和环境光贴图锁定在一起。

(1) 漫反射级别：该贴图参数只存在于"各向异性"、"多层"、"Oren-Nayar-Blinn"和"半透明明暗器"这几种明暗器类型下，如图 7-49 所示。主要通过位图或程序贴图来控制漫反射的亮度。贴图中，白色像素对漫反射没有影响，黑色像素则将漫反射亮度降为 0，处于两者之间的颜色依次对漫反射亮度产生不同的影响。

图 7-49　有"漫反射级别"的贴图情况

(2) 漫反射粗糙度：该贴图参数只存在于"多层"和 Oren-Nayar-Blinn 两种明暗器类型下，如图 7-50 所示。主要通过位图或程序贴图来控制漫反射的粗糙程度。贴图中，白色像素增加粗糙程度，黑色像素则将粗糙程度降为 0，处于两者之间的颜色依次对漫反射粗糙程度产生不同的影响。

图 7-50　有"漫反射粗糙度"的贴图情况

7.3.2　不透明度贴图通道

用户可以选择位图文件生成部分透明的对象。贴图的浅色(较高的值)区域渲染为不透明，深色区域渲染为透明，之间的值渲染为半透明，如图 7-51 所示。

将不透明度贴图的"数量"设置为 100，应用于所有贴图，透明区域将完全透明。将"数量"设置为 0，等于禁用贴图。中间的"数量"值与"基本参数"卷展栏上的"不透明度"值混合，图的透明区域将变得更加不透明。

反射高光应用于不透明度贴图的透明区域和不透明区域，用于创建玻璃效果。如果使透明区域看起来像孔洞，也可以设置高光度的贴图。

图 7-51　不透明度贴图效果

7.3.3　凹凸贴图通道

凹凸贴图通道通过图像的明暗强度来影响材质表面的光滑程度，从而产生凹凸的表面效果，白色图像产生凸起，黑色图像产生凹陷，中间色产生过渡。这种模拟凹凸质感的优点是渲染速度很快，但这种凹凸材质的凹凸部分不会产生阴影投影，在对象边界上也看不到真正的凹凸，对于一般的砖墙、石板路面，它可以产生真实的效果，如图 7-52 所示。但是，如果凹凸对象很清晰地靠近镜头，并且要表现出明显的投影效果，应该使用置换，利用图像的明暗度可以真实地改变对象造型，但需要花费大量的渲染时间。

提示：在视图中不能预览凹凸贴图的效果，必须渲染场景才能看到凹凸效果。

凹凸贴图的强度值可以调节到 999，但是过高的强度会带来不正确的渲染效果，如果发现渲染后高光处有锯齿或者闪烁，应使用"超级采样"进行渲染。

图 7-52　凹凸贴图效果

7.3.4　反射贴图通道

反射贴图是很重要的一种贴图方式，要想制作出光洁亮丽的质感，必须熟练掌握反射贴图的使用，如图 7-53 所示。在 3ds Max 中，有 3 种不同的方式来制作反射效果。

图 7-53　反射贴图效果

(1) 基础贴图反射：指定一张位图或程序贴图作为反射贴图，这种方式是最快的一种运算方式，但也是最不真实的一种方式。对于模拟金属材质来说，尤其是片头中闪亮的金属字，虽然看不清反射的内容，但只要亮度够高即可，它最大的优点是渲染速度快。

(2) 自动反射：自动反射方式根本不使用贴图，它的工作原理是由对象的中央向周围观察，并将看到的部分贴到表面上。具体方式有两种，即"反射/折射"贴图方式和"光线跟踪"贴图方式。"反射/折射"贴图方式并不像光线跟踪那样追踪反射光线，真实地计算反射效果，而是采用一种六面贴图方式模拟反射效果，在空间中产生 6 个不同方向的 90°视图，再分别按不同的方向将 6 张视图投影在场景对象上，这是早期版本提供的功能。"光线跟踪"是模拟真实反射形成的贴图方式，计算结果最接近真实，也是最花费时间的一种方式，这是早在 3ds Max R2 版本时就已经引入的一种反射算法，效果真实，但渲染速度慢，目前一直在随版本更新进行速度优化和提升，不过，比起其他第三方渲染器(例如 Mental Ray、Vray)的光线跟踪，计算速度还是慢很多。

(3) 平面镜像反射：使用"平面镜"贴图类型作为反射贴图。这是一种专门模拟镜面反射效果的贴图类型，就像现实中的镜子一样，反射所面对的对象，属于早期版本提供的功能，因为在没有光线跟踪贴图和材质之前，"反射/折射"这种贴图方式没法对纯平面的模型进行反射计算，因此追加了"平面镜"贴图类型来弥补这个缺陷。

设置反射贴图时，不用指定贴图坐标，因为它们锁定的是整个场景，而不是某个几何体。反射贴图不会随着对象的移动而变化，但如果视角发生了变化，贴图会像真实的反射情况那样发生变化。反射贴图在模拟真实环境的场景中的主要作用，是为毫无反射的表面添加一点反射效果。贴图的强度值控制反射图像的清晰程度，值越高，反射也越强烈。默认的强度值与其他贴图设置一样，为 100%。不过，对于大多数材质表面，降低强度值通常能获得更为真实的效果。例如一张光滑的桌子表面，首先要体现出的是它的木质纹理，其次才是反射效果。一般反射贴图都伴随着"漫反射"等纹理贴图使用，在"漫反射"贴图为 100%的同时，轻微加一些反射效果，可以制作出非常真实的场景。

在"基本参数"中增加光泽度和高光强度可以使反射效果更真实。此外，反射贴图还受"漫反射"、"环境光"颜色值的影响，颜色越深，镜面效果越明显，即便是贴图强度为 100 时，反射贴图仍然受到漫反射、阴影色和高光色的影响。

对于 Phong 和 Blinn 渲染方式的材质，"高光反射"的颜色强度直接影响反射的强度，值越高，反射也越强，值为 0 时，反射会消失。对于"金属"渲染方式的材质，则是"漫反射"影响反射的颜色和强度，"漫反射"的颜色(包括漫反射贴图)能够倍增来自反射贴图的颜色，漫反射的颜色值(HSV 模式)控制着反射贴图的强度。颜色值为 255 时，反射贴图强度最大，颜色值为 0 时，反射贴图不可见。

例 7-2：地面反射材质

在室内效果图中，最常用也最能体现效果的，就是地面反射的设置，恰到好处的反射可以将室内建筑构件及场景映射出来，在视觉效果上使空间得以延伸，视野变得宽阔。地面反射材质的设置非常简单，首先在"漫反射颜色"通道中为其指定地面材质，然后在"反射"通道中添加平面镜，效果如图 7-54 所示。

(1) 打开本书下载资中的"\Scene\Cha11\地面反射.max"，如图 7-55 所示。

图 7-54　地面反射效果

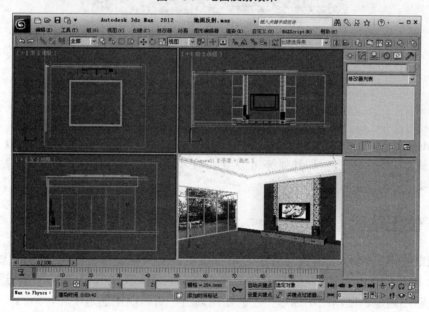

图 7-55　打开的场景文件

　　(2)　按 M 键打开"材质编辑器",选择一个新的材质样本球,将其命名为"地板",将明暗器类型设为 Phong,在"Phong 基本参数"卷展栏中,将"高光级别"、"光泽度"分别设为 40、20,在"贴图"卷展栏中,单击"漫反射颜色"右侧的 None 按钮,在打开的对话框中双击"位图"选项,然后在打开的对话框中选择本书下载资源中的"\Map\A-A-048.jpg",单击"打开"按钮,单击"转到父对象"按钮,返回上一层级面板,将"反射"设为 10,单击右侧的 None 按钮,在打开的对话框中双击"平面镜"选项,在"平面镜参数"卷展栏中勾选"应用于带 ID 的面"复选框,如图 7-56 所示。

　　(3)　单击"转到父对象"按钮,返回上一层级面板,在场景中选择"地板"对象,并单击"材质编辑器"对话框中的"将材质指定给选定对象"按钮,将材质赋予场景中

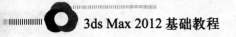

选择的对象，最后对摄影机视图进行渲染。

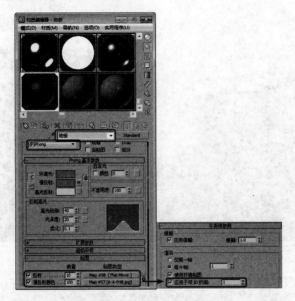

图 7-56　设置材质

7.4　贴图的类型

在 3ds Max 中包括 30 多种贴图，它们可以根据使用方法、效果等分为 2D 贴图、3D 贴图、合成器、颜色修改器和其他等 6 大类。在不同的贴图通道中使用不同的贴图类型，产生的效果也大不相同。

7.4.1　位图贴图

位图贴图就是将位图图像文件作为贴图使用，它可以支持各种类型的图像和动画格式，包括 AVI、BMP、CIN、JPG、TIF、TGA 等。位图贴图的使用范围广泛，通常用在漫反射颜色贴图通道、凹凸贴图通道、反射贴图通道、折射贴图通道中。

选择位图后，进入相应的贴图通道面板中，在"位图参数"卷展栏中包含 3 个不同的过滤方式："四棱锥"、"总面积"、"无"，它们使用像素平均值来对图像进行抗锯齿操作，"位图参数"卷展栏如图 7-57 所示。

图 7-57　"位图参数"卷展栏

例 7-3：黄金金属材质

本例介绍黄金金属材质的设置，首先确定金属的颜色，然后在"贴图"通道中设置"反射"的数量，并为其指定金属贴图来表现金属质感，效果如图 7-58 所示。

图 7-58 黄金金属效果

(1) 打开本书下载资源中的"\Scene\Cha11\黄金金属材质.max"文件，并在场景中选择"戒指"对象，如图 7-59 所示。

(2) 按 M 键打开"材质编辑器"，选择一个新的材质样本球，将其命名为"金属"，并将明暗器类型设为"金属"，在"金属基本参数"卷展栏中，将"环境光"、"漫反射"的 RGB 值分别设为 0、0、0，255、205、0，将"高光级别"、"光泽度"分别设为100、70，在"贴图"卷展栏中，将"反射"设为 70，单击其右侧的 None 按钮，在打开的对话框中双击"位图"选项，然后在打开的对话框中选择本书下载资源中的"\Map\Gold04.jpg"，单击"打开"按钮，在"坐标"卷展栏中，将"模糊偏移"设为 0.03，在"输出"卷展栏中，将"输出量"设为 1.2，如图 7-60 所示。

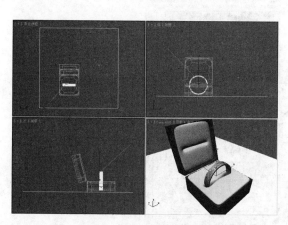

图 7-59 打开的场景文件

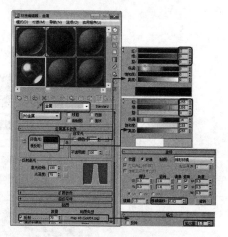

图 7-60 设置金属材质

(3) 单击"转到父对象"按钮，返回上一层级面板，并单击"将材质指定给选定对象"按钮，将材质赋予场景中选择的对象，最后，对摄影机视图进行渲染即可。

例 7-4：不锈钢材质

本例介绍不锈钢金属材质的设置，不锈钢是一种极光亮的金属，使用广泛，主要是通过在"反射"通道中指定贴图，并设置"模糊偏移"值来制作，效果如图 7-61 所示。

(1) 打开本书下载资源中的"\Scene\Cha11\不锈钢金属材质.max"，如图 7-62 所示。

图 7-61　不锈钢金属效果

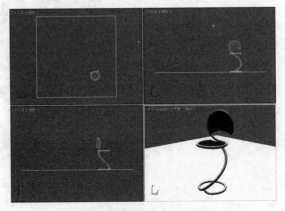

图 7-62　打开的场景文件

(2) 在场景中选择"框架"对象，按 M 键打开"材质编辑器"，选择一个新的材质样本球，将其命名为"不锈钢"，将明暗器类型设为"金属"，在"金属基本参数"卷展栏中，将"环境光"、"漫反射"RGB 值分别设为 0、0、0，255、255、255，将"高光级别"、"光泽度"分别设为 100、80，在"贴图"卷展栏中，单击"反射"右侧的 None 按钮，在打开的对话框中双击"位图"选项，然后在打开的对话框中选择本书下载资源中的"\Map\Metal01.jpg"，单击"打开"按钮，在"坐标"卷展栏中将"瓷砖"下的 U、V 分别设为 0.4、0.1，将"模糊偏移"设为 0.02，如图 7-63 所示。

图 7-63　设置不锈钢材质

（3）单击"转到父对象" 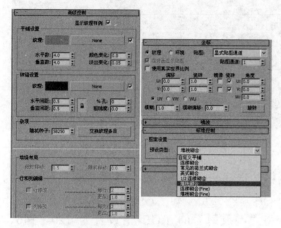按钮，返回上一层级面板，然后单击"将材质指定给选定对象" 按钮，将材质赋予场景中选择的对象，最后，对摄影机视图进行渲染即可。

7.4.2　平铺贴图

平铺贴图是专门用来制作砖块效果的，常用在漫反射贴图通道中，有时也可在凹凸贴图通道中使用，在它的参数面板里的"标准控制"卷展栏中，"预设类型"下拉列表中，出现了一些常见的砖块模式，在"高级控制"卷展栏中，可以在选择面板的基础上，设置砖块的颜色、尺寸，以及砖缝的颜色、尺寸等参数，制作出个性的砖块，如图 7-64 所示。使用"平铺贴图"制作的效果如图 7-65 所示。

图 7-64　"平铺贴图"选项

图 7-65　"平铺贴图"渲染效果

7.4.3　噪波贴图

噪波一般在凹凸贴图通道中使用，可以通过设置"噪波参数"卷展栏，制作出紊乱不平的表面，该参数卷展栏如图 7-66 所示。其中通过"噪波类型"可以定义噪波的类型，通过"噪波阈值"下的参数可以设置"大小"、"相位"等，下方的两个色块用来指定颜色，系统按照指定颜色的灰度值来决定凹凸起伏的程度，效果如图 7-67 所示。

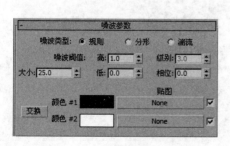

图 7-66　"噪波参数"卷展栏

图 7-67　噪波制作的水面效果

7.5 小型案例实训——为铜人添加材质

下面将介绍如何为铜人添加材质，效果如图 7-68 所示，其具体操作步骤如下。

(1) 按 Ctrl+O 组合键，在弹出的对话框中打开本书下载资源中的"下载资源\Scene\Cha07\为铜人添加材质.max"，在打开的场景文件中选择"铜人"对象，如图 7-69 所示。

图 7-68 为铜人添加材质

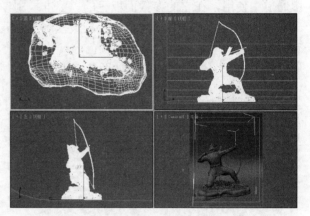

图 7-69 选择"铜人"对象

(2) 按 M 键，弹出"材质编辑器"对话框，选择一个新的材质样本球，将其重命名为"铜器"，在"Blinn 基本参数"卷展栏中取消"环境光"和"漫反射"的锁定，将"环境光"的 RGB 值设置为 233、233、233，将"漫反射"的 RGB 值设置为 120、146、120，将"高光反射"的 RGB 值设置为 169、165、148，在"自发光"选项组中，将"颜色"设置为 14，在"反射高光"选项组中，将"高光级别"和"光泽度"设置为 65、25，如图 7-70 所示。

(3) 在"贴图"卷展栏中，单击"漫反射颜色"右侧的"无"按钮，在弹出的"材质/贴图浏览器"对话框中选择"位图"贴图，单击"确定"按钮，如图 7-71 所示。

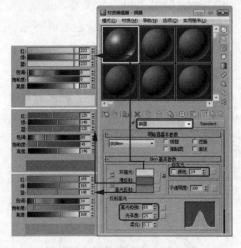

图 7-70 设置 Blinn 基本参数

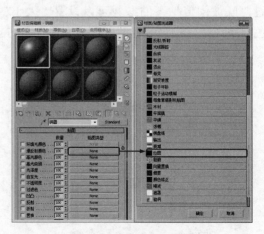

图 7-71 选择"位图"贴图

(4) 在弹出的对话框中打开本书下载资源中的"\Map\青铜材质贴图 01.jpg"素材图片，如图 7-72 所示，在"坐标"卷展栏中使用默认参数即可。

(5) 单击"转到父对象"按钮 ，将"漫反射颜色"后的"数量"设置为 75，按住鼠标将其右侧的材质拖曳到"凹凸"右侧的材质按钮上，在弹出的对话框中单击"实例"单选按钮，如图 7-73 所示。单击"确定"按钮，单击"转到父对象"按钮 和"将材质指定给选定对象"按钮 ，将材质指定给选定对象，并渲染摄影机视图，查看效果，然后将场景文件保存即可。

图 7-72　添加贴图

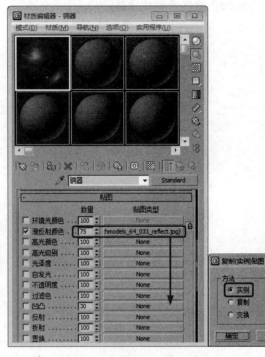

图 7-73　复制材质

7.6　本 章 小 结

通过本章的学习，用户对材质和贴图有了一个基本的认识，并学会了基本材质的设置。本章的主要内容如下：

- 材质编辑器。讲解了材质的概述、材质编辑器简介、材质编辑器的界面，以及如何将材质指定到对象上。
- 基本材质的参数设置。讲解了"明暗器基本参数"卷展栏和 Blinn 基本参数。
- 贴图通道。讲解了漫反射颜色贴图通道、不透明度贴图通道、凹凸贴图通道和反射贴图通道。
- 贴图的类型。

习　题

1. 修改材质类型的方法有几种?
2. 贴图通道的作用是什么?
3. 哪种材质用于创建卡通材质效果? 哪种材质专门用作建筑方面的材质?
4. 简单叙述"UVW 贴图"编辑器和"UVW 展开"修改器的区别。
5. 简述混合材质的创建方法。

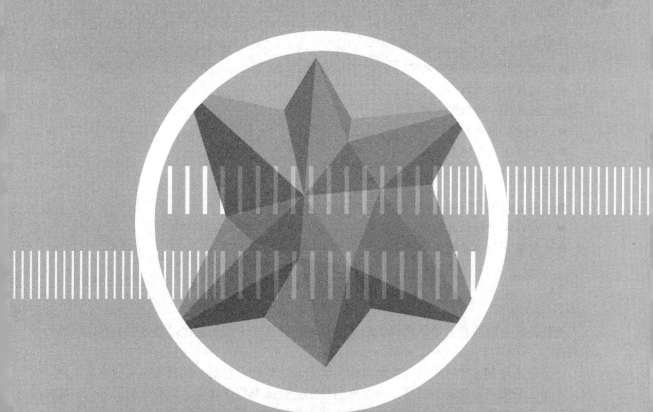

第 8 章

灯光与摄影机

本章要点：

- 灯光的基本用途与特点。
- 建立标准光源。
- 效果图中的阴影制作。
- 如何创建摄影机。
- 通过实例介绍灯光效果的重要性。

学习目标：

- 学习灯光照明的基础知识与使用方法。
- 学习理论知识并进行实践操作。
- 掌握如何放置摄影机和调整摄影机的位置。

8.1　照明的基础知识

光线是产生画面视觉信息和视觉造型的基础，没有光，便无法体现物体的形状、质感和颜色。

为当前场景创建平射式的白色照明或使用系统的默认设置是一件非常容易的事情，然而，平射式的照明通常对当前场景中对象的特别之处或奇特的效果不会有任何的帮助。如果调整场景的照明，使光线与当前的气氛或环境相配合，就可以强化场景的效果，使其更加真实地体现在我们的视野中。

在设置灯光时，首先应当明确场景要模拟的是自然照明效果还是人工照明效果，然后在场景中创建灯光效果。下面将对自然光、人造光、环境光、标准的照明方式以及阴影进行介绍。

8.1.1　自然光、人造光和环境光

1. 自然光

自然光也就是阳光，它是来自单一光源的平行光线，照明方向和角度会随着时间、季节等因素的变化而改变。晴天时，阳光的色彩为淡黄色(RGB=250、255、175)；而多云时发蓝色；阴雨天时发暗灰色，大气中的颗粒会将阳光呈现为橙色或褐色；日出或日落时的阳光发红或为橙色。

天空越晴朗，物体产生的阴影就越清晰，阳光照射中的立体效果就越突出。

在 3ds Max 中，提供了多种模拟阳光的方式，标准灯光中的"平行光"，无论是目标平行光还是自由平行光，一盏就足以作为日照场景的光源。

如图 8-1 所示的效果就是模拟晴天时的阳光照射。将平行光源的颜色设置为白色，亮度降低，还可以用来模仿月光效果。

2. 人造光

人造光，无论是室内还是室外效果，都会使用多盏灯光，如图 8-2 所示。人造光首先

要明确场景中的主题，然后单独为一个主题设置一盏明亮的灯光，称为"主灯光"，将其置于主题的前方稍稍偏上。除了"主灯光"以外，还需要设置一盏或多盏灯光，用来照亮背景和主题的侧面，称为"辅助灯光"，亮度要低于"主灯光"。这些"主灯光"和"辅助灯光"不但能够强调场景的主题，同时还可以加强场景的立体效果。用户还可以为场景的次要主题添加照明灯光，舞台术语称为"附加灯"，亮度通常高于"辅助灯光"，低于"主灯光"。在 3ds Max 2015 中，目标聚光灯通常是最好的"主灯光"，无论是聚光灯还是泛光灯，都适合作为"辅助灯光"，环境光则是另一种补充照明光源。

图 8-1　自然光效果

图 8-2　人造光效果

3. 环境光

环境光是照亮整个场景的常规光线。这种光具有均匀的强度，并且属于均质漫反射，它不具有可辨别的光源和方向。

默认情况下，场景中没有环境光，如果在带有默认环境光设置的模型上检查最黑色的阴影，将无法辨别出曲面，因为它没有任何灯光照亮。场景中的阴影不会比环境光的颜色暗，这就是通常要将环境光设置为黑色(默认色)的原因，如图 8-3 所示。

设置默认环境光颜色的方法有以下两种。

(1) 选择"渲染"→"环境"命令，在打开的"环境和效果"对话框中，可以设置环境光的颜色，如图 8-4 所示。

图 8-3　环境光的不同方式

图 8-4　"环境和效果"对话框

(2) 选择"自定义"→"首选项"命令,在打开的"首选项设置"对话框中切换到"渲染"选项卡,然后,在"默认环境灯光颜色"选项组的色块中设置环境光的颜色,如图 8-5 所示。

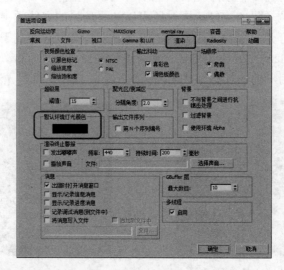

图 8-5 "首选项设置"对话框

8.1.2 标准的照明方法

在 3ds Max 中进行照明,一般使用标准的照明,也就是三光源照明方案和区域照明方案。所谓的标准照明,就是在一个场景中使用一个主要的灯和两个次要的灯,主要的灯用来照亮场景,次要的灯用来照亮局部,这是一种传统的照明方法。

在场景中最好以聚光灯作为主光灯,一般使聚光灯与视平线之间的夹角为 30~45 度,与摄影机的夹角为 30~45 度,将其投向主物体,一般光照强度较大,能把主物体从背景中充分地凸现出来,通常将其设置为投射阴影。

在场景中,在主灯的反方向创建的灯光称为背光。这个照明灯光在设置时可以在当前对象的上方(高于当前场景对象),并且此光源的光照强度要等于或者小于主光。背光的主要作用是在制作中使对象从背景中脱离出来,从而使得物体显示其轮廓,并且展现场景的深度。

最后要讲的是辅光源,辅光的主要用途,是用来控制场景中最亮的区域和最暗区域间的对比度。应当注意的是,设置中,亮的辅光将产生平均的照明效果,而设置较暗的辅光,则增加场景效果的对比度,使场景产生不稳定的感觉。一般情况下,辅光源放置的位置要靠近摄影机,以便产生平面光和柔和的照射效果。另外,也可以使用泛光灯作为辅光源应用于场景中,而泛光灯在系统中设置的基本目的,就是作为一个辅光而存在的。在场景中,远距离设置大量的不同颜色和低亮度的泛光灯是非常常见的,这些泛光灯混合在模型中,将弥补主灯所照射不到的区域。

如图 8-6 所示的场景显示的就是标准的照明方式,渲染后的效果如图 8-7 所示。

有时,一个大的场景不能有效地使用三光源照明,那么,就要使用其他的方法来进行照明。当一个大区域分为几个小区域时,可以使用区域照明,这样,每个小区域都会单独地被照明。可以根据重要性或相似性来选择区域，当一个区域被选择后，可以使用基本三光源照明方法。但是，有些区域照明并不能产生合适的气氛，这时，就需要使用一个自由照明方案。

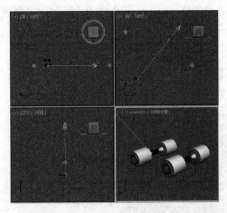

图 8-6　标准照明的灯光设置

图 8-7　标准照明效果

8.1.3　阴影

阴影是对象后面灯光变暗的区域。3ds Max 支持几种类型的阴影，包括区域阴影、阴影贴图和光线跟踪阴影等。

区域阴影基于投射光的区域创建阴影，不需要太多的内存，但是支持透明对象。阴影贴图实际上是位图，由渲染器产生，并与完成的场景组合产生图像。这些贴图可以有不同的分辨率，但是，较高的分辨率则要求有更多的内存。阴影贴图通常能够创建出更真实、更柔和的阴影，但是不支持透明度。

3ds Max 按照每个光线照射场景的路径来计算光线跟踪阴影。该过程会耗费大量的处理周期，但是，能产生非常精确且边缘清晰的阴影。使用光线跟踪，可以为对象创建出阴影贴图所无法创建的阴影，例如透明的玻璃。阴影类型下拉列表中还包括了一个高级光线跟踪阴影选项。另外，还有一个选项是 Ray 阴影。

如图 8-8 所示使用了不同阴影类型渲染的图像，左起第一个图没有设置阴影，然后依次为阴影贴图、区域阴影和光线跟踪阴影。

图 8-8　不同的阴影类型效果

8.2　灯光的类型

在 3ds Max 中，有多种不同的灯光，不同灯光主要的差别，是光线在场景中的表现。

当场景中没有设置光源时，3ds Max 提供了一个默认的照明设置，以便有效地观看场景。默认光源为工作提供了充足的照明，但它并不适合于最后的渲染结果。

默认的光源是放在场景中对角线节点处的两盏泛光灯，假设在场景的中心(坐标系的原点)，一盏泛光灯在前上方，另一盏泛光灯在后下方，如图 8-9 所示。

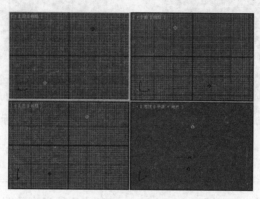

图 8-9　两盏默认灯光在场景中的位置

在 3ds Max 场景中，默认的灯光数量可以是 1，也可以是 2，并且可以将默认的灯光添加到当前场景中。当默认灯光被添加到场景中后，便可以同其他光源一样对它的参数以及位置等进行调整。

设置默认灯光的渲染数量并增加默认灯光到场景中的操作步骤如下。

(1)　在视图左上角单击鼠标右键，在弹出的快捷菜单中选择"配置视口"命令，打开"视口配置"对话框。

(2)　在"照明和阴影"选项卡中，选中"照亮场景方法"选项组中的"默认灯光"选项，然后选中"1 个灯光"或"2 个灯光"单选按钮，然后单击"确定"按钮，如图 8-10 所示。

(3)　选择"创建"→"灯光"→"标准灯光"→"添加默认灯光到场景"命令，打开"添加默认灯光到场景"对话框，在对话框中，可以设置加入场景的默认灯光名称以及距离缩放值，如图 8-11 所示。

(4)　单击"确定"按钮，即可在场景中创建名为 DefaultKeyLight 和 DefaultFillLight 的泛光灯。最后单击 按钮，将所有视图最大化显示，此时，在场景中就会看到设置的两个默认光源。

　提示：当第一次在场景中添加光源时，3ds Max 关闭默认的光源，这样，就可以看到我们所建立的灯光效果。只要场景中有灯光存在，无论它们是打开的，还是关闭的，默认的光源将一直被关闭。当场景中所有的幻灯片被删除时，默认的光源将自动恢复。

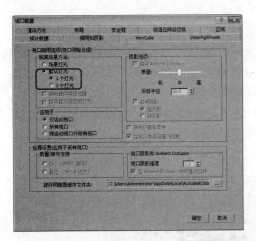

图 8-10 设置默认灯光的渲染数量　　　　图 8-11 "添加默认灯光到场景"对话框

在 3ds Max 中，许多内置灯光类型几乎可以模拟自然界中的每一种光，同时，也可以创建仅存在于计算机图形学中的虚拟现实的光。在 3ds Max 中，有 8 种标准灯光对象，即"目标聚光灯"、"自由聚光灯"、"目标平行光"、"自由平行光"、"泛光灯"等，如图 8-12 所示。它们在三维场景中都可以设置、放置及移动。而且，这些光源包含了一般光源的控制参数，这些参数决定了光照在环境中所起的作用。

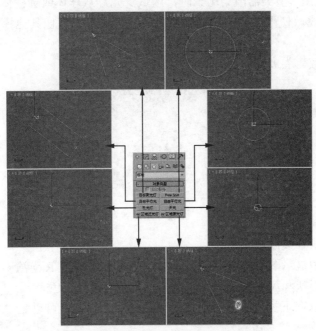

图 8-12 不同的基本灯光

8.2.1 泛光灯

泛光灯包括泛光灯和 mr 区域泛光灯两种类型，下面将分别对它们进行介绍。

---

1. 泛光灯

泛光灯向四周发散光线，标准的泛光灯用来照亮场景，它的优点是易于建立和调节，不用考虑是否有对象在范围外而不被照射；缺点就是不能创建太多，否则显得无层次感。泛光灯用于将"辅助照明"添加到场景中，或模拟点光源。

泛光灯可以投射阴影和投影，单个投射阴影的泛光灯等同于 6 盏聚光灯的效果，从中心指向外侧。另外，泛光灯常用来模拟灯泡、台灯等光源对象。

如图 8-13 所示，在场景中创建了一盏泛光灯，它可以产生明暗关系的对比。

图 8-13　泛光灯照射效果

2. mr 区域泛光灯

当使用 Mental Ray 渲染器渲染场景时，区域泛光灯从球体或圆柱体体积发射光线，而不是从点源发射光线。使用默认的扫描线渲染器，区域泛光灯像其他标准的泛光灯一样发射光线。

"区域灯光参数"卷展栏如图 8-14 所示。

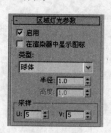

图 8-14　"区域灯光参数"卷展栏

(1) 启用：用于开关区域泛光灯。

(2) 在渲染器中显示图标：选中该复选框，当使用 Mental Ray 渲染器进行渲染时，区域泛光灯将按照其形状和尺寸设置，在渲染图片中并显示为白色。

(3) 类型：可以在下拉列表框中选择区域泛光灯的形状，可以是"球体"或者"圆柱体"形状。

(4) 半径：设置球体或圆柱体的半径。

(5) 高度：仅当区域灯光类型为"圆柱体"时可用，设置圆柱体的高。

(6) 采样：设置区域泛光灯的采样质量，可以分别设置 U 和 V 的采样数，越高的值，照明和阴影效果越真实细腻，当然，渲染时间也会增加。对于球形灯光，U 值表示沿半径方向的采样值，V 值表示沿角度采样值；对于圆柱形灯光，U 值表示沿高度采样值，

V 值表示沿角度采样值。

例 8-1：筒灯灯光效果

本例将介绍如何制作筒灯灯光效果，其效果如图 8-15 所示，具体操作步骤如下。

图 8-15　完成后的效果

（1）打开 CDROM\Scene\Cha13\筒光灯光效果.max 素材文件，如图 8-16 所示。

（2）选择"创建" ➕ → "灯光" 💡 → "标准" → "泛光灯"工具，在顶视图中创建一个泛光灯，如图 8-17 所示。

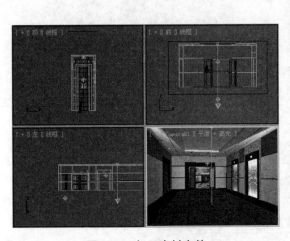

图 8-16　打开素材文件

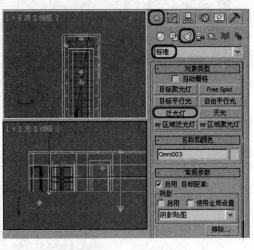

图 8-17　创建泛光灯

（3）进入"修改"命令面板，在"常规参数"卷展栏中，勾选"阴影"选项组中的"启用"复选框，在"强度/颜色/衰减"卷展栏中的"倍增"文本框中输入 0.5，并将其右侧的颜色框的 RGB 值设置为 255、255、255，在"远距衰减"选项组中勾选"使用"复选框，并在"开始"文本框中输入 20，按 Enter 键确认，如图 8-18 所示。

（4）使用"选择并移动"工具，在视图中调整泛光灯的位置，调整后的效果如图 8-19 所示。

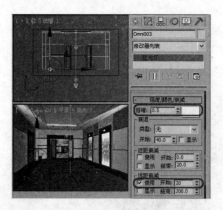

图 8-18　输入参数

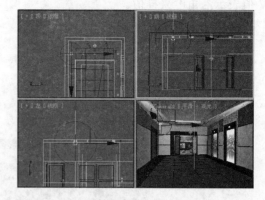

图 8-19　调整泛光灯的位置

（5）在顶视图中选择创建的泛光灯，按住 Shift 键，沿 Y 轴向下移动鼠标，在弹出的对话框中单击"复制"单选按钮，在"副本数"文本框中输入 5，如图 8-20 所示。

（6）单击"确定"按钮，然后在顶视图中调整泛光灯的位置，调整后的效果如图 8-21 所示。

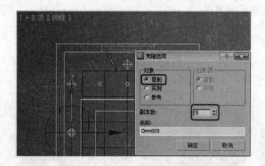

图 8-20　"克隆选项"对话框

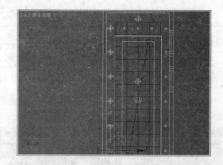

图 8-21　调整泛光灯的位置

（7）使用同样的方法，再创建其他的泛光灯，并调整其位置，创建后的效果如图 8-22 所示。

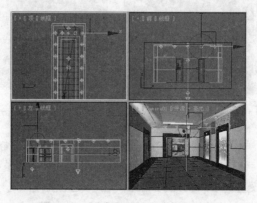

图 8-22　创建并调整泛光灯的位置

（8）至此，筒光灯光效果就制作完成了。

8.2.2　聚光灯

聚光灯包括"目标聚光灯"、"自由聚光灯"和"mr 区域聚光灯"三种，下面将对这三种灯光进行详细介绍，如图 8-23 所示。

图 8-23　聚光灯选项板

1. 目标聚光灯

目标聚光灯可以产生一个锥形的照射区域，区域外的对象不受灯光的影响。目标聚光灯可以通过投射点和目标点进行调节，其方向性非常好，对阴影的塑造能力很强。

使用目标聚光灯作为体光源，可以模仿各种锥形的光柱效果。勾选 Overshoot(泛光化)复选框，还可以将其作为泛光灯来使用。创建目标聚光灯的场景如图 8-24 所示，渲染的效果如图 8-25 所示。

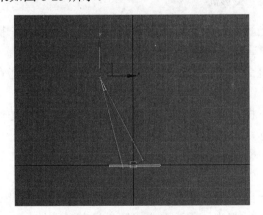

图 8-24　目标聚光灯场景

图 8-25　目标聚光灯效果

2. 自由聚光灯

自由聚光灯产生锥形照射区域，它是一种受限制的目标聚光灯，因为只能控制它的整个图标，而无法在视图中分别对发射点和目标点调节。它的优点是不会在视图中改变投射范围，特别适合用于一些动画的灯光，例如摇晃的船桅灯、晃动的手电筒、舞台上的投射灯等。

3. mr 区域聚光灯

mr 区域聚光灯在使用 Mental Ray 渲染器进行渲染时,可以从矩形或圆形区域发射光线,产生柔和的照明和阴影。而在使用 3ds Max 默认扫描线渲染器时,其效果等同于标准的聚光灯。

8.3 摄 影 机

在"创建"命令面板中单击"摄影机" 按钮,可以看到"目标"摄影机和"自由"摄影机两种类型,如图 8-26 所示。在使用过程中,它们各自都存在优缺点。

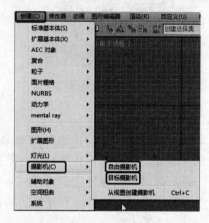

图 8-26 创建"摄影机"

创建目标摄影机如同创建几何体一样,当我们进入摄影机命令面板选择了"目标"摄影机后,在顶视图中要放置摄影机的位置上拖动至目标所在的位置,释放鼠标左键即可。

自由摄影机的创建更简单,只要在摄影机命令面板中选择"自由"工具,然后在任意视图中单击,就可以完成了。

目标摄影机包含两个对象:摄影机和摄影机目标。摄影机表示观察点,目标指的是你的视点。你可以独立地变换摄影机和它的目标,但摄影机被限制为一直对着目标。对于一般的摄像工作,目标摄影机是理想的选择。摄影机和摄影机目标的可变换功能对设置和移动摄影机视野具有最大的灵活性。

自由摄影机只包括摄影机这个对象。由于自由摄影机没有目标,它将沿它自己的局部坐标系 Z 轴负方向的任意一段距离定义为它们的视点。因为自由摄影机没有对准的目标,所以比目标摄影机更难于设置和瞄准;自由摄影机在方向上不分上下,这正是自由摄影机的优点所在。自由摄影机不像目标摄影机那样因为要维持向上矢量,而受旋转约束因素的限制。自由摄影机最适于复杂的动画,在这些动画中,自由摄影机被用来飞越有许多侧向摆动和垂直定向的场景。因为自由摄影机没有目标,它更容易沿着一条路径设置动画。

3ds Max 2014 中的摄影机与现实中的相机没有什么两样,其调节参数就是通过模仿真实的相机来设定的,如图 8-27 所示。

图 8-27　摄影机参数

(1) 镜头：设置摄影机的焦距长度，以 mm(毫米)为单位，镜头焦距的长短决定镜头视角、视野、景深范围的大小，是摄影机调整的重要参数。3ds Max 2012 默认设置为43.456mm，即人眼睛的焦距，其观察效果接近于人眼的正常感觉。

(2) 视野：它是指通过某个镜头所能够看到的一部分场景或远景。视野值定义摄影机在场景中所看到的区域。"视野"参数的值是摄影机视锥的水平角，以"度"为单位。

提示： "镜头"和"视野"是两个相互储存的参数，摄影机的拍摄范围通过两个值来确认。

(3) ↔ ↕ ↗ ：这三个按钮分别代表水平、垂直、对角三种调节"视野"的方式，这三种方式不会影响摄影机的效果，一般使用水平方式。

(4) 备用镜头：可直接选择镜头参数。"备用镜头"与在"镜头"微调框中输入数值设置镜头参数起到的作用相同。在视图中场景相同，摄影机也不移动，只改变摄影机的镜头值，就会展示出不同的场景。

(5) 类型：用于选择摄影机的类型，包括"目标摄影机"和"自由摄影机"，在修改命令面板中，我们随时可以对当前选择的摄影机类型进行选择，而不必重新创建摄影机。

(6) 显示圆锥体：显示一个角锥。摄影机视野的范围由角锥的范围决定，这个角锥只能显示在其他的视图中，但是，不能在摄影机视图中显示。

(7) 显示地平线：显示水平线。在摄影机视图中显示出一条黑灰色的水平线。

(8) 环境范围：设置环境大气的影响范围，通过下面的近距范围和远距范围确定。

(9) 显示：以线框的形式显示环境存在的范围。

(10) 近距范围/远距范围：设置环境影响的近距距离和远距距离。

(11) 剪切平面：能去除场景几何体的某个断面，使我们能看到几何体的内部。如果想产生楼房、车辆、人等的剖面图或带切口的视图，可以使用该选项组。

(12) 手动剪切：选中该复选框，将使用其下面的数值，自己控制水平面的剪切。

(13) 近距剪切/远距剪切：分别用来设置近距剪切平面与远距剪切平面的距离。

8.3.1　摄影机对象的命名

当我们在视图中创建多个摄影机时，系统会以 Camera001、Camera002 等名称自动为摄影机命名。在制作一个大型场景时，如一个大型建筑效果图或复杂动画的表现时，随着场景变得越来越复杂，要记住哪一个摄影机聚焦于哪一个镜头也变得越来越困难，这时，如果按照其表现的角度或方位进行命名，如 Camera 正视、Camera 左视、Camera 鸟瞰等，在进行视图切换的过程中会减少失误，从而可以提高工作效率。

8.3.2　摄影机视图的切换

摄影机视图就是被选中的摄影机的视图。在一个场景中创造若干个摄影机，激活任意一个视图，按下键盘上的 C 键，从弹出的"选择摄影机"对话框中选择摄影机，如图 8-28 所示，这样，该视图就变成当前摄影机视图。

提示：如果场景中只有一个摄像机，那么摄像机将自动被选中，不会出现"选择摄影机"对话框。在一个多摄影机场景中，如果其中的一个摄影机被选中，那么按下 C 键，该摄影机会自动被选中，不会出现"选择摄影机"对话框；如果没有选中的摄影机，"选择摄影机"对话框将会出现。

切换摄影机视图也可以在某个视图标签上单击鼠标右键，在弹出的快捷菜单中选择"摄影机"选项，在其子菜单中选择摄影机，如图 8-29 所示。

图 8-28　"选择摄影机"对话框　　　　图 8-29　在"摄影机"菜单中选择摄影机

8.3.3　放置摄影机

创建摄影机后，通常需要将摄影机或其目标移到固定的位置。可以用各种变换给摄影机定位，但在很多情况下，在摄影机视图中调节会简单一些。下面将分别讲述如何使用摄影机视图进行导航控制和变换摄影机操作。

1. 摄影机视图导航控制

对于摄影机视图，系统在视图控制区提供了专门的导航工具，用来控制摄影机视图的各种属性，如图 8-30 所示。摄影机导航工具可以提供许多控制功能和灵活性。

图 8-30　摄影机视图导航工具

摄影机导航工具的功能说明如下所述。

- 推拉摄影机：沿视线移动摄影机的出发点，保持出发点与目标点之间连线的方向不变，使出发点在此线上滑动，这种方式不改变目标点的位置，只改变出发点的位置。
- 推拉目标：沿视线移动摄影机的目标点，保持出发点与目标点之间连线的方向不变，使目标点在此线上滑动，这种方式不会改变摄影机视图中的影像效果，但有可能使摄影机反向。
- 推拉摄影机+目标：沿视线同时移动摄影机的目标点与出发点，这种方式产生的效果与"推拉摄影机"方式相同，只是保证了摄影机本身形态不发生改变。
- 透视：以推拉出发点的方式来改变摄影机的"视野"镜头值，配合 Ctrl 键可以增加变化的幅度。
- 视野：固定摄影机的目标点与出发点，通过改变视野取景的大小来改变 FOV 镜头值，这是一种调节镜头效果的好方法，起到的效果其实与 Perspective(透视)+Dolly Camera(推拉摄影机)相同。
- 侧滚摄影机：沿着垂直于视平面的方向旋转摄影机的角度。
- 平移摄影机：在平行于视平面的方向上同时平移摄影机的目标点与出发点，配合 Ctrl 键可以加速平移变化，配合 Shift 键可以锁定在垂直或水平方向上平移。
- 穿行：使用穿行导航，可通过按下包括箭头方向键在内的一组快捷键，在视图中移动，正如在众多视频游戏中的 3D 世界中导航一样。
- 环游摄影机：固定摄影机的目标点，使出发点转着它进行旋转观测，配合 Shift 键可以锁定在单方向上的旋转。
- 摇移摄影机：固定摄影机的出发点，使目标点进行旋转观测，配合 Shift 键可以锁定在单方向上的旋转。

2. 变换摄影机

在 3ds Max 2014 中，所有作用于对象(包括几何体、灯光、摄影机等)的位置、角度、比例的改变都被称为变换。摄影机及其目标的变换与场景中其他对象的变换非常相像。正如前面所提到的，许多摄影机视图导航命令能通过在其局部坐标中变换摄影机来代替。

虽然摄影机导航工具能很好地变换摄影机参数，但对于摄影机的全局定位来说，一般使用标准的变换工具更合适。锁定轴向后，也可以像摄影机导航工具那样使用标准变换工具。摄影机导航工具与标准摄影机变换工具最主要的区别是，标准变换工具可以同时在两个轴上变换摄影机，而摄影机导航工具只允许沿一个轴进行变换。

8.4 小型案例实训——创建摄影机

下面将介绍如何为场景添加摄影机，效果如图 8-31 所示，其具体操作步骤如下。

(1) 按 Ctrl+O 组合键，在弹出的对话框中打开本书下载资源中的"下载资源\Scene\Cha08\创建摄影机.max"场景文件，如图 8-32 所示。

图 8-31　创建摄影机

图 8-32　打开的素材文件

(2) 选择"创建" ![图标] →"摄影机" ![图标] →"标准"→"目标"工具，在"参数"卷展栏中，将"镜头"设置为 23.333mm，在顶视图中创建摄影机，激活"透视"视图，按 C 键将其转换为摄影机视图，然后在其他视图中调整摄影机的位置，如图 8-33 所示。

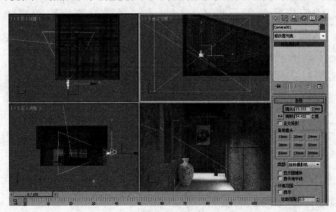

图 8-33　创建摄影机并进行调整

8.5　本　章　小　结

本章主要介绍了 3ds Max 2012 中的灯光和摄影机的应用，使场景产生一种自然、和谐的效果。

本章的主要内容如下:

- 照明的基础知识,其中包括自然光、人造光和环境光、标准的照明方法和阴影。
- 创建聚光灯,其中常有的有目标聚光灯、自由聚光灯和 mr 区域聚光灯三种。
- 摄影机的创建,其中讲解了摄影机对象的命名、摄影机视图的切换,以及如何放置摄影机。

习　　题

1. 3ds Max 的灯光系统可以分为哪两种类型?
2. 哪种灯光可以用于模拟自然光?
3. 如何表现阴影效果?
4. 灯光的阴影包括哪几种类型?
5. 标准灯光有哪几种类型?
6. 简单叙述摄影机参数卷展栏中的镜头和视野。

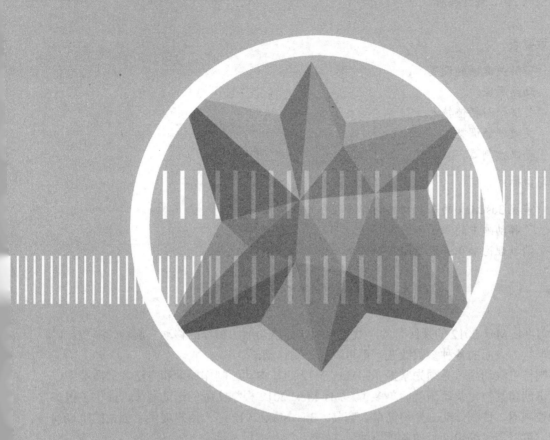

第 9 章

动　画

本章要点：

- 了解关键帧的设置。
- 动画原理。
- 关键帧与插值技术。
- 关键帧的调整。
- 动画控制器。

学习目标：

- 掌握 3ds Max 的基本动画制作原理和方法。
- 了解动画中的粒子系统。
- 学习理论知识并进行实践操作。

9.1 动画的概念和分类

学习 3ds Max 2012 的最终目的，就是要制作三维动画。物体的移动、旋转、缩放，以及物体形状与表面的各种参数改变，都可以用来制作动画。

要制作三维动画，必须先掌握 3ds Max 2012 的基本动画制作原理和方法，掌握基本方法后，再创建其他复杂动画就简单多了。3ds Max 2012 根据实际的运动规律，提供了很多的运动控制器，使制作动画变得简单、容易。3ds Max 2012 还为用户提供了强大的轨迹视图功能，可以用来编辑动画的各项属性。

9.1.1 动画原理

动画的产生是基于人类视觉暂留的原理。人们在观看一组连续播放的图片时，每一幅图片都会在人眼中产生短暂的停留，只要图片播放的速度快于图片在人眼中停留的时间，就可以感觉到它们好像真的在运动一样。这种组成动画的每张图片，都叫作"帧"，帧是 3ds Max 动画中最基本，也是最重要的概念。

9.1.2 动画方法

1. 传统的动画制作方法

在传统的动画制作方法中，动画制作人员要为整个动画绘制需要的每一幅图片，即每一帧画面，这个工作量是巨大而惊人的，因为要想得到流畅的动画效果，每秒钟大概需要 12~30 帧的画面，一分钟的动画需要 720~1800 幅图片，如果低于这个数值，画面会出现闪烁。而且传统动画的图像依靠手工绘制，由此可见，传统的动画制作繁琐，工作量巨大。

即使是现在，制作传统形式的动画通常也需要成百上千名专业动画制作人员来创建成千上万的图像。因此，传统动画技术已不适应现代动画技术的发展了。

2. 3ds Max 2012 中的动画制作方法

随着动画技术的发展，关键帧动画的概念应运而生。

科技人员发现，在组成动画的众多图片中，相邻的图片之间只有极小的变化。因此，动画制作人员可以只绘制其中比较重要的图片(帧)，然后由计算机自动完成各重要图片之间的过渡，这样就能大大提高工作效率。由动画制作人员绘制的图片称为关键帧，由计算机完成的关键帧之间的各帧称为过渡帧。

如图 9-1 所示，在所有的关键帧和过渡帧绘制完毕之后，这些图像按照顺序连接在一起，并被渲染，生成最终的动画图像。

图 9-1　关键帧和过渡帧图像

3ds Max 基于此技术来制作动画，并进行了功能的增强，当用户指定了动画参数以后，动画渲染器就接管了创建并渲染每一帧动画的工作，从而得到高质量的动画效果。

9.1.3　帧与时间的概念

3ds Max 是一个基于时间的动画制作软件，最小的时间单位是 TICK(点)，相当于1/4800 秒。系统中默认的时间单位是帧，帧速率为每秒 30 帧。用户可以根据需要设置软件创建的动画的时间长度和精度。设置的方法是单击动画播放控制区域中的"时间配置"按钮，打开"时间配置"对话框，如图 9-2 所示。

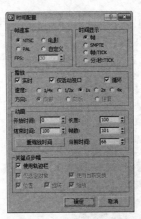

图 9-2　"时间配置"对话框

(1) 帧速率：此选项组用来设置动画的播放速度，可以在不同视频格式之间选择，其中默认的 NTSC 格式的帧速率是每秒 30 帧(30bps)，"电影"格式是每秒 24 帧，PAL 格式为每秒 25 帧。还可以选择"自定义"格式来设置帧速率。这些选择会直接影响到最终的动画播放效果。

(2) 时间显示：该选项组提供了 4 种时间显示方式供选择。

● 帧：帧是默认显示方式，时间转换为帧的数目取决于当前帧速率的设置。

● SMPTE：用 Society of Motion Picture and Television Engineers(电影电视工程协会)格式显示时间，这是许多专业动画制作工作中使用的标准时间显示方式。格式为"分钟:秒:帧"。

● 帧:TICK：使用帧和系统内部的计时增量(称为 Tick)来显示时间。选择此方式可以将动画时间精确到 1/4800 秒。

● 分:秒:TICK：以分钟(MM)、秒钟(SS)和 Tick 显示时间，其间用冒号分隔。例如，02:16:2240 表示 2 分钟 16 秒和 2240Tick。

(3) 播放：此选项组用来控制如何回放动画，并可以选择播放的速度。

(4) 动画：此选项组用于设置动画激活的时间段和调整动画的长度。

(5) 关键点步幅：此选项组用来控制如何在关键帧之间移动时间滑块。

9.2 制作基本动画

制作三维动画最基本的方法，是使用自动帧模式录制动画。创建一个简单动画的基本步骤是：设置场景，在场景中创建若干物体，单击选中"自动关键点"按钮开始录制动画，移动动画控制区中的时间滑块，修改场景中物体的位置、角度或大小等参数，重复以上的移动时间滑块和修改物体参数的操作，最后通过单击取消选中"自动关键点"按钮，关闭帧动画的录制。

下面通过实际操作步骤来体会这种动画制作的基本方法。

(1) 在视图中创建一个半径为 17 的球体和一个半径为 92 的圆，并在视图中调整其位置，如图 9-3 所示。

(2) 单击动画播放控制区域中的"时间配置"██按钮，在弹出的对话框中的"结束时间"文本框中输入 40，如图 9-4 所示。

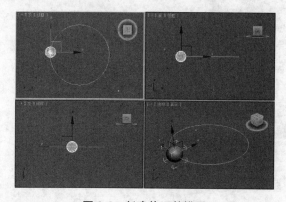

图 9-3 创建并调整模型

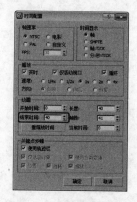

图 9-4 "时间配置"对话框

(3) 单击"确定"按钮，再单击"自动关键点"按钮，将时间滑块拖曳到第 5 帧的位置，在顶视图中沿圆的边缘对球体进行拖动，如图 9-5 所示。

(4) 再将时间滑块拖动到 10 帧的位置上，然后在顶视图中沿圆的边缘对球体进行拖动，如图9-6所示。

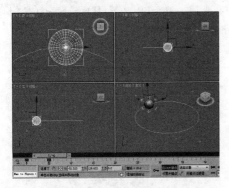

图9-5 创建关键帧动画(1)

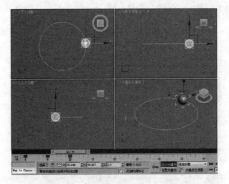

图9-6 创建关键帧动画(2)

(5) 依次进行类推，设置完成后，单击"自动关键点"按钮，然后单击"播放动画"按钮▶进行播放即可。

提示：时间滑块移动到某一帧位置时，时间滑块会显示所在的帧位置和动画的总帧数。例如，将时间滑块移动到第25帧时，时间滑块会显示25/100。

提示：在场景中播放动画时，场景中只在激活的视图中播放动画。

9.3 粒 子 系 统

粒子系统是相对独立的造型系统，用来创建雨、雪、灰尘、泡沫、火花、气流等，它还可以将造型作为粒子，例如用来表现成群的蚂蚁、热带鱼、吹散的蒲公英等动画效果。粒子系统主要用于表现动态的效果，与时间、速度的关系非常紧密，一般用于动画制作。

(1) 选择"创建" → "几何体" → "粒子系统"选项，在"对象类型"卷展栏中包括了多种粒子类型。

(2) 粒子系统除了自身特性外，还有一些共同的属性。

① 发射器：用于发射粒子，所有的粒子都由它喷出，它的位置、面积和方向决定了粒子发射时的位置、面积和方向，在视图中不被选中时，显示为橘红色，不可以被渲染。

② 计时：控制粒子的时间参数，包括粒子产生和消失的时间，粒子存在的时间，粒子的流动速度，以及加速度。

③ 粒子参数：控制粒子的大小、速度，不同类型的粒子系统设置也不同。

④ 渲染特性：用来控制粒子在视图中和渲染时分别表现出的形态。由于粒子显示不一，所以通常以简单的点、线或交叉来显示，而且数目也只用于操作观察，不用设置过多；对于渲染效果，它会按真实指定的粒子类型和数目进行着色计算。

9.3.1 超级喷射

超级喷射粒子系统可以喷射出可控制的水滴状粒子，它与简单的喷射粒子系统相似，但是其功能更为强大。

选择"创建" ✳ → "几何体" ⊙ → "粒子系统" → "超级喷射"工具，在视图中拖动即可创建一个超级喷射粒子系统喷射器，拖动时间滑块，就可以看到从喷射器中发射出的粒子，如图 9-7 所示。创建超级喷射粒子系统的卷展栏如图 9-8 所示。

图 9-7 超级喷射粒子　　　　　　　　　　图 9-8　粒子参数卷展栏

提示： 发射器初始方向取决于当前在哪个视图中创建粒子系统。在通常情况下，如果在正向视图中创建该粒子系统，则发射器会朝向用户这一面；如果在透视图中创建该粒子系统，则发射器会朝上。

例 9-1：火焰拖尾

本例将介绍火焰拖尾效果的制作，如图 9-9 所示。本例将利用粒子系统中的"超级喷射"来制作拖尾，通过"路径约束"控制器为粒子系统设置飞行路径，并通过"Video Post"视频合成器特效事件，为粒子制作光效。

图 9-9　火焰拖尾效果

(1) 单击 ⊙ 按钮，在弹出的下拉菜单中选择"重置"命令，在弹出的对话框中选择"是"选项，重新设定场景，使所有设置都恢复到默认状态。

(2) 选择"创建" ✳ → "几何体" ⊙ → "标准基本体" → "粒子系统" → "超级喷射"工具，在顶视图中创建一个超级喷射粒子系统，如图 9-10 所示。

(3) 单击"修改"按钮 ⊿，进入到修改命令面板，在"基本参数"卷展栏中，将"粒子分布"选项组中"轴偏离"和"平面偏离"下的"扩散"分别设置为 8 和 90；将"显示图标"选项组中的"图标大小"设置为 10；将"视口显示"选项组中的"粒子数百分比"

设置为 20。如图 9-11 所示。

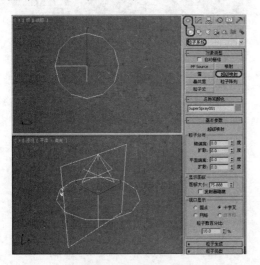

图 9-10　创建粒子系统

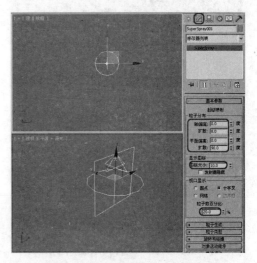

图 9-11　设置"基本参数"卷展栏

(4) 在"粒子生成"卷展栏中，选中"粒子数量"选项组中的"使用总数"单选按钮，将值设置为 4000；将"粒子运动"选项组中的"速度"设置为 8；将"粒子计时"选项组中的"发射开始"、"发射停止"、"显示时限"、"寿命"和"变化"分别设置为 −152、226、226、39 和 23；将"粒子大小"选项组中的"大小"、"变化"、"增长耗时"和"衰减耗时"分别设置为 2.5、30、8 和 17。如图 9-12 所示。

(5) 在"粒子类型"卷展栏中，选中"标准粒子"选项组中的"六角形"单选按钮；将"材质贴图和来源"选项组中的"时间"设置为 45，如图 9-13 所示。

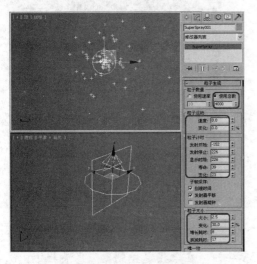

图 9-12　设置"粒子生成"卷展栏

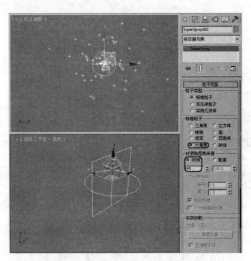

图 9-13　设置"粒子类型"卷展栏

(6) 在"旋转和碰撞"卷展栏中，将"自旋速度控制"选项组中的"自旋时间"设置为 45。如图 9-14 所示。

(7) 将"气泡运动"卷展栏中的"周期"设置为 150533，如图 9-15 所示。

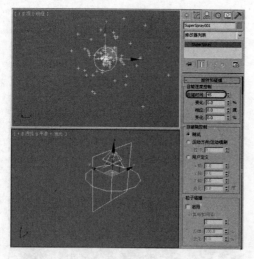

图 9-14　设置"旋转和碰撞"卷展栏

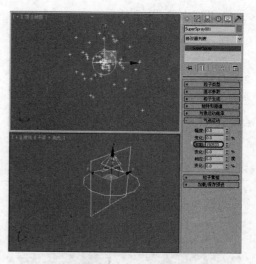

图 9-15　设置"气泡运动"卷展栏

(8)　激活顶视图，使用"选择并移动" 工具，按住 Shift 键，对粒子系统沿 X 轴拖动复制，然后释放鼠标，在弹出的"克隆选项"对话框中，单击"确定"按钮，如图 9-16 所示。

(9)　选择"创建" → "图形" → "样条线" → "线"工具，在顶视图中绘制一条如图 9-17 所示的线条，作为粒子系统飞行的路径。单击"修改"按钮，切换到命令面板，将选择集定义为"顶点"，并在前视图中对样条线进行调整。

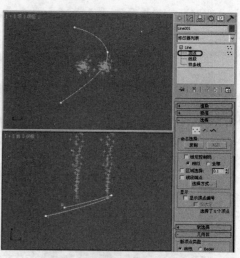

图 9-17　绘制并调整线条

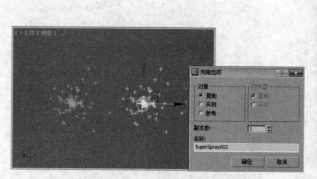

图 9-16　拖动复制粒子系统

(10) 选择第一个粒子系统。单击"运动"按钮，在"指定控制器"卷展栏中，选择"位置:位置 XYZ"选项，然后单击"指定控制器"按钮，在打开的对话框中选择"路径约束"控制器，单击"确定"按钮，如图 9-18 所示。

(11) 在"路径参数"卷展栏中，单击"添加路径"按钮，在视图中选择 Line01。在"路径选项"选项组中勾选"跟随"复选框，然后在"轴"选项组中选择 Z，并勾选"翻转"复选框，关闭"添加路径"按钮，如图 9-19 所示。

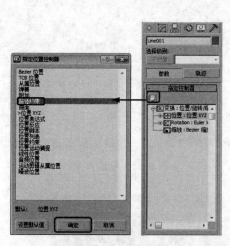

图 9-18　设置路径约束

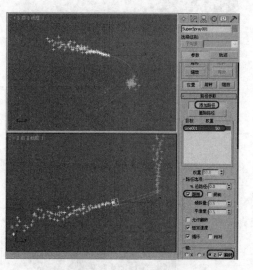

图 9-19　将粒子系统放置在路径上

(12) 激活顶视图，在视图中选择 Line01。在工具栏中选择"镜像" 工具，对线条进行镜像复制，并调整复制出的样条线的位置，如图 9-20 所示。

(13) 使用绑定粒子 1 到路径的方法绑定粒子 2 到复制出的样条线上，如图 9-21 所示。然后，然后在场景中调整两条路径的形状，如图 9-22 所示。

(14) 选择"创建" → "几何体" → "标准基本体" → "长方体"工具，在顶视图中创建一个长方体。在参数卷展栏中，将"长度"、"宽度"、"高度"分别设置为 1240、1600、10，然后在场景中调整其位置。如图 9-23 所示。

(15) 在场景中选择创建的长方体。按 M 键打开材质编辑器。选择一个材质球，将其命名为"背景"，然后打开"贴图"卷展栏，单击"漫反射颜色"通道后面的 None 按钮，在打开的"材质/贴图浏览器"对话框中选择"位图"贴图，然后单击"确定"按钮，在弹出的"选择位图图像文件"对话框中选择本书下载资源中的"下载资源\Map\7007.jpg"素材，单击"打开"按钮，然后单击"将材质指定给选定对象" 按钮，将材质指定给长方体，如图 9-24 所示。

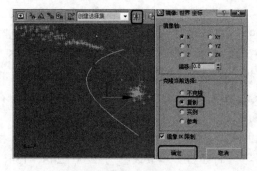

图 9-20　复制并调整 Line2

图 9-21　绑定粒子 2

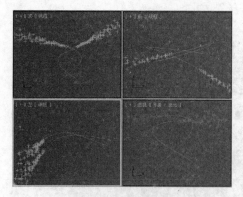

图 9-22　调整路径的形状

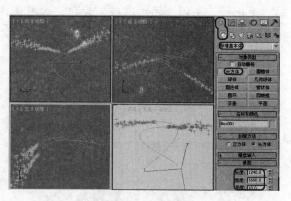

图 9-23　创建背景

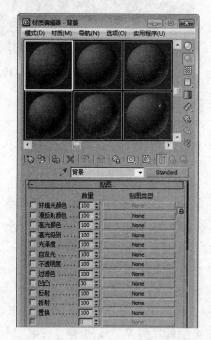

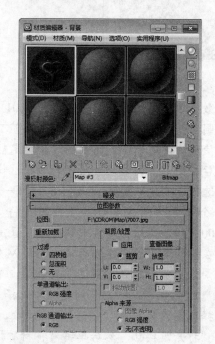

图 9-24　设置背景材质

(16) 在"材质编辑器"中选择一个新的样本球，在"明暗基本参数"卷展栏中，将"阴影"模式定义为"金属"。在"金属基本参数"卷展栏中，将"环境光"设置为 0、0、0，将"漫反射"的 RGB 参数设置为 49、99、173，将"自发光"选项组中的"颜色"设置为 100，将"反射高光"选项组中的"高光级别"和"光泽度"分别设置为 5 和 25。在"扩展参数"卷展栏的"高级透明"选项组中选中"衰减"下面的"外"单选按钮，将"数量"设置为 100，将"类型"下面的"过滤"色块的 RGB 设置为 255、255、255，在"贴图"卷展栏中单击"漫反射颜色"通道后面的 None 按钮，如图 9-25 所示。

(17) 在弹出的"材质/贴图浏览器"对话框中选择"粒子年龄"贴图，单击"确定"按钮。在"粒子年龄参数"卷展栏中，将"颜色 #1"的 RGB 参数设置为 255、248、134；将"颜色 #2"的 RGB 参数设置为 255、114、0；将"颜色 #3"的 RGB 参数设置为

229、15、0。单击"转到父对象" 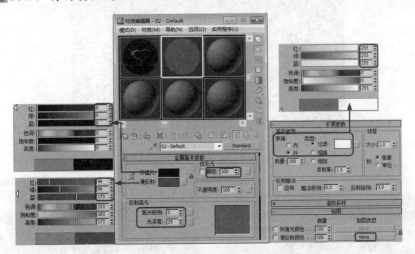按钮，返回到父级材质层级，单击"将材质指定给选定对象" 按钮，将材质指定给两个粒子系统，如图 9-26 所示。关闭"材质编辑器"。

图 9-25　为粒子系统设置材质

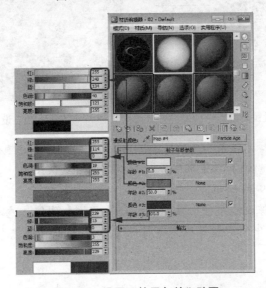

图 9-26　设置"粒子年龄"贴图

(18) 选择"创建" → "摄影机" → "目标"摄影机，在顶视图中创建一架摄影机，并在"参数"卷展栏中将"镜头"设置为 50。选择"透视"视图，按下 C 键，将当前视图转换为 Camera01，并在场景中调整摄影机的角度和位置，如图 9-27 所示。

(19) 在动画控制区单击"自动关键点"按钮，然后将时间滑块拖动到 100 帧处，在修改命令面板的"参数"卷展栏中，将"镜头"设置为 83。关闭"自动关键点"，如图 9-28 所示。

(20) 在场景中同时选中两个粒子系统，并单击鼠标右键，在弹出的快捷菜单中选择"对象属性"命令。在打开的对话框中，将"对象 ID"设置为 1，选中"图像"单选按钮，为粒子系统设置图像运动模糊，如图 9-29 所示。

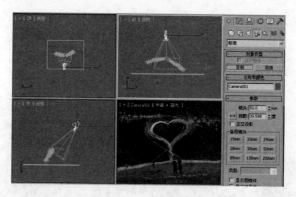

图 9-27　创建摄影机

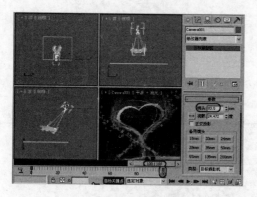

图 9-28　设置关键点

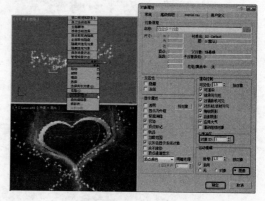

图 9-29　设置粒子属性

(21) 在菜单栏中选择"渲染"→"Video Pos"命令，打开视频合成器。单击"添加场景事件"按钮，弹出"添加场景事件"对话框，使用默认设置，单击"确定"按钮，添加一个场景事件。如图 9-30 所示。

(22) 单击"添加图像过滤事件"按钮，弹出"添加图像过滤事件"对话框，在该对话框中选择过滤器列表中的"镜头效果光晕"选项，单击"确定"按钮，添加一个过滤器，如图 9-31 所示。

图 9-30　添加场景事件

图 9-31　添加图像过滤事件

(23) 使用同样的方法，再添加一个"镜头效果光晕"事件，然后再单击"添加图像过滤事件"按钮 ，弹出"添加图像过滤事件"对话框，在对话框中选择过滤器列表中的"镜头效果光斑"选项，单击"确定"按钮添加一个过滤器，如图 9-32 所示。

(24) 单击"添加图像输出事件"按钮 ，弹出"添加图像输出事件"对话框，在该对话框中单击"文件"按钮，然后在打开的对话框中设置输出路径、名称，并将"保存类型"设置为 AVI，单击"保存"按钮，在接下来打开的"AVI 文件压缩设置"对话框中使用默认设置，单击"确定"按钮，返回到"添加图像输出事件"对话框，再单击"确定"按钮，完成图像输出事件的添加，如图 9-33 所示。

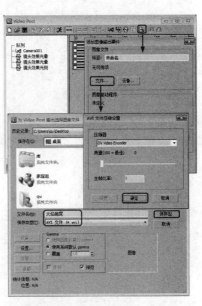

图 9-32　添加镜头效果光斑　　　　　　图 9-33　添加场景输出事件

(25) 双击第一个"镜头效果光晕"事件，在打开的对话框中单击"设置"按钮，打开"镜头效果光晕"对话框，单击"预览"和"VP 队列"按钮，选择"首选项"选项卡，将"效果"选项组中的"大小"设置为 1.2；在"颜色"选项组中选中"用户"单选按钮，将"强度"设置为 32，单击"确定"按钮，如图 9-34 所示。

(26) 返回到视频合成器面板，双击第二个"镜头效果光晕"事件，在打开的对话框中单击"设置"按钮，打开"镜头效果光晕"对话框，单击"预览"和"VP 队列"按钮，选择"首选项"选项卡，将"效果"选项组中的"大小"设置为 3，在"颜色"选项组中选中"渐变"单选按钮，如图 9-35 所示。

(27) 选择"渐变"选项卡，将"径向颜色"左侧色标的 RGB 参数设置为 255、255、0，在 36 位置处单击鼠标添加一个色标，将其 RGB 参数设置为 255、40、0，将右侧色标的 RGB 参数设置为 255、47、0，如图 9-36 所示。

(28) 选择"噪波"选项卡，将"设置"选项组中的"运动"设置为 0，勾选"红"、"绿"和"蓝"3 个复选框；将"参数"选项组中的"大小"设置为 20，将"偏移"设置为 60，单击"确定"按钮，如图 9-37 所示。

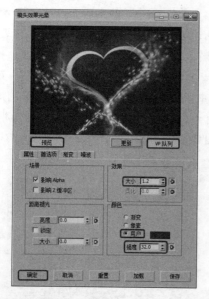

图 9-34 设置第一个事件的"首选项"选项卡

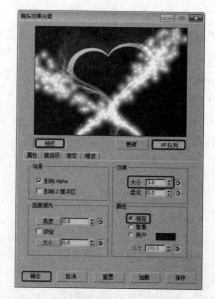

图 9-35 设置第二个事件的"首选项"选项卡

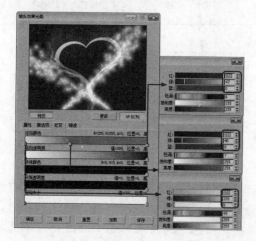

图 9-36 设置"渐变"选项卡

图 9-37 设置"澡波"参数

(29) 返回到视频合成器，双击"镜头效果光斑"事件，在打开的对话框中单击"设置"按钮。进入"镜头效果光斑"对话框，单击"预览"和"VP 队列"按钮，然后在"镜头光斑属性"选项组中将"大小"设置为 30。单击"节点源"按钮，在打开的对话框中选择两个粒子系统，单击"确定"按钮。在"首选项"选项卡中保留"光晕"、"射线"和"星形"后面的两个复选框的勾选，将其他的复选框取消勾选，如图 9-38 所示。

(30) 切换到"光晕"选项卡，将"大小"设置为 30，将"径向颜色"左侧色标的 RGB 参数设置为 255、255、255，在轴位置 21 处单击鼠标添加一个色标，并将其 RGB 参数设置为 255、242、207，将右侧色标的 RGB 参数设置为 255、115、0，如图 9-39 所示。

(31) 切换到"射线"选项卡，将"大小"、"数量"和"锐化"分别设置为 100、125 和 9.9，将"径向颜色"左侧色标的 RGB 参数设置为 255、255、167，将右侧色标 RGB 参数设置为 255、155、74，然后在"径向透明度"轴上位置为 9 处添加色标，将其 RGB 参数设置为 71、71、71，在位置 25 处将其 RGB 参数设置为 47、47、47，如图 9-40 所示。

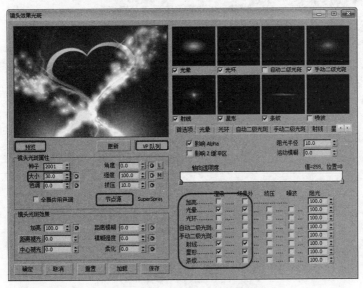

图 9-38　设置"首选项"参数

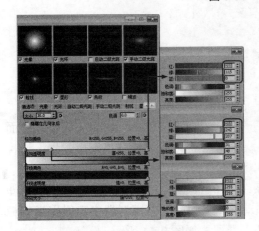

图 9-39　设置"光晕"选项卡

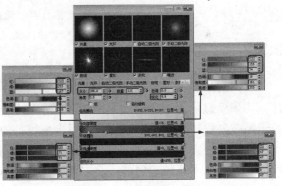

图 9-40　设置"射线"选项卡

(32) 切换到"星形"选项卡，将"大小"、"数量"和"锐化"分别设置为 75、8 和 8.2，将"径向颜色"右侧色标的 RGB 参数设置为 139、139、143，为"截面颜色"轴上位置 25、位置 75 处分别添加色标，并将 RGB 参数都设置为 255、90、0，在位置 50 处添加一个色标，并将其 RGB 设置为 255、255、255，如图 9-41 所示。单击"确定"按钮，返回到视频合成器。

(33) 单击"执行序列"按钮 ，在打开的"执行 Video Post"对话框中设置"输出大小"为 640×480，单击"渲染"按钮，如图 9-42 所示。

(34) 在完成制作后，单击 按钮，在弹出的下拉菜单中选择"保存"命令，对文件进行保存。

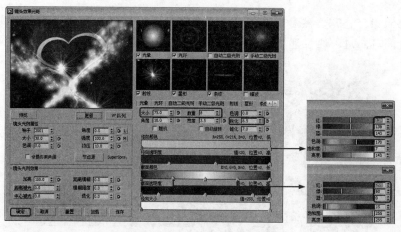

图 9-41　设置"星形"选项卡

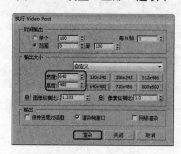

图 9-42　渲染输出

9.3.2　喷射

"喷射"粒子系统发射垂直的粒子流，粒子可以是四面体尖锥，也可以是四方形面片。用来模拟水滴下落的效果，如下雨、喷泉、瀑布等，也可以表现彗星拖尾效果。这种粒子系统参数较少，易于控制，使用起来很方便，所有数值均可制作动画效果。

选择"创建" ⟐→"几何体" ◎→"粒子系统"→"喷射"工具，在视图中拖动，即可创建一个粒子系统喷射器。将时间滑块进行拖动，就可以看到从喷射器中喷射出来的粒子，如图 9-43 所示。创建喷射粒子系统的"参数"卷展栏如图 9-44 所示。

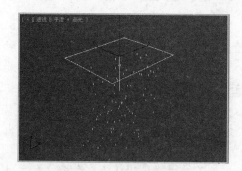

图 9-43　创建喷射粒子图

图 9-44　喷射粒子的"参数"卷展栏

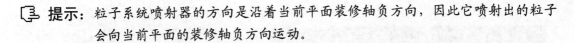

提示：粒子系统喷射器的方向是沿着当前平面装修轴负方向，因此它喷射出的粒子会向当前平面的装修轴负方向运动。

9.3.3　粒子阵列

粒子阵列拥有大量的控制参数，根据粒子类型的不同，可以表现出喷发、爆裂等特殊效果。可以很容易地将一个对象炸成带有厚度的碎片，这是电影特技中经常使用的功能，计算速度非常快。

选择"创建" ➡ → "几何体" ◎ → "粒子系统" → "粒子阵列"工具，在视图中拖动，即可创建一个粒子阵列，拖动时间滑块，即可看到从喷射器中发射的粒子，如图 9-45 所示。粒子阵列的参数卷展栏如图 9-46 所示。

图 9-45　创建粒子阵列

图 9-46　粒子阵列的参数卷展栏

9.4　小型案例实训

下面通过案例对本章所讲解的知识进行巩固。

9.4.1　太阳耀斑

本例将介绍火焰特效——太阳耀斑的制作，效果如图 9-47 所示。该例通过为辅助对象添加"火效果"来制作太阳，然后将泛光灯光源作为产生镜头光斑的物体，最后通过 Video Post 视频合成器中的"镜头效果光斑"特效过滤器来产生耀斑效果。

(1) 重置一个新的场景文件，然后按 8 键，打开"环境和效果"对话框，在"公用参数"卷展栏中，单击"背景"区域中的"无"按钮，在弹出的"材质/贴图浏览器"对话框中选择"位图"贴图，单击"确定"按钮，在弹出的对话框中选择本书下载资源中的"下载资源\Map\100g10.tif"文件，单击"打开"按钮，结果如图 9-48 所示。

图 9-47　火焰特效——太阳耀斑

图 9-48　添加背景贴图

(2)　在菜单栏中选择"视图"→"视口背景"→"视口背景(B)"命令，打开"视口背景"对话框，在"背景源"区域中勾选"使用环境背景"复选框，然后勾选"显示背景"复选框，在"视口"下拉列表中选择"透视"，如图 9-49 所示。

(3)　单击"确定"按钮，即可在"透视"图中显示出背景贴图，如图 9-50 所示。

图 9-49　"视口背景"对话框

图 9-50　显示背景贴图

(4)　选择"创建" → "辅助对象" → "大气装置" → "球体 Gizmo"工具，在顶视图中创建一个"半径"为 200 的球体线框，如图 9-51 所示。

(5)　在菜单栏中选择"渲染"→"环境"命令，打开"环境和效果"对话框，在"大气"卷展栏中单击"添加"按钮，在打开的对话框中选择"火效果"，单击"确定"按钮，添加一个火焰效果。在"火效果参数"卷展栏中单击"拾取 Gizmo"按钮，并在视图中选择球体线框，其他参数使用默认设置即可，如图 9-52 所示。

(6)　选择"创建" → "灯光" → "标准" → "泛光灯"工具，在顶视图中的球体线框中心处单击鼠标左键，创建泛光灯对象，如图 9-53 所示。

(7)　选择"创建" → "摄影机" → "目标"摄影机工具，在顶视图中创建一架摄影机，在"参数"卷展栏中将"镜头"设置为 40，激活"透视"图，按 C 键将该视图转换为摄影机视图，然后在其他视图中调整摄影机的位置，如图 9-54 所示。

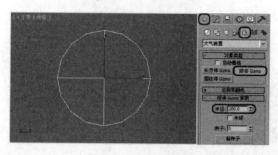

图 9-51　创建球体线框

图 9-52　添加火效果

图 9-53　创建泛光灯

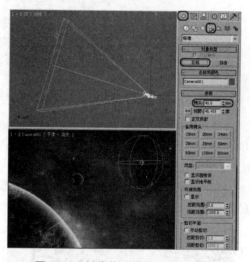

图 9-54　创建并调整摄影机的位置

(8)　在菜单栏中选择"渲染"→"Video Post"命令，打开视频合成器，单击"添加场景事件"按钮，添加一个场景事件，在打开的对话框中使用默认的摄影机视图，单击"确定"按钮，如图 9-55 所示。

(9)　再单击"添加图像过滤事件"按钮，添加一个图像过滤事件，在打开的对话框中选择过滤器列表中的"镜头效果光斑"过滤器，单击"确定"按钮，如图 9-56 所示。

(10) 在事件列表中双击"镜头效果光斑"过滤器，在打开的对话框中单击"设置"按钮，进入"镜头效果光斑"控制面板，单击"预览"和"VP 队列"按钮，在"镜头光斑属性"区域下单击"节点源"按钮，在打开的对话框中选择 Omni001 对象，单击"确定"按钮，将泛光灯作为发光源；单击"首选项"选项卡，参照图 9-57 进行勾选。

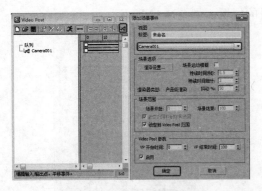

图 9-55　添加一个场景事件　　　　　　　　　　图 9-56　添加图像过滤事件

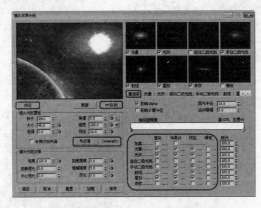

图 9-57　设置镜头效果光斑过滤器

(11) 单击"光晕"选项卡，将"径向颜色"左侧色标的 RGB 值设置为 255、255、108；确定第二个色标在 93 的位置处，并将其 RGB 值设置为 45、1、27；将最右侧的色标 RGB 值设置为 0、0、0，如图 9-58 所示。

(12) 单击"射线"选项卡，将"径向颜色"两侧色标的 RGB 值都设置为 255、255、108，如图 9-59 所示。最后单击面板底端的"确定"按钮，回到 Video Post 视频编辑面板中。

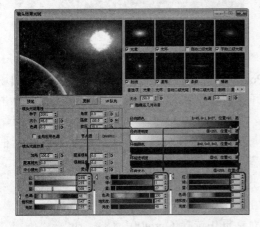

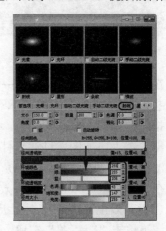

图 9-58　设置"光晕"选项卡参数　　　　　　图 9-59　设置"射线"选项卡参数

(13) 单击"添加图像输出事件"按钮 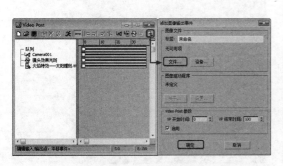，如图 9-60 所示，在打开的对话框中单击"文件"按钮，在弹出的对话框中，设置文件输出的路径和名称，单击"保存"按钮。

(14) 单击"执行序列"按钮 ，在打开的对话框中单击"时间输出"区域中的"单个"单选按钮，在"输出大小"区域中将"宽度"和"高度"设置为 800 和 600，然后单击"渲染"按钮进行渲染，如图 9-61 所示。

图 9-60 添加图像输出事件

图 9-61 设置渲染输出参数

(15) 渲染完成后将效果保存，并将场景文件保存。

9.4.2 礼花效果

本例将介绍一个礼花绽放动画的制作，其效果如图 9-62 所示。该动画使用几个不同参数的超级喷射粒子系统来完成，并且为粒子系统设置了粒子年龄贴图和发光特效过滤器。

图 9-62 渲染后的静帧效果

(1) 单击 按钮，在弹出的下拉列表中选择"重置"命令，然后在弹出的对话框中单击"是"按钮，重置一个新的 Max 场景。

(2) 选择"创建" → "几何体" → "粒子系统" → "超级喷射"工具，在顶视图中创建一个超级喷射粒子系统，并将其命名为"礼花 1"，如图 9-63 所示。

(3) 单击"修改"![修改按钮]按钮，进入修改命令面板。在"基本参数"卷展栏的"粒子分布"选项组中将"轴偏离"和"平面偏离"选项下的"扩散"分别设置为 20 度和 75 度，按 Enter 键确认，将"显示图标"选项组中的"图标大小"设置为 14，按 Enter 键确认，在"视口显示"选项组中选中"网格"单选按钮，将"粒子数百分比"值设置为 100%，按 Enter 键确认，如图 9-64 所示。

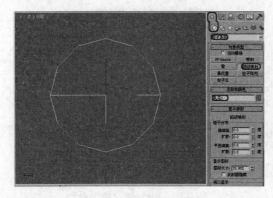

图 9-63　创建粒子系统　　　　　　　图 9-64　设置"基本参数"卷展栏

(4) 在"粒子生成"卷展栏中的"粒子数量"选项组中，选中"使用总数"单选按钮，将它下面的数值设置为 20，按 Enter 键确认，将"粒子运动"选项组中的"速度"和"变化"分别设置为 2.5 和 26%，按 Enter 键确认，在"粒子计时"选项组中，将"发射开始"、"发射停止"和"寿命"分别设置为-60、40、60，按 Enter 键确认，在"粒子大小"选项组中，将"大小"设置为 0.4，按 Enter 键确认，然后将"种子"设置为 2556，如图 9-65 所示。

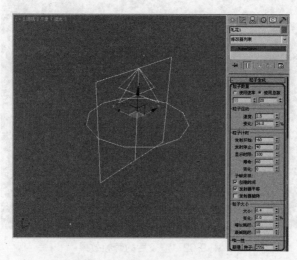

图 9-65　设置"粒子生成"卷展栏

(5) 在"粒子类型"卷展栏的"标准粒子"选项组中，选中"立方体"单选按钮，如图 9-66 所示。

(6) 在"粒子繁殖"卷展栏的"粒子繁殖效果"选项组中选中"消亡后繁殖"单选按

钮，设置"倍增"为 200，"变化"为 100%，在"方向混乱"选项组中，将"混乱度"的值设置为 100%，按 Enter 键确认，如图 9-67 所示。

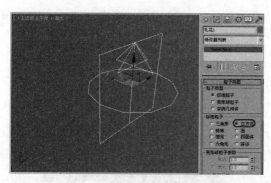

图 9-66 设置"粒子类型"卷展栏

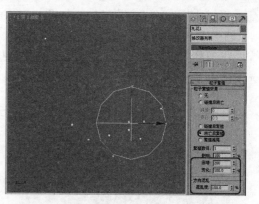

图 9-67 设置"粒子繁殖"卷展栏

(7) 在"礼花 1"上单击鼠标右键，在弹出的快捷菜单中选择"对象属性"命令，在打开"对象属性"对话框中，将"常规"选项卡下粒子系统的"对象 ID"设置为 1，在"运动模糊"选项组中选择"图像"运动模糊方式，将"倍增"值设置为 0.8，按 Enter 键确认，然后单击"确定"按钮，如图 9-68 所示。

(8) 在工具栏中单击"材质编辑器" 按钮，打开材质编辑器，选择一个新的材质样本球，将其命名为"红色礼花"，在"Blinn 基本参数"卷展栏中，将"自发光"值设置为 100；再将"高光级别"和"光泽度"值分别设置为 25、5，按 Enter 键确认。打开"贴图"卷展栏，单击"漫反射颜色"通道右侧的 None 贴图按钮，如图 9-69 所示。

图 9-68 设置粒子的 ID 号

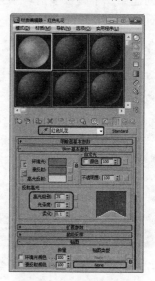

图 9-69 设置粒子材质

(9) 在打开的"材质/贴图浏览器"对话框中选择"粒子年龄"贴图，单击"确定"按钮。此时进入过渡色通道的粒子年龄贴图层，在"粒子年龄参数"卷展栏中，将"颜色 #1"的 RGB 值设置为 255、100、228，单击"确定"按钮。将"颜色#2"的 RGB 值设置为 255、200、0，单击"确定"按钮，将"颜色#3"的 RGB 值设置为 255、0、0，单击"确定"按钮。单击"转到父对象"按钮，最后单击"将材质指定给选定对象"按钮，将材质指定给"礼花 1"，如图 9-70 所示。

(10) 选择"创建" → "空间扭曲" → "重力"工具，在顶视图中创建一个重力系统，在"参数"卷展栏中，将"力"选项组中的"强度"值设置为 0.02，将"显示范围"选项组中"图标大小"设置为 20，按 Enter 键确认，如图 9-71 所示。

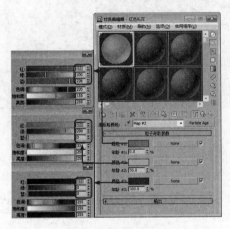

图 9-70　设置材质

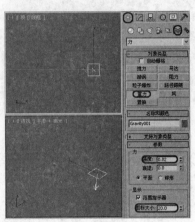

图 9-71　创建重力系统

(11) 在工具栏中单击"绑定到空间扭曲"按钮，在视图中选择"礼花 1"，将它绑定到重力系统上，并调整至如图 9-72 所示的位置。

(12) 创建第二个超级喷射粒子系统，并将其命名为"礼花 2"。然后调整至如图 9-73 所示的位置。

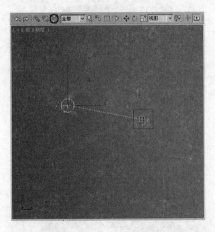

图 9-72　将粒子系统绑定到重力系统上

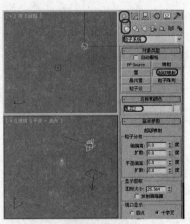

图 9-73　创建第二个粒子系统

(13) 单击"修改"按钮，进入修改命令面板。在"基本参数"卷展栏中，将"轴偏离"和"平面偏离"下的"扩散"值分别设置为 180 度和 90 度，将"显示图标"选项组中的"图标大小"设置为 22，按 Enter 键确认，在"视口显示"选项组中，选中"网格"单选按钮，将"粒子数百分比"值设置为 100%，按 Enter 键确认，如图 9-74 所示。

(14) 在"粒子生成"卷展栏中，选中"使用总数"单选按钮，在它下面的文本框中输入 20，按 Enter 键确认。在"粒子运动"选项组中，将"速度"值设置为 0.6，在"粒子计时"选项组中，将"发射开始"、"发射停止"、"显示时限"和"寿命"值分别设置为 30、30、100、40，按 Enter 键确认。将"粒子大小"选项组中的"大小"设置为 0.6，按 Enter 键确认，如图 9-75 所示。

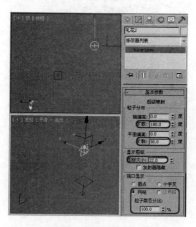

图 9-74　设置"基本参数"卷展栏

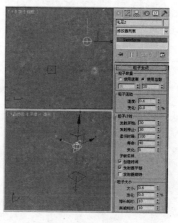

图 9-75　设置"粒子生成"卷展栏

(15) 在"粒子类型"卷展栏中，选中"标准粒子"选项组中的"立方体"单选按钮，如图 9-76 所示。

(16) 在"粒子繁殖"卷展栏中，选中"繁殖拖尾"单选按钮，将"倍增"值设置为 3，将"混乱度"值设置为 3%；在"速度混乱"选项组中选中"继承父粒子速度"复选框；将"因子"值设置为 100%，如图 9-77 所示。

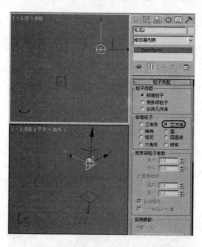

图 9-76　设置"粒子类型"卷展栏

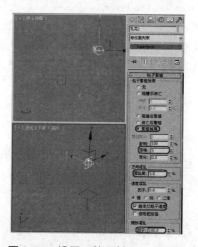

图 9-77　设置"粒子繁殖"卷展栏

(17) 在"礼花 2"上单击右键，在弹出的快捷菜单中选择"对象属性"命令，在打开的"对话属性"对话框中，将"对象 ID"设置为 2，在"运动模糊"选项组中选中"图像"单选按钮，将"倍增"值设置为 0.8，如图 9-78 所示。

(18) 在材质编辑器中选择一个新的材质样本球,将其命名为"黄色礼花"。在"Blinn 基本参数"卷展栏中,将"自发光"值设置为 100;再将"高光级别"和"光泽度"值分别设置为 25 和 5,按 Enter 键确认。打开"贴图"卷展栏,单击"漫反射颜色"通道右侧的 None 贴图按钮,如图 9-79 所示。

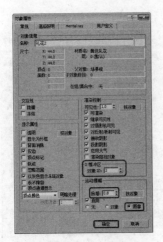

图 9-78 设置对象属性

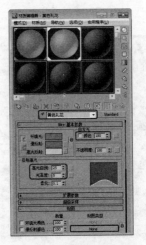

图 9-79 设置粒子材质

(19) 在打开的"材质/贴图浏览器"对话框中选择"粒子年龄"贴图。单击"确定"按钮,此时进入层级面板,在"粒子年龄参数"卷展栏中,将"颜色#1"的 RGB 值设置为 255、200、0,单击"确定"按钮,将"颜色#2"的 RGB 值设置为 255、120、0,单击"确定"按钮,将"颜色#3"的 RGB 值设置为 255、102、0,单击"确定"按钮。单击"转到父对象" 按钮,最后单击"将材质指定给选定对象" 按钮,将材质指定给"礼花 2",如图 9-80 所示。

(20) 选择"创建" → "空间扭曲" → "重力"工具,在顶视图中创建一个重力系统,调整其位置。在"参数"卷展栏中,将"力"选项组下的"强度"设置为 0.01,按 Enter 键确认;将"显示"选项组中"图标大小"设置为 12,按 Enter 键确认,如图 9-81 所示。

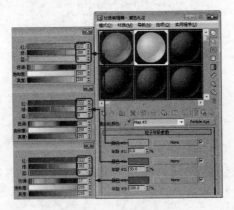

图 9-80 设置粒子材质

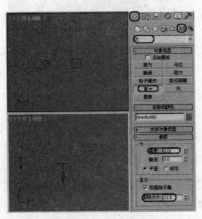

图 9-81 设置材质

(21) 在工具栏中单击"绑定到空间扭曲" 按钮，在视图中选择"礼花 2"，将它绑定到重力系统上，如图 9-82 所示。

(22) 创建第三个超级喷射粒子系统，将其命名为"礼花 3"，并调整至如图 9-83 所示的位置。

图 9-82　将粒子系统绑定到重力系统上

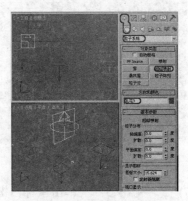

图 9-83　创建粒子系统

(23) 设置"礼花 3"的参数。单击"修改" 按钮，进入修改命令面板。在"基本参数"卷展栏中，将"轴偏离"和"平面偏离"下的"扩散"值分别设置为 180 度和 90 度，在"显示图标"选项组中的"图标大小"右侧的文本框中输入 25，按 Enter 键确认。在"视口显示"选项组中选中"网格"单选按钮，将"粒子数百分比"值设置为 100%。按 Enter 键确认，如图 9-84 所示。

(24) 在"粒子生成"卷展栏中，选中"使用总数"单选按钮，将它下面的值设置为 20，在"粒子运动"选项组中将"速度"值设置为 0.7，在"粒子计时"选项组中将"发射开始"、"发射停止"和"寿命"分别设置为 20、20、30。将"粒子大小"选项组中的"大小"设置为 0.7，按 Enter 键确认，如图 9-85 所示。

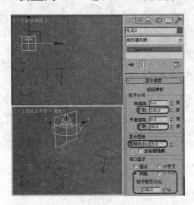

图 9-84　"基本参数"卷展栏

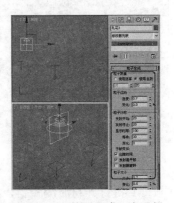

图 9-85　"粒子生成"卷展栏

(25) 在"粒子类型"卷展栏中，选中"立方体"单选按钮，如图 9-86 所示。

(26) 在"粒子繁殖"卷展栏中，选中"繁殖拖尾"单选按钮，将"影响"值设置为 40，将"倍增"值设置为 3，将"混乱度"值设置为 3%；在"速度混乱"选项组中选中"继承父粒子速度"复选框；将"因子"值设置为 100%，如图 9-87 所示。

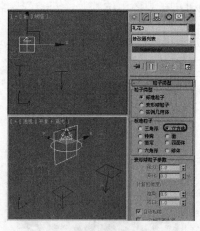

图 9-86 "粒子类型"卷展栏

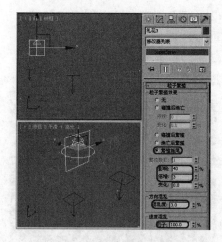

图 9-87 "粒子繁殖"卷展栏

(27) 在"礼花 3"上单击鼠标右键,在弹出的快捷菜单中选择"对象属性"命令。在打开的对话框中,将"对象 ID"设置为 2,在"运动模糊"选项组中选中"图像"单选按钮,将"倍增"值设置为 0.8,单击"确定"按钮,如图 9-88 所示。

(28) 在工具栏中选择"绑定到空间扭曲" 按钮,在视图中选择"礼花 3",将它绑定到第二个重力系统上,如图 9-89 所示。

图 9-88 设置对象属性

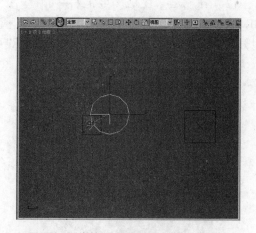

图 9-89 将粒子系统绑定到重力系统上

(29) 按 M 键打开材质编辑器,选择一个新的材质样本球,将其命名为白色礼花。在"Blinn 基本参数"卷展栏中,将"自发光"值设置为 100;打开"贴图"卷展栏,单击"漫反射颜色"通道右侧的 None 贴图按钮,如图 9-90 所示。

(30) 在打开的"材质/贴图浏览器"对话框中选择"粒子年龄"贴图,单击"确定"按钮。此时进入层级面板,在"粒子年龄参数"卷展栏中,将"颜色#1"的 RGB 值设置为 255、255、255,单击"确定"按钮,将"颜色#2"的 RGB 值设置为 142、0、168,单击

"确定"按钮,将"颜色#3"的 RGB 值设置为 255、106、106,单击"确定"按钮。单击"转到父对象"按钮,最后单击"将材质指定给选定对象"  按钮,将材质指定给场景中的"礼花 3"对象,如图 9-91 所示。

图 9-90 设置粒子材质

图 9-91 设置材质

(31) 按 8 键,打开"环境和效果"对话框,在"背景"选项组中单击"环境贴图"下的"无"按钮,在打开的"材质/贴图浏览器"对话框中选择"位图"贴图,然后在弹出的对话框中选择 CDROM\Map\l11.jpg 文件,单击"打开"按钮,如图 9-92 所示。

(32) 激活透视图,选择"视图"→"视口背景"→"视口背景"命令,打开"视口背景"对话框,在"背景源"选项组中选中"使用环境背景"复选框,再选中"显示背景"复选框,单击"确定"按钮,如图 9-93 所示。

图 9-92 设置背景

图 9-93 在视口中显示背景

(33) 调整"透视"图,按 Ctrl+C 键,将其转换为摄影机视图,单击"修改"按钮 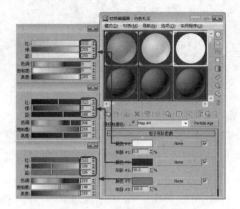 ,进入修改命令面板。在"参数"卷展栏中,将"镜头"设置为 50,如图 9-94 所示。

(34) 选择"渲染"→"Video Post"菜单命令，打开视频合成器。单击"添加场景事件"按钮 增加一个场景事件，在打开的对话框中使用默认设置，单击"确定"按钮，即添加了一个场景事件，如图 9-95 所示。

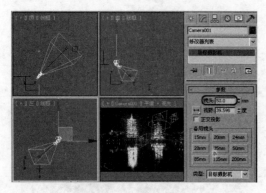

图 9-94　创建摄影机

图 9-95　添加场景事件

(35) 单击"添加图像过滤事件"按钮 ，添加图像过滤事件，在打开的对话框中选择过滤器列表中的"镜头效果光晕"选项，单击"确定"按钮，添加 3 个镜头效果光晕，如图 9-96 所示。

(36) 然后单击"添加图像输出事件"按钮 ，添加图像输出事件，在打开的对话框中单击"文件"按钮，在打开的对话框中设置文件输出的路径、名称，将保存类型设置为 AVI，单击"保存"按钮，在接下来打开的对话框中使用默认设置，单击"确定"按钮回到"添加图像输出事件"对话框，单击"确定"按钮完成图像输出事件的添加，如图 9-97 所示。

图 9-96　添加图像过滤事件

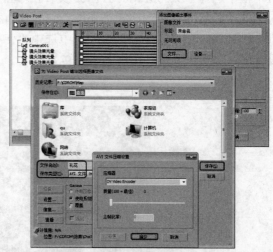

图 9-97　添加图像输出事件

(37) 双击第 1 个"镜头效果光晕"事件，在打开的对话框中，单击"设置"按钮，如图 9-98 所示。

(38) 进入它的设置面板，选中"VP 队列"和"预览"按钮，使用默认的对象 ID 号，在"过滤"选项组中选中"全部"复选框，如图 9-99 所示。

图 9-98　"编辑过滤事件"对话框

图 9-99　设置"属性"参数

(39) 在"首选项"选项卡中将"效果"选项组中的"大小"值设置为 7，将"强度"值设置为 30，如图 9-100 所示。

(40) 在"噪波"选项卡中，将"运动"和"质量"分别设置为 2、3，选中"红"、"绿"、"蓝" 3 个复选框，单击"确定"按钮，如图 9-101 所示。

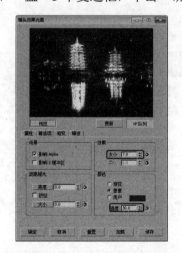

图 9-100　设置"首选项"参数

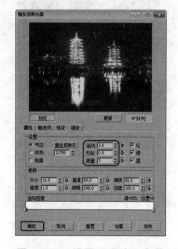

图 9-101　设置"噪波"参数

(41) 双击第二个"镜头效果光晕"事件，并在弹出的对话框中单击"设置"按钮，如图 9-102 所示。

(42) 进入它的控制面板，选中"VP 队列"和"预览"按钮，在"属性"选项卡中，将"对象 ID"设置为 2，如图 9-103 所示。

(43) 在"首选项"选项卡中，将"效果"选项组中的"大小"设置为 30，将"颜色"选项组中的"强度"值设置为 75，单击"确定"按钮，如图 9-104 所示。

(44) 双击第三个"镜头效果光晕"事件，在弹出的对话框中，单击"设置"按钮，如

图 9-105 所示。

图 9-102 双击第二个过滤器事件

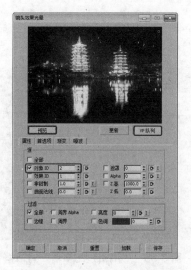

图 9-103 设置"属性"参数

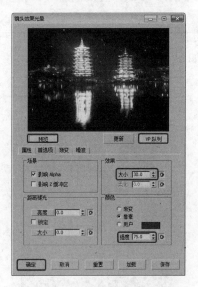

图 9-104 设置"首选项"参数

图 9-105 单击"设置"按钮

(45) 进入其控制面板，选中"VP 队列"和"预览"按钮，在"属性"选项卡中将"对象 ID"设置为 2，在"过滤"选项组中选中"边缘"复选框，如图 9-106 所示。

(46) 在"首选项"选项卡中选择"颜色"选项组中的"渐变"单选按钮，将"效果"选项组中的"大小"和"柔化"分别设置为 2、10，如图 9-107 所示。

(47) 在"渐变"选项卡中，将"径向颜色"右侧的 RGB 值设置为 55、0、124，在位置 13 处添加一个色标，将该处颜色的 RGB 值设置为 1、0、3，如图 9-108 所示，单击"确定"按钮。

(48) 单击"执行序列"按钮 ，进行渲染设置，在打开的对话框中选中"时间输出"选项组中的"范围"单选按钮，在"输出大小"选项组中设置渲染尺寸为 640×480，单击

"渲染"按钮开始渲染，如图 9-109 所示。

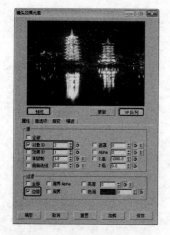

图 9-106　设置"属性"参数

图 9-107　设置"首选项"参数

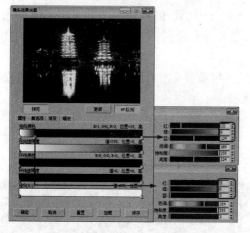

图 9-108　设置"渐变"参数

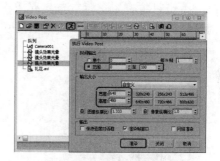

图 9-109　设置渲染输出

(49) 在完成制作后，单击⑤按钮，在弹出的下拉菜单中选择"保存"选项，对文件进行保存。

9.4.3　卷页字

本例将介绍如何使用弯曲修改器制作卷页字动画，首选使用"文本"工具，在场景中输入文字，其次，为文字添加"倒角"和"弯曲"修改器，通过打开"自动关键点"和调整弯曲轴的位置来制作动画，最后将效果渲染输出，其操作步骤如下。

(1) 重置文件，选择"创建"→"图形"→"文本"工具，在"参数"卷展栏中将"字体"设置为"汉仪综艺体简"，将"大小"设置为 100，将"字间距"设置为 10，在文本框中输入文本"新闻联播"，在前视图中单击鼠标创建文字，如图 9-110 所示。

(2) 确定文字处于选中状态，在"修改"命令面板中，选择"倒角"修改器，在"倒角值"卷展栏中将"级别 1"下的"高度"、"轮廓"设置为 7、0，勾选"级别 2"复选框，将"高度"设置为3，将"轮廓"设置为-0.4，如图 9-111 所示。

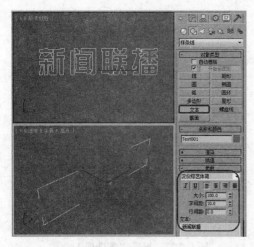

图 9-110　输入文字

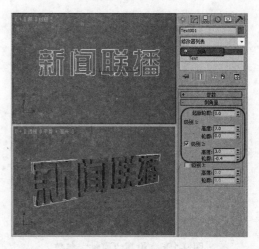

图 9-111　为文字设置倒角

(3)　按 M 键打开"材质编辑器"对话框，选择一个空白的材质样本球，将"环境光"设置为白色，在"自发光"选项组中输入 45，将"高光级别"设置为 69，将"光泽度"设置为33，如图 9-112 所示。

(4)　单击"将材质指定给选定对象"按钮，将材质指定给文字对象，然后激活透视视图，对该视图进行一次渲染，效果如图 9-113 所示。

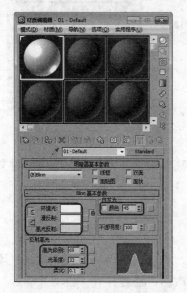

图 9-112　设置材质

图 9-113　指定材质后的文字效果

(5)　按 8 键打开"环境和效果"对话框，在该对话框中单击"环境贴图"下的"无"按钮，在弹出的对话框中选择"位图"选项，单击"确定"按钮，如图 9-114 所示。

(6)　弹出"选择位图图像文件"对话框，在该对话框中选择 LPL14.jpg 素材文件，单击"打开"按钮，将该贴图拖曳至"材质编辑器"对话框中的一个空白材质样本球上，在弹出的对话框中选择"实例"单选按钮，如图 9-115 所示。

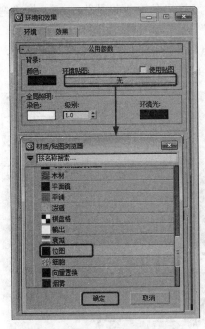

图 9-114　选择"位图"选项　　　　图 9-115　选择"实例"单选按钮

（7）在"坐标"卷展栏中，将"贴图"设置为屏幕，在"位图参数"卷展栏中，勾选"应用"复选框，按 N 键打开"自动关键点"，确定时间滑块处于 0 帧位置处，将 U、V、W、H 分别设置为 0.313、0.451、0.344、0.259，将时间滑块拖曳至 100 帧位置处，将 U、V、W、H 分别设置为 0、0、1、1，如图 9-116 所示。

（8）按 N 键关闭自动关键点，将对话框关闭。激活透视图，选择"视图"→"视口背景"→"显示背景"命令。选择"创建"→"摄影机"→"标准"→"目标"，在顶视图中创建目标摄影机，然后将透视视图转换为摄影机视图，在其他视图调整摄影机的位置，效果如图 9-117 所示。

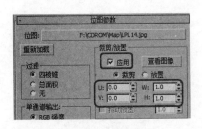

图 9-116　设置参数

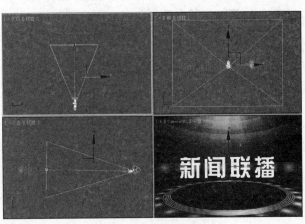

图 9-117　调整摄影机的位置

(9) 选择文字,切换至"修改"命令面板,在"修改器列表"中选择"弯曲"修改器,打开"自动关键点"按钮,在"参数"卷展栏中,将"角度"设置为-360,将"弯曲轴"设置为X,勾选"限制效果"复选框,将"上限"设置为360,如图 9-118 所示。

(10) 展开 Bend,选择 Gizmo,打开"自动关键点",将时间滑块拖曳至 80 帧处,使用"选择并移动"工具调整弯曲轴的位置,效果如图 9-119 所示。

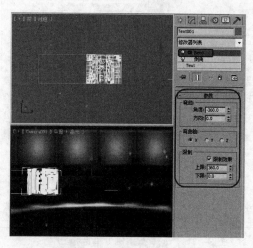

图 9-118 设置"弯曲"参数

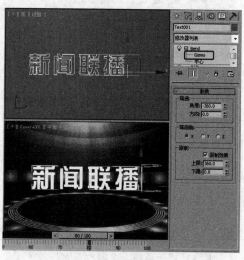

图 9-119 设置关键帧

(11) 关闭"自动关键点",对摄影机视图渲染输出即可。

9.5 本 章 小 结

通过本章的学习,读者能够了解 3ds Max 的动画控制器类型,掌握关键帧动画的设置和修改方法。本章的主要内容如下:

- 动画的概念和分类,其中包含动画原理、动画方法和帧与时间的概念。
- 如何制作基本动画。
- 如何创建粒子系统。常用的粒子系统有超级喷射、喷射、粒子阵列三大部分。

习　　题

1. 动画的原理是什么?
2. 链接约束如何使用?
3. 什么是方向约束?

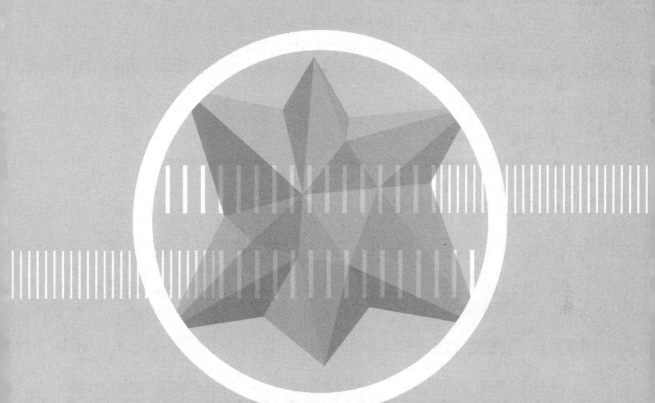

第 10 章

项目实践

本章要点：

- 创建三维文字。
- 客餐厅的表现。
- 节目片头的制作。

学习目标：

- 掌握各种三维文字的表现手法。
- 掌握客餐厅的制作方法。
- 学习并掌握节目片头的表现。

10.1 三 维 文 字

本章将介绍在三维领域中最为常用而又实用的文字制作方法，三维字体的实现是利用文本工具创建出基本的文字造型，然后使用不同的修改器完成字体造型的制作。

10.1.1 浮雕文字

本例将讲解如何制作浮雕文字，本例的制作重点，是对长方体添加"置换"修改器，并添加已经制作好的文字位图，通过在"材质编辑器"设置材质，完成浮雕文字的创建，效果如图 10-1 所示。

图 10-1 浮雕文字

(1) 选择"创建" ⚙ → "几何体" ◎ → "标准基本体" → "长方体"工具，在前视图中创建一个"长度"为 125，"宽度"为 380，"高度"为 5 的长方体，将其"长度分段"和"宽度分段"分别设置为 90、185，并将其重命名为"底板"，如图 10-2 所示。

(2) 切换至"修改"命令面板，在"修改器列表"中选择"置换"(Displace)修改器，在"参数"卷展栏中，将"置换"选项组中的"强度"设置为 8，勾选"亮度中心"复选框，如图 10-3 所示。

(3) 在"图像"选项组中单击"位图"下方的"无"按钮，在弹出的"选择置换图像"对话框中，选择本书下载资源中的"下载资源\Map\正大光明.tif"贴图，单击"打开"按钮，即可创建文字，效果如图 10-4 所示。

（4）选择"创建" 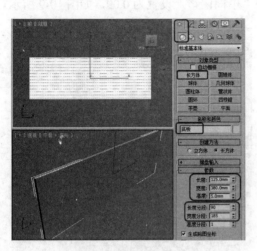→"图形" →"样条线"→"矩形"工具，在前视图中沿长方体的边缘创建一个"长度"、"宽度"分别为 127、382 的矩形，并将其重命名为"边框"，如图 10-5 所示。

图 10-2　创建长方体

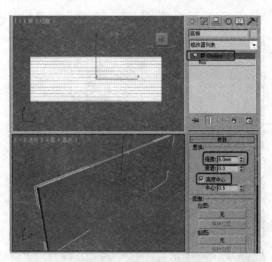

图 10-3　添加"置换"修改器

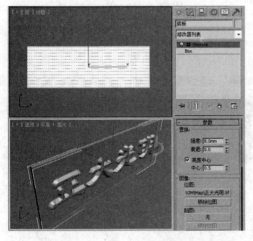

图 10-4　打开素材后的效果

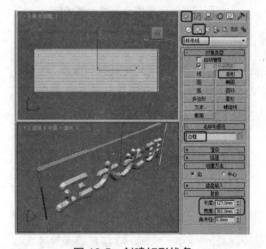

图 10-5　创建矩形线条

（5）切换至"修改"命令面板，在"修改器"列表中选择"编辑样条线"修改器，将当前选择集定义为"样条线"，在前视图中选择样条线，在"几何体"卷展栏中，将"轮廓"设置为 8，按 Enter 键确认该操作，如图 10-6 所示。

（6）关闭选择集，在"修改器列表"中选择"倒角"修改器，在"倒角值"卷展栏中，将"级别 1"下的"高度"和"轮廓"都设为 2，勾选"级别 2"复选框，将"高度"设置为 5，勾选"级别 3"复选框，将"高度"设置为 2、将"轮廓"设置为-2，如图 10-7所示。

（7）按 M 键打开材质编辑器，选择一个空白的材质球，将明暗器类型设置为"金属"，将"环境光"颜色的 RGB 值设置为 255、174、0，在"反射高光"选项组中，将

"高光级别"设置为 100,将"光泽度"设置为 80,如图 10-8 所示。

(8) 展开"贴图"卷展栏,单击"反射"右侧的 None 按钮,在弹出的对话框中选择"位图"按钮,单击"确定"按钮,在弹出的对话框中,打开本书下载资源中的"下载资源\Map\gold07.jpg"贴图,在"坐标"卷展栏中将"模糊偏移"设置为 0.09,如图 10-9 所示。

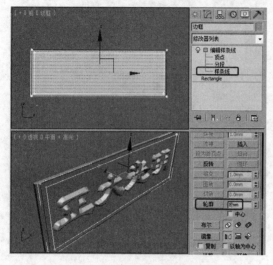

图 10-6 添加修改器并设置轮廓

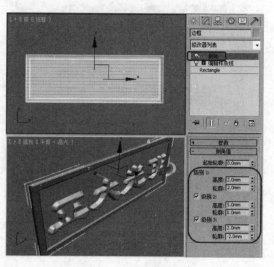

图 10-7 添加倒角修改器

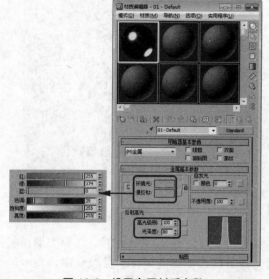

图 10-8 设置金属材质参数

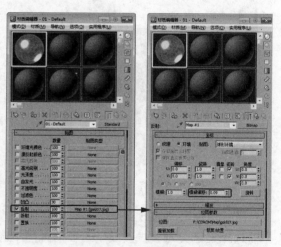

图 10-9 添加贴图

(9) 在场景中选择"底板"、"边框"对象,单击"将贴图指定给选定的对象"按钮，然后单击"视口中显示明暗处理材质"按钮，将材质指定给场景中的对象。

(10) 在顶视图中,创建"目标"摄影机,将"镜头"设为 44mm,激活透视图,按 C键,并在其他视图中调整摄影机的位置,调整效果如图 10-10 所示。

(11) 激活"摄影机"视图,进行渲染即可。

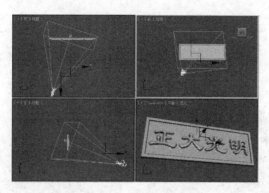

图 10-10　创建并调整摄影机

10.1.2　砂砾金文字

本例将介绍如何制作砂砾金文字，首先创建文字，然后为文字添加"倒角"修改器，利用"长方体"和"矩形"工具，制作文字的背板，最后为文字及背板设置材质，完成后的效果如图 10-11 所示。

图 10-11　砂砾金文字

(1) 选择"创建"→"图形"→"文本"工具，在"参数"卷展栏中，将"字体"设置为"隶书"，将"字间距"设置为 0.5，在"文本"框中输入文字"财源广进"，然后在"前"视图上单击鼠标左键创建文字，如图 10-12 所示。

(2) 单击"修改"按钮，进入修改命令面板，在"修改器"下拉列表中选择"倒角"修改器，勾选"避免线相交"复选框，将"起始轮廓"设置为 5，并将"级别 1"下的"高度"设置为 20，选择"级别 2"复选框，并将"高度"、"轮廓"设置为 10、–3，如图 10-13 所示。

图 10-12　输入文字

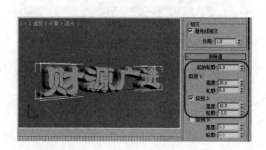

图 10-13　设置"倒角"参数

（3）选择"创建"→"几何体"→"长方体"工具，在前视图中创建一个"长度"、"宽度"和"高度"分别为120、420、-1的长方体，命名为"背板"，如图10-14所示。

（4）选择"创建"→"图形"→"矩形"工具，在前视图中，沿背板的边缘创建"长度"、"宽度"为120、420的矩形，将其"命名"为"边框"，如图10-15所示。

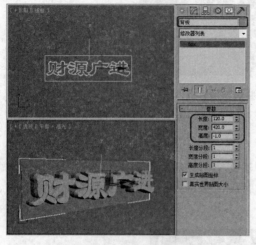

图 10-14　绘制长方体

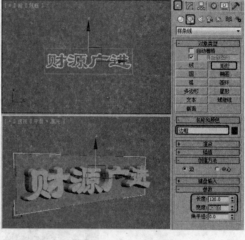

图 10-15　绘制矩形

（5）进入"修改"面板，在"修改器"下拉列表中选择"编辑样条线"修改器，将当前选择集定义为"样条线"，在视图中选择样条曲线，在"几何体"卷展栏中，将"轮廓"设置为-12，如图10-16所示。

（6）关闭当前选择集，在"修改器"列表中选择"倒角"修改器，在"倒角值"卷展栏中将"起始轮廓"设置为1.6，将"级别1"下的"高度"和"轮廓"设置为10、-0.8，勾选"级别2"复选框，将"高度"和"轮廓"设置为0.5、-3.8，如图10-17所示。

图 10-16　设置"轮廓"

图 10-17　设置"倒角"

(7)　按 M 键打开"材质编辑器"，选择一个空白的材质球，在"明暗器基本参数"卷展栏中，将明暗器类型设置为"(M)金属"，将"环境光"的 RGB 设置为 0、0、0，取消"环境光"与"漫反射"之间的锁定，将"漫反射"设置为 255、240、5，将"高光级别"和"光泽度"分别设置为 100、80，打开"贴图"卷展栏，单击"反射"通道后的None 按钮，在打开的对话框中，双击"位图"选项，弹出"选择位图图像文件"对话框，在该对话框中，选择本书下载资源中的"下载资源\Map\Gold04.jpg"，单击"打开"按钮，如图 10-18 所示。

(8)　单击"转到父对象"按钮，返回到上一层级，然后将材质指定给文字和使用矩形制作的边框，效果如图 10-19 所示。

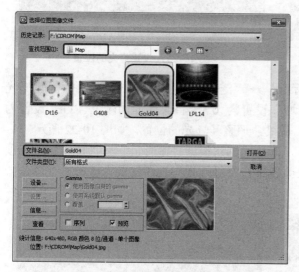

图 10-18　"选择位图图像文件"对话框

图 10-19　指定材质后的效果

(9)　再选择一个空白的材质球，在"明暗器基本参数"卷展栏中，将明暗器类型设置为"(M)金属"，在"金属基本参数"卷展栏中，将"环境光"设置为黑色，取消"环境光"和"漫反射"之间的锁定，将"漫反射"RGB 设置为 255、240、5，将"高光级别"和"光泽度"设置为 100、0。打开"贴图"卷展栏，单击"反射"通道后的"无"按钮，在弹出的对话框中双击"位图"贴图，在打开的对话框中选择本书下载资源中的"下载资源\Map\Gold04.jpg"，单击"打开"按钮，单击"转到父对象"按钮，返回到上一层级，单击"凹凸"通道后的"数量"，设置为 120，单击"无"按钮，在弹出的对话框中双击"位图"贴图，在打开的对话框中选择本书下载资源中的"下载资源\Map\SAND.jpg"文件，单击"打开"按钮，将"瓷砖"下的 U、V 设置为 3、3，确定"背板"处于选择状态，单击"将材质指定给选定对象"按钮，如图 10-20 所示。

(10) 选择"创建"→"灯光"→"标准""泛光灯"工具，在顶视图中创建泛光灯，在"强度/颜色/衰减"卷展栏中，将"倍增"设置为 0.3，将其后面颜色的 RGB 的值设置为 252、252、238，然后使用"选择并移动"工具，在视图中调整其位置，效果如图 10-21 所示。

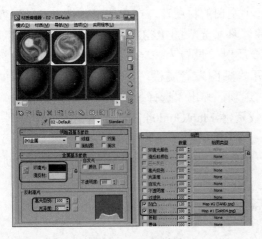

图 10-20　设置材质

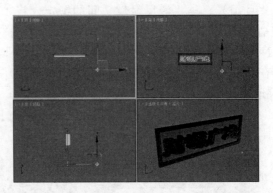

图 10-21　设置灯光的位置

(11) 选择"创建"→"灯光"→"标准"→"泛光灯"工具，在顶视图中创建泛光灯，将"强度/颜色/衰减"区域下的"倍增"设置为 0.3，将其后面的颜色 RGB 设置为 223、223、223，然后使用"选择并移动"工具，调整其灯光的位置，如图 10-22 所示。

(12) 使用同样的方法设置其他泛光灯，选择"创建"→"摄影机"→"目标"，在顶视图上创建摄影机，然后，在视图中调整其位置，将"透视"视图转换为摄影机视图，如图 10-23 所示。

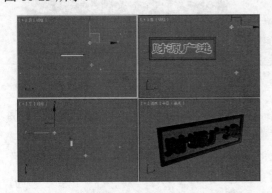

图 10-22　设置灯光

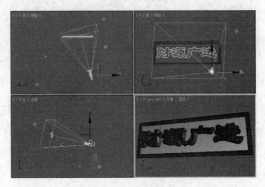

图 10-23　添加摄影机

(13) 激活"摄影机"视图，按 F9 键对其进行渲染即可，最后对场景进行保存。

10.1.3　波浪字

本例将介绍波浪文字动画的制作方法。首先设置摄影机动画，然后为场景中的文字添加"波浪"修改器并设置相应的动画参数。完成后的效果如图 10-24 所示。

(1) 打开下载资源中的"下载资源\Scene\Cha10\波浪字.max"，如图 10-25 所示。

(2) 选择"创建"→"摄影机"→"目标"按钮，在顶视图中创建一个目标摄影机，激活"透视"视图，按 C 键将"透视"视图转换为摄影机视图，然后在前视图中调整摄影机的位置，如图 10-26 所示。

图 10-24　波浪字

图 10-25　打开素材文件

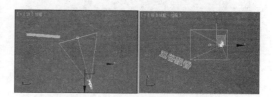

图 10-26　调整摄影机位置

(3) 单击"自动关键点"按钮，开启动画记录模式，将时间滑块拖动到第 40 帧处，然后在前视图中调整摄影机的位置，如图 10-27 所示。

(4) 再次单击"自动关键点"按钮，关闭动画记录模式。选中场景中的文字，切换至"修改"命令面板，为其添加"波浪"修改器，将"振幅 1"和"振幅 2"都设置为 9.0，然后单击"自动关键点"按钮，开启动画记录模式，如图 10-28 所示。

提示：　"波浪"修改器可以在对象几何体上产生波浪效果。通过变换"波浪"修改器的 Gizmo 和中心，能够增加不同的波浪效果。

图 10-27　设置摄影机动画

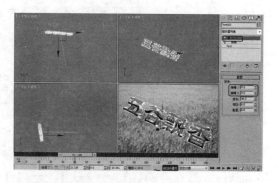

图 10-28　添加"波浪"修改器并设置参数

(5) 将时间滑块拖动到第 150 帧处，将"振幅 1"和"振幅 2"都设置为 10.0，将

"相位"设置为 1.5，如图 10-29 所示。

(6) 再次单击"自动关键点"按钮，关闭动画记录模式。选中摄影机视图，按 F10 键打开"渲染设置"对话框，对渲染参数进行相应的设置，单击"渲染"按钮进行渲染，如图 10-30 所示。最后对场景文件进行保存。

图 10-29 设置"波浪"修改器参数

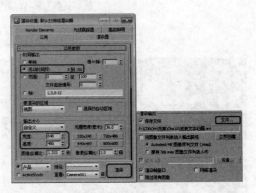

图 10-30 设置渲染参数

10.1.4 火焰拖尾文字

本例将介绍如何制作火焰拖尾文字，首先制作出文字对象，并设置其移动关键帧，然后在"视频后期处理"对话框中，通过添加"镜头效果光晕"和"镜头效果光斑"，制作出火的效果。完成后的效果如图 10-31 所示。

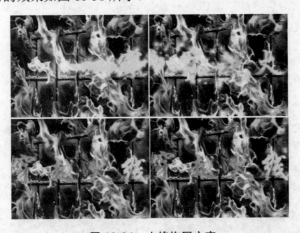

图 10-31 火焰拖尾文字

(1) 启动软件后，打开本书下载资源中的"下载资源\Scene\Cha10\火焰拖尾文字.max"，选择"创建"→"图形"→"样条线"→"文本"工具，在"参数"卷展栏中，将"字体"设为"华文行楷"，将"大小"设为 100，将"字间距"设为 15，在文本框中输入"穿越火线"，在前视图中创建文字，如图 10-32 所示。

提示：使用"文本"工具，可以直接产生文字图形，在中文 Windows 平台下，可以直接产生各种字体的中文字形，字形的内容、大小、间距都可以调整，而且用户在完成动画制作后，仍可以修改文字的内容。

(2)　切换到"修改"命令面板，添加"倒角"修改器，在"参数"卷展栏中，勾选"避免线相交"复选框，在"倒角值"卷展栏中，将"级别 1"的"高度"和"轮廓"都设为 0，将"级别 2"的"高度"和"轮廓"设为 9、0，将"级别 3"的"高度"和"轮廓"设为 2、-1，如图 10-33 所示。

图 10-32　打开素材文件

图 10-33　设置倒角

(3)　按 M 键打开"材质编辑器"，选择 01-Default 材质球，并将其指定给上一步创建的文字，激活摄影机视图进行渲染，查看效果，如图 10-34 所示。

(4)　选择"创建"→"图形"→"螺旋线"工具，在左视图中绘制"螺旋线"，在"参数"卷展栏中，将"半径 1"和"半径 2"都设为 60，将"高度"设为 350，将"圈数"和"偏移"分别设为 1、0，单击"顺时针"单选按钮，如图 10-35 所示。

图 10-34　添加材质后的效果

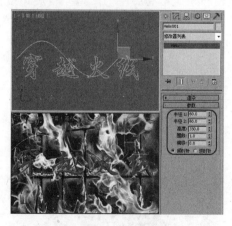

图 10-35　设置螺旋线

提示：使用"螺旋线"工具，可以制作平面或空间的螺旋线，常用于完成弹簧、线轴等造型，或用来制作运动路径。

(5) 使用"选择并均匀缩放"工具对上一步绘制的螺旋线进行缩放，完成后的效果如图 10-36 所示。

(6) 选择"创建"→"几何体"→"粒子系统"→"超级喷射"工具，在顶视图中创建一个超级喷射粒子系统，在"基本参数"卷展栏中，将"轴偏离"和"平面偏离"下的"扩散"设为 10 和 180，将"图标大小"设为 50，在"视口显示"组中，将"粒子数百分比"设为 100，如图 10-37 所示。

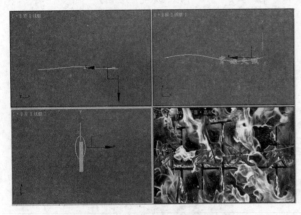

图 10-36　完成后的效果

图 10-37　设置超级喷射粒子

(7) 切换到"粒子生成"卷展栏中，选择"粒子数量"选项组中的"使用总数"单选按钮，并将其下面的值设为 4000。在"粒子计时"选项组中，将"发射开始"、"发射停止"、"显示时限"、"寿命"和"变化"分别设为-150、150、100、50、10，在"粒子大小"选项组中，将"大小"、"变化"、"增长耗时"和"衰减耗时"分别设置为 3、30、5 和 11，如图 10-38 所示。

(8) 在"粒子类型"卷展栏中选择"标准粒子"选项组中的"六角形"单选按钮。在"旋转和碰撞"卷展栏中，将"自旋速度控制"选项组中的"自旋时间"设置为 45。在"气泡运动"卷展栏中，将"周期"设置为 150533，如图 10-39 所示。

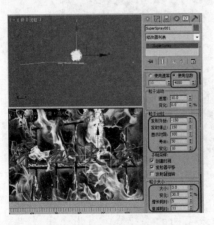

图 10-38　设置粒子生成

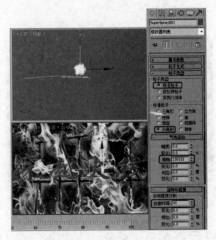

图 10-39　设置粒子参数

(9)　确认粒子系统处于选中状态，单击"运动"按钮，进入"运动"命令面板，在"指定控制器"卷展栏中，选择"变换"下的"位置"选项，然后单击"指定控制器"按钮，在打开的对话框中选择"路径约束"控制器，单击"确定"按钮，添加一个路径约束控制器，如图 10-40 所示。

(10) 在"路径参数"卷展栏中单击"添加路径"按钮，然后在视图中选择"螺旋线"对象，在"路径选项"选项组中勾选"跟随"复选框，在"轴"选项组中选择 Z 单选按钮和勾选"翻转"复选框，这样，粒子系统便被放置在路径上了，此时，系统会自动添加关键帧，选择第 100 帧位置的关键帧，将其移动到 90 帧位置，如图 10-41 所示。

提示：使用"路径约束"控制器，可以使物体沿一条样条曲线或沿多条样条曲线之间的平均距离运动，曲线可以是各种类的样条曲线，可以对其设置任何标准的位移、旋转、缩放动画等。

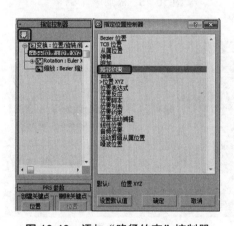

图 10-40　添加"路径约束"控制器

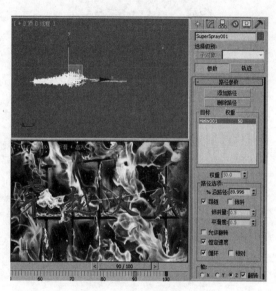

图 10-41　设置路径跟随

(11) 在视图中选择粒子系统，单击鼠标右键，在弹出的快捷菜单中选择"对象属性"命令，在打开的对话框中，将粒子系统的"对象 ID"设置为 1，在"运动模糊"选项组中选择"图像"运动模糊方式，然后单击"确定"按钮，如图 10-42 所示。

(12) 用同样方法对文字对象设置 ID 为 2，设置"运动模糊"方式为"图像"，在命令行中执行"渲染"→"Video Post"命令，在弹出的对话框中，单击"添加场景事件"按钮，弹出"添加场景事件"对话框，选择"摄影机"，单击"确定"按钮，如图 10-43 所示。

(13) 单击"添加图像过滤事件"按钮，添加 3 个"镜头效果光晕"和 1 个"镜头效果光斑"，如图 10-44 所示。

(14) 双击新添加的第一个"镜头效果光晕"事件，在打开的对话框中单击"设置"按钮，进入发光过滤器的控制面板，单击"VP 队列"和"预览"按钮，单击"首选项"选项卡，进入"首选项"面板，在"效果"选项组中，将"大小"设置为 1.2，在"颜色"选项组中选择"用户"单选按钮，将颜色的 RGB 设置为 255、79、0，将"强度"设置为

32.0；然后，在"渐变"选项面板中，设置径向渐变颜色，将第一个色标颜色的 RGB 值设为 255、50、34，将第二个色标设为白色，将第三个色标的 RGB 值设为 248、36、0，如图 10-45 所示。

图 10-42　设置对象属性

图 10-43　添加场景事件

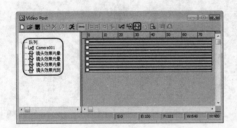

图 10-44　添加图像过滤事件

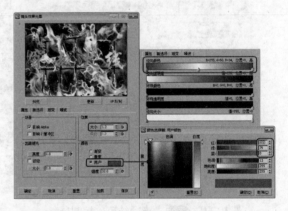

图 10-45　设置"镜头效果光晕"(1)

(15) 双击第二个"镜头效果光晕"事件，在打开的对话框中单击"设置"按钮，进入发光过滤器的控制面板，单击"VP 队列"和"预览"按钮。单击"首选项"选项卡，进入"首选项"面板，在"效果"选项组中，将"大小"设置为 2，在"颜色"选项组中选择"渐变"单选按钮；在"渐变"选项面板中，设置径向渐变颜色，将第一个色标颜色的 RGB 值设为 255、255、0，将第二个色标的 RGB 值设为 255、0、0。在"噪波"选项面板中，将"运动"参数设置为 0，勾选"红"、"绿"、"蓝"复选框，将"参数"选项组中的"大小"和"偏移"分别设置为 17 和 60，如图 10-46 所示，设置完成后，单击"确定"按钮，返回到视频合成器。

(16) 双击第三个光晕事件，在打开的对话框中单击"设置"按钮，进入发光过滤器的控制面板，单击"VP 队列"和"预览"按钮。单击"属性"选项卡，将"对象 ID"设置为 2，勾选"过滤"选项组中的"边缘"复选框，单击"首选项"选项卡，进入"首选项"面板，在"效果"选项组中，将"大小"设置为 3.0，在"颜色"选项组中选择"用户"单选按钮，将颜色的 RGB 设置为 253、185、0，将"强度"设置为 20.0；在"渐变"选项面板中，设置径向渐变颜色，将第一个色标的 RGB 值设为 235、67、0。在"噪波"选项面板中，将"运动"设置为 8.0，然后，将"参数"选项组中的"速度"设置为 0.1，如图 10-47 所示。设置完成后，单击"确定"按钮，返回到视频合成器。

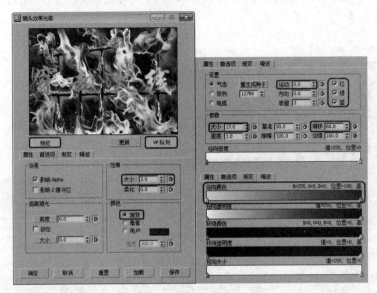

图 10-46　设置镜头效果光晕(2)

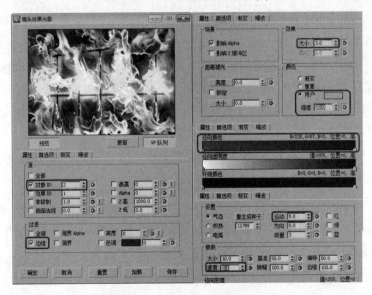

图 10-47　设置镜头效果光晕(3)

(17) 双击新添加的光斑事件，在弹出的对话框中单击"设置"按钮，弹出"镜头效果光斑"对话框，单击"VP 队列"和"预览"按钮，在"镜头光斑属性"选项组中，将"大小"设置为 20，单击"节点源"按钮，在弹出的对话框中选择粒子系统，单击"确定"按钮，将粒子系统作为光芯来源，如图 10-48 所示。

(18) 切换到"首选项"选项卡，进入"首选项"面板，在首选项面板底部勾选"光晕"、"手动二级光斑"、"射线"和"星形"后面的两个复选框，将其他的复选框取消选中，如图 10-49 所示。

提示：在"首选项"页面中，可以控制激活的镜头光斑部分，以及它们影响整个图像的方式。

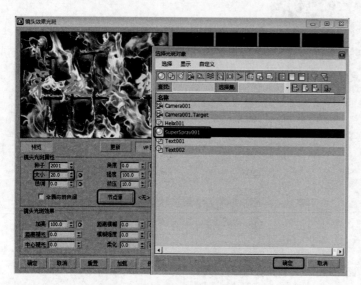

图 10-48　设置镜头光斑属性　　　　　　　图 10-49　设置首选项

(19) 单击"光晕"选项卡，进入镜头光斑的发光面板，将"大小"设置为 30.0，设置"径向颜色"，将第一个色标的颜色设为白色，将第二个色标的颜色的 RGB 值设为 255、242、207，将第三个色标的 RGB 值设为 255、155、0。设置"径向透明度"，将第一个色标的颜色设为白色，将第二个色标的 RGB 值设为 248、248、248，将第三个色标设为黑色，如图 10-50 所示。

提示：对于以光斑的源对象为中心的常规光晕，可以控制光晕的颜色、大小、形状和其他方面。

(20) 单击"光环"选项卡，将"大小"和"厚度"分别设置为 31.0 和 3.5，并将径向透明度颜色条上 24 处和 78 处颜色的 RGB 设置为 80、80、80，如图 10-51 所示。

提示：所谓"光环"，是指围绕源对象中心的彩色圆圈。可以控制光环的颜色、大小、形状等。

(21) 单击"手动二级光斑"选项卡，在该面板中将"大小"设置为 140，将"平面"设置为-135，将"比例"设置为 3，然后设置径向颜色条上的颜色，将两个色标的颜色的 RGB 值设为 255、220、220，如图 10-52 所示。

提示：此处的"手动二级光斑"，是指添加到镜头光斑效果中的附加二级光斑。

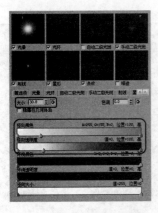
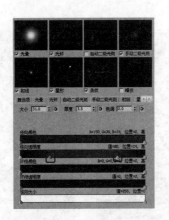

图 10-50　设置光晕　　　图 10-51　设置光环　　　图 10-52　设置手动二级光斑

(22) 单击"射线"选项卡,进入"射线"面板,将"大小"、"数量"和"锐化"分别设置为 100.0、125 和 10.0。将"径向颜色"第一色标的 RGB 值设为 255、255、167,将第二个色标的 RGB 值设为 255、155、74。然后将"径向透明度"内多余的色标删除,如图 10-53 所示。

[提示]：这里所谓"射线",是指从源对象中心发出的明亮直线,为对象提供很高的亮度。

(23) 单击"星形"选项卡,在"星形"面板中将"大小"、"数量"、"锐化"和"锥化"分别设置为 35.0、8、0 和 1.0,单击"条纹"选项卡,在该面板中,将"大小"、"宽度"、"锐化"和"锥化"分别设置为 250、10、10 和 0,参照图 10-54 所示的参数,设置渐变条上的颜色。设置完成后,单击"确定"按钮。

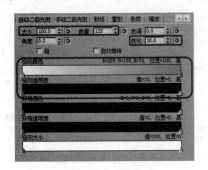

图 10-53　设置射线

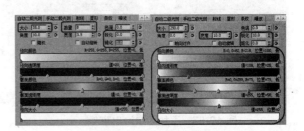

图 10-54　设置星形和条纹

[提示]：这里所谓"星形",是指从源对象中心发出的明亮直线,通常包括 6 条或多于 6 条辐射线(而不是像射线一样有数百条)。星形通常比较粗,并且要比射线从源对象的中心向外延伸得更远。

(24) 单击"设置关键点"按钮,开启关键点设置模式,将时间光标移动到 0 帧位置,选择文字,调整位置,单击"设置关键点"按钮添加关键帧,如图 10-55 所示。

(25) 将时间滑块移动到第 80 帧位置,在前视图中使用"选择并移动"工具对文字沿着 X 轴进行移动,单击"设置关键点"按钮,添加关键帧,如图 10-56 所示。

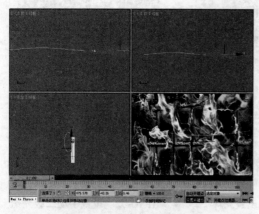

图 10-55 添加关键帧(1)

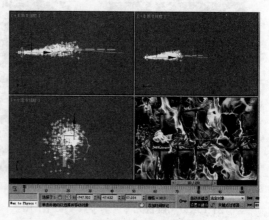

图 10-56 添加关键帧(2)

(26) 取消关键帧记录，在命令行中执行"渲染"→"Video Post"命令，在弹出的对话框中，单击"添加图像输出事件"按钮，在弹出的对话框中单击"文件"按钮，在弹出的对话框中选择相应的路径，并为文件命名，将"文件类型"定义为 AVI，单击"保存"按钮，在弹出的对话框中选择相应的压缩设置，如图 10-57 所示。

(27) 单击"执行序列"按钮 ✗，在弹出的对话框中设置输出大小，设置完成后，单击"渲染"按钮，如图 10-58 所示。

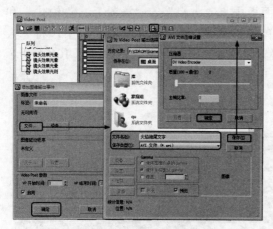

图 10-57 添加图像输出事件

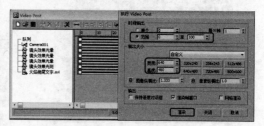

图 10-58 设置渲染大小

10.2 客餐厅的表现

家装效果图就是在家庭装饰施工之前，通过施工图纸，把施工后的实际效果用真实和直观的视图表现出来。

家装效果图泛指针对家庭装饰工程制作的效果表现图，本节将介绍如何制作家装效果图，效果如图 10-59 所示，通过本节的学习，读者不仅可以对前面所学的知识进行巩固，还可以了解制作家装效果图的流程。

图 10-59　家装效果图

10.2.1　框架的制作

在制作室内框架之前，首先要导入 CAD 图纸，然后使用线工具绘制墙体轮廓，再通过为线添加挤出等修改器，来对框架进行调整，其具体操作步骤如下。

(1) 新建一个空白场景，单击应用程序按钮，在弹出的下拉列表中选择"导入"→"导入"命令，如图 10-60 所示。

(2) 在弹出的对话框中，选择本书下载资源中的"下载资源\Scenes\Cha10\客餐厅.DWG"素材文件，如图 10-61 所示。

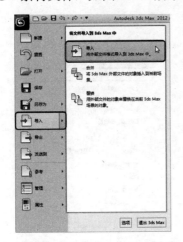

图 10-60　选择"导入"命令

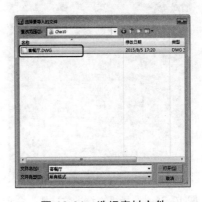

图 10-61　选择素材文件

(3) 单击"打开"按钮，在弹出的对话框中勾选"几何体选项"选项组中的"焊接附近顶点"复选框，如图 10-62 所示。

(4) 单击"确定"按钮，按 Ctrl+A 组合键，选中所有对象，在菜单栏中单击"组"，在弹出的下拉菜单中选择"成组"命令，如图 10-63 所示。

(5) 在弹出的对话框中，将"组名"设置为"图纸"，单击"确定"按钮，在成组后的对象上右击鼠标，在弹出的快捷菜单中选择"冻结当前选择"命令，如图 10-64 所示。

(6) 在菜单栏中单击"自定义"，在弹出的下拉菜单中选择"自定义用户界面"命令，如图 10-65 所示。

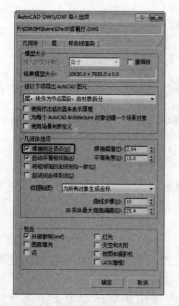

图 10-62 勾选"焊接附近顶点"复选框

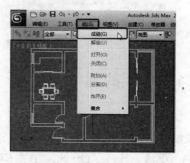

图 10-63 选择"组"命令

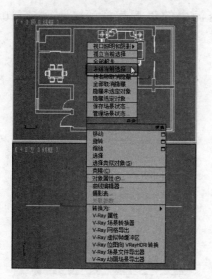

图 10-64 选择"冻结当前选择"命令

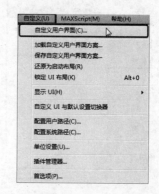

图 10-65 选择"自定义用户界面"命令

(7) 在弹出的对话框中选择"颜色"选项卡,将"元素"定义为"几何体",在其下方的列表框中,选择"冻结"选项,然后将其"颜色"的 RGB 值设置为 245、136、154,如图 10-66 所示。

(8) 设置完成后,单击"立即应用颜色"按钮,然后将该对话框关闭即可,再在菜单栏中单击"自定义",在弹出的下拉菜单中选择"单位设置"命令,如图 10-67 所示。

(9) 在弹出的对话框中单击"公制"单选按钮,将其下方的选项设置为"毫米",单击"系统单位设置"按钮,在弹出的对话框中将"单位"设置为"毫米",如图 10-68 所示。

(10) 设置完成后,单击两次"确定"按钮完成设置,打开 2.5 维捕捉开关,右击该按钮，在弹出的对话框中选择"捕捉"选项卡，仅勾选"顶点"复选框，将其他复选框都取消勾选，如图 10-69 所示。

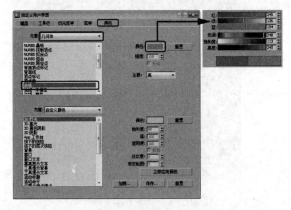

图 10-66　设置冻结颜色

图 10-67　选择"单位设置"命令

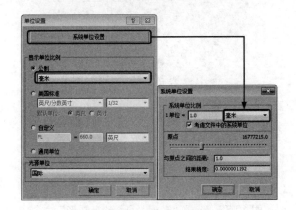

图 10-68　设置系统单位

图 10-69　勾选"顶点"复选框

(11) 在对话框中选择"选项"选项卡，在"百分比"选项组中勾选"捕捉到冻结对象"复选框，在"平移"选项组中勾选"使用轴约束"复选框，如图 10-70 所示。

(12) 设置完成后，将该对话框关闭，选择"创建" ![创建] →"图形" ![图形] →"线"工具，在顶视图中绘制墙体封闭图形，将其命名为"墙体"，如图 10-71 所示。

(13) 按 S 键关闭捕捉开关，确认该对象处于选中状态，切换至"修改" ![修改]命令面板中，在修改器下拉列表中选择"挤出"修改器，在"参数"卷展栏中，将"数量"设置为2700，如图 10-72 所示。

(14) 继续选中该对象，右击鼠标，在弹出的快捷菜单中选择"转换为"→"转换为可编辑多边形"命令，如图 10-73 所示。

(15) 将当前选择集定义为"元素"，在视图中选择整个元素，在"编辑元素"卷展栏中单击"翻转"按钮，如图 10-74 所示。

(16) 翻转完成后，关闭当前选择集，在该对象上右击鼠标，在弹出的快捷菜单中选择"对象属性"命令，如图 10-75 所示。

图 10-70　设置捕捉选项

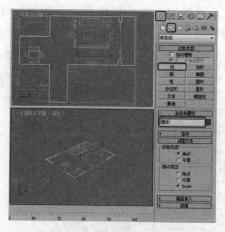

图 10-71　绘制闭合的样条线

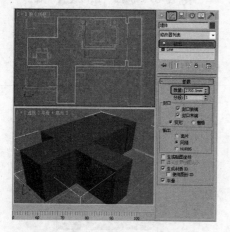

图 10-72　添加"挤出"修改器

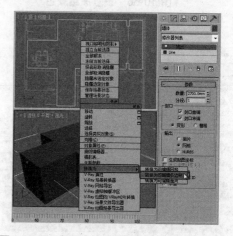

图 10-73　选择"转换为可编辑多边形"命令

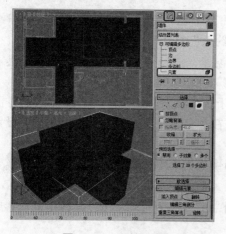

图 10-74　翻转元素

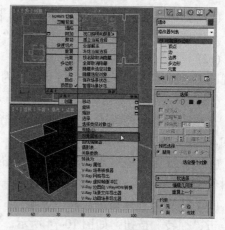

图 10-75　选择"对象属性"命令

(17) 在弹出的对话框中选择"常规"选项卡，在"显示属性"选项组中勾选"背面消隐"复选框，如图 10-76 所示。

(18) 设置完成后，单击"确定"按钮，按 S 键打开捕捉开关，选择"创建"→"图形"→"矩形"工具，在左视图中捕捉顶点，绘制一个矩形，如图 10-77 所示。

图 10-76　设置对象属性

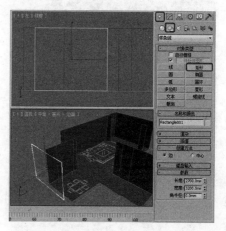

图 10-77　绘制矩形

(19) 确认该对象处于选中状态，右击鼠标，在弹出的快捷菜单中选择"转换为"→"转换为可编辑多边形"命令，如图 10-78 所示。

(20) 然后使用"选择并移动" 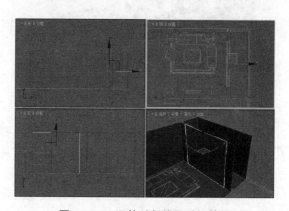 工具，在视图中调整该对象的位置，调整后的效果如图 10-79 所示。

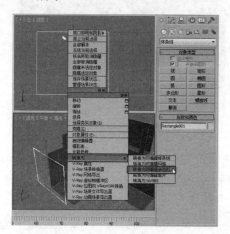

图 10-78　选择"转换为可编辑多边形"命令

图 10-79　调整对象位置后的效果

(21) 继续选中该对象，按 Ctrl+Q 组合键将其孤立显示，切换至"修改" 命令面板中，将当前选择集定义为"边"，在视图中选择如图 10-80 所示的两条边。

(22) 在"编辑边"卷展栏中，单击"连接"右侧的"设置"按钮，将"分段"设置为 1，如图 10-81 所示。

(23) 设置完成后，单击"确定"按钮，将当前选择集定义为"多边形"，在视图中选择如图 10-82 所示的多边形。

(24) 在"编辑多边形"卷展栏中，单击"挤出"右侧的"设置"按钮，将"高度"设置为-240，如图 10-83 所示。

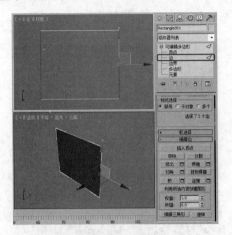

图 10-80　选择边

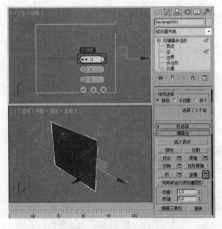

图 10-81　设置连接分段

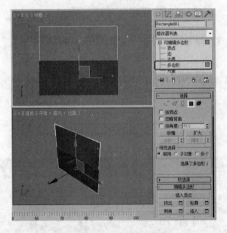

图 10-82　选择多边形

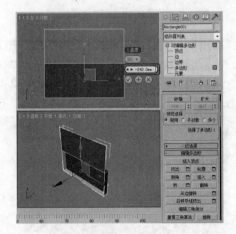

图 10-83　设置挤出参数

(25) 设置完成后，单击"确定"按钮，将当前选择集定义为"顶点"，在视图中选择要进行移动的顶点，右击"选择并移动"工具，在弹出的对话框中将"绝对：世界"下的 Z 设置为 2200，如图 10-84 所示。

(26) 调整完成后，关闭该对话框，将当前选择集定义为"多边形"，在顶视图中选择如图 10-85 所示的多边形。

(27) 在"编辑多边形"卷展栏中，单击"挤出"右侧的"设置"按钮，将"高度"设置为-500，如图 10-86 所示。

(28) 设置完成后，单击"确定"按钮，在视图中选择如图 10-87 所示的多边形。

(29) 按 Delete 键将选中的多边形删除，然后在视图中选择如图 10-88 所示的多边形。

(30) 在"编辑几何体"卷展栏中，单击"分离"按钮，在弹出的对话框中，将其命名为"推拉门"，如图 10-89 所示。

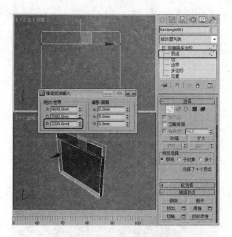

图 10-84　调整顶点的位置

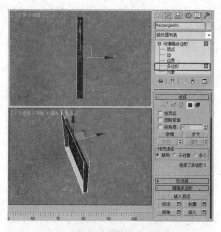

图 10-85　选择多边形

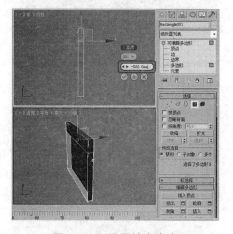

图 10-86　设置挤出高度

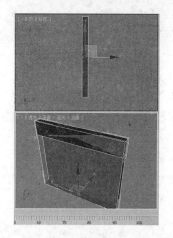

图 10-87　选择多边形(1)

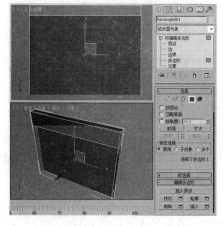

图 10-88　选择多边形(2)

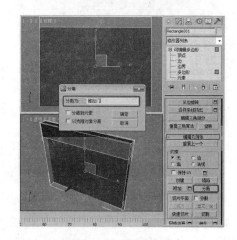

图 10-89　分离对象

(31) 设置完成后，单击"确定"按钮，关闭当前选择集，按 Alt+Q 组合键，将分离的对象孤立显示，为分离后的对象指定一种颜色，将当前选择集定义为"边"，在视图中选择如图 10-90 所示的边。

(32) 在"编辑边"卷展栏中，单击"连接"右侧的"设置"按钮▣，将"分段"设置为 3，如图 10-91 所示。

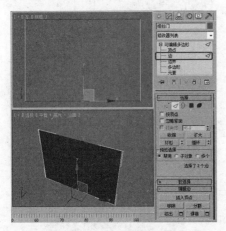

图 10-90　选择边

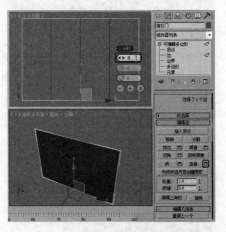

图 10-91　设置连接分段

(33) 设置完成后，单击"确定"按钮✅，确认连接后的边处于选中状态，在"编辑边"卷展栏中，单击"切角"右侧的"设置"按钮▣，然后，将"边切角量"设置为 30，如图 10-92 所示。

(34) 设置完成后，单击"确定"按钮✅，在右视图中选择左右两侧的边，在"编辑边"卷展栏中，单击"切角"右侧的"设置"按钮▣，然后将"边切角量"设置为 60，如图 10-93 所示。

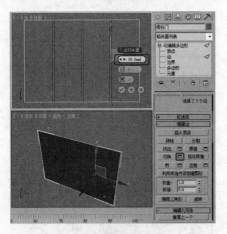

图 10-92　设置边切角量

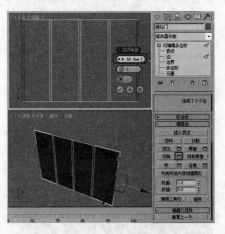

图 10-93　将边切角量设置为 60

(35) 设置完成后，单击"确定"按钮✅，使用同样的方法，将上下的边进行切角，并将"边切角量"设置为 60，如图 10-94 所示。

(36) 将当前选择集定义为"多边形"，在视图中选择如图 10-95 所示的 4 个多边形，在"编辑多边形"卷展栏中单击"挤出"右侧的"设置"按钮，将"高度"设置为-60。

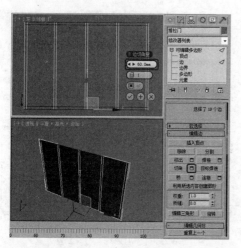

图 10-94　对其他边进行切角

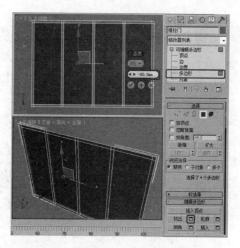

图 10-95　选择多边形并设置挤出高度

(37) 设置完成后，单击"确定"按钮 ⊘，按 Delete 键，将选中的 4 个多边形删除，关闭当前选择集，如图 10-96 所示。

(38) 单击 ⚲ 按钮退出孤立模式，在视图中选择"墙体"对象，在"编辑几何体"卷展栏中单击"附加"按钮，在视图中拾取 Rectangle001 对象，如图 10-97 所示。

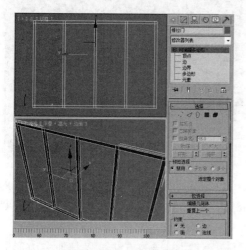

图 10-96　删除多边形并关闭当前选择集

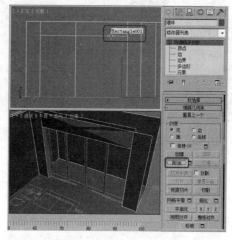

图 10-97　拾取附加对象

(39) 附加完成后，再次单击"附加"按钮将其关闭，使用"选择并移动"工具 ✛ 在视图中调整"推拉门"对象的位置，调整后的效果如图 10-98 所示。

(40) 在视图中选择"墙体"，按 Ctrl+Q 组合键将其孤立显示，切换至"修改" ⌁ 命令面板中，将当前选择集定义为"边"，在视图中选择如图 10-99 所示的三条边。

(41) 在"编辑边"卷展栏中单击"连接"右侧的"设置"按钮 ▢，将"分段"设置为 2，如图 10-100 所示。

(42) 设置完成后，单击"确定"按钮 ⊘，将当前选择集定义为"多边形"，在视图中选择如图 10-101 所示的多边形。

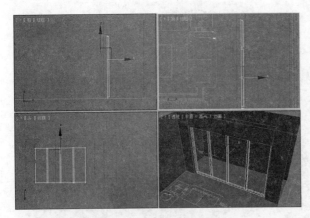

图 10-98　调整推拉门的位置

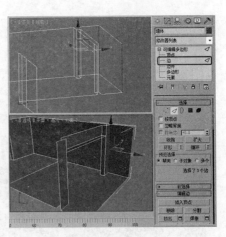

图 10-99　选择边

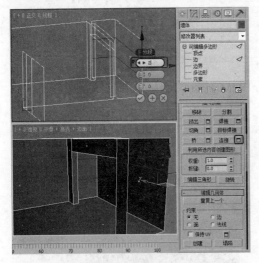

图 10-100　设置连接分段

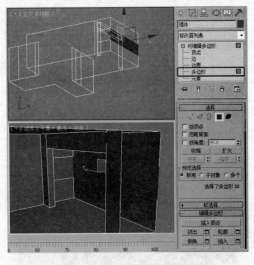

图 10-101　选择多边形

(43) 在"编辑多边形"卷展栏中，单击"挤出"右侧的"设置"按钮▣，将"高度"设置为-240，如图 10-102 所示。

(44) 设置完成后，单击"应用并继续"按钮⊕，使用同样的方法，将其他多边形进行挤出，效果如图 10-103 所示。

(45) 设置完成后，单击"确定"按钮☑，在视图中选择如图 10-104 所示的多边形。

(46) 按 Delete 键，将选中的多边形删除，删除后的效果如图 10-105 所示。

(47) 将当前选择集定义为"顶点"，在前视图中选择如图 10-106 所示的顶点，右击"选择并移动"工具✛，在弹出的对话框中，将"绝对:世界"选项组中的 Z 设置为 600，如图 10-106 所示。

(48)在前视图中选择如图 10-107 所示的顶点，在"移动变换输入"对话框中的"绝对:世界"选项组中，将 Z 设置为 2400，如图 10-107 所示。

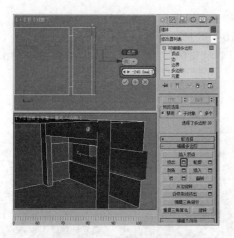

图 10-102　设置挤出高度

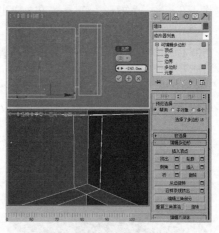

图 10-103　挤出其他多边形

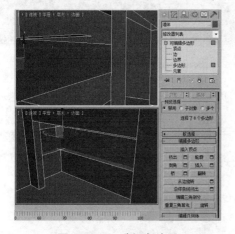

图 10-104　选择多边形

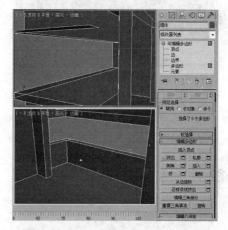

图 10-105　删除多边形后的效果

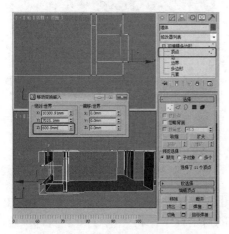

图 10-106　选择顶点并调整其位置

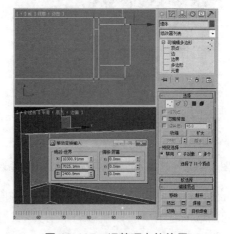

图 10-107　调整顶点的位置

(49) 设置完成后，关闭当前选择集，关闭"移动变换输入"对话框，选择"创建" ✧

→"图形" → "矩形"工具，在左视图中绘制一个矩形，在"参数"卷展栏中，将"长度"、"宽度"分别设置为1800、4290，如图 10-108 所示。

(50) 使用"选择并移动"工具，在视图中调整对象的位置，调整后的效果如图 10-109 所示。

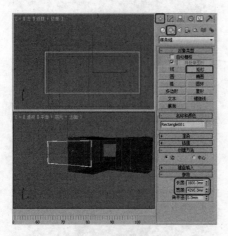

图 10-108　绘制矩形

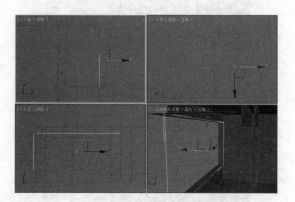

图 10-109　调整对象位置后的效果

(51) 继续选中该矩形，右击鼠标，在弹出的快捷菜单中选择"转换为"→"转换为可编辑多边形"命令，如图 10-110 所示。

(52) 切换至"修改" 命令面板中，将当前选择集定义为"边"，在左视图中选择左右两侧的边，在"编辑边"卷展栏中，单击"连接"右侧的"设置"按钮，将"分段"设置为2，如图 10-111 所示。

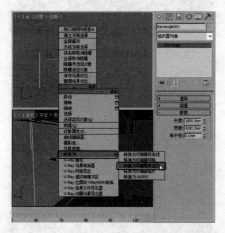

图 10-110　选择"转换为可编辑多边形"命令

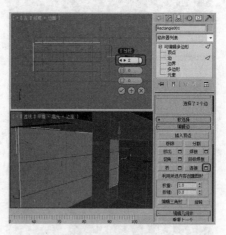

图 10-111　设置连接分段

(53) 设置完成后，单击"确定"按钮，使用"选择并移动"工具，选择如图 10-112 所示的边，右击"选择并移动"工具，在弹出的对话框中，将"绝对:世界"选项组中的 Z 设置为2360。

(54) 在视图中选择如图 10-113 所示的边，在"移动变换输入"对话框中的"绝对:世界"选项组中，将 Z 设置为640。

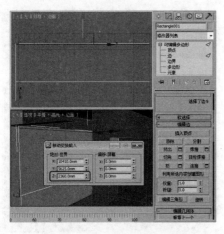

图 10-112　调整边的位置

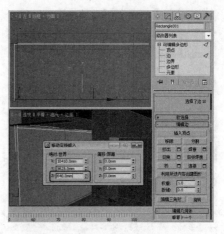

图 10-113　将边的位置设置为 640

(55) 关闭"移动变换输入"对话框，在视图中按住 Ctrl 键，在左视图中选择上下的边，如图 10-114 所示。

(56) 在"编辑边"卷展栏中单击"连接"右侧的"设置"按钮■，将"分段"设置为 2，如图 10-115 所示。

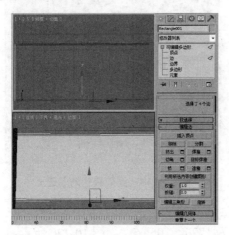

图 10-114　选择边

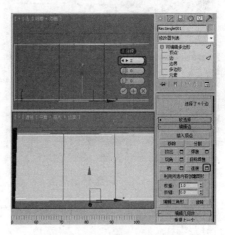

图 10-115　设置连接分段

(57) 设置完成后，单击"确定"按钮☑，然后按住 Alt 键，减去右侧选中的边，右击"选择并移动"工具✛，在弹出的对话框中将"绝对:世界"选项组中的 Y 设置为 7730，如图 10-116 所示。

(58) 在视图中选择右侧的边，在"移动变换输入"对话框中的"绝对:世界"选项组中将 Y 设置为 3520，如图 10-117 所示。

(59) 调整完成后，关闭"移动变换输入"对话框，将当前选择集定义为"多边形"，在左视图中选择如图 10-118 所示的多边形，在"编辑多边形"卷展栏中单击"挤出"右侧的"设置"按钮■，将"高度"设置为-80。

(60) 设置完成后，单击"确定"按钮☑，继续选中该多边形，按 Delete 键，将选中的多边形删除，效果如图 10-119 所示。

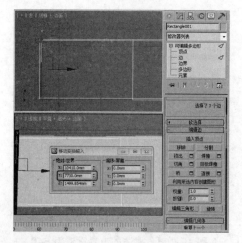

图 10-116 调整左侧直线的位置

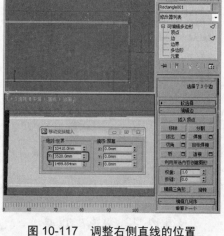

图 10-117 调整右侧直线的位置

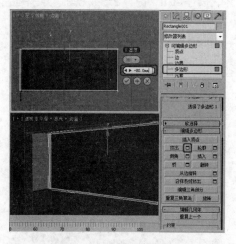

图 10-118 设置挤出高度

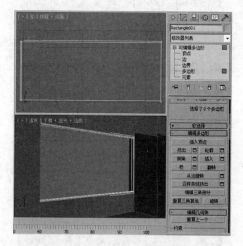

图 10-119 删除选中的多边形

(61) 选择"创建"→"图形"→"矩形"工具，在左视图中创建一个矩形，在"参数"卷展栏中，将"长度"、"宽度"分别设置为 1720、1052.5，如图 10-120 所示。

(62) 使用"选择并移动"工具 ✛ 在视图中调整矩形的位置，调整后的效果如图 10-121 所示。

(63) 在修改器下拉列表中选择"挤出"修改器，在"参数"卷展栏中，将"数量"设置为-40，如图 10-122 所示。

(64) 继续选中该对象，右击鼠标，在弹出的快捷菜单中选择"转换为"→"转换为可编辑多边形"命令，如图 10-123 所示。

(65) 切换至"修改" ⬚ 命令面板，将当前选择集定义为"边"，在左视图中，选择如图 10-124 所示的边。

(66) 在"编辑边"卷展栏中，单击"连接"右侧的"设置"按钮 ▣，将"分段"设置为 2，如图 10-125 所示。

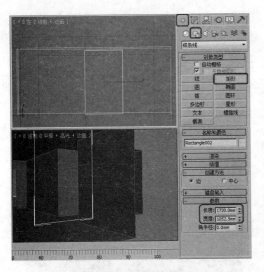

图 10-120 绘制矩形

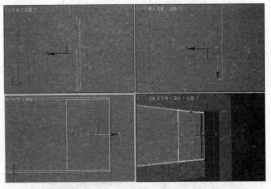

图 10-121 调整矩形位置后的效果

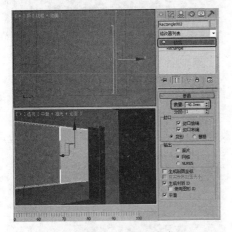

图 10-122 设置挤出数量

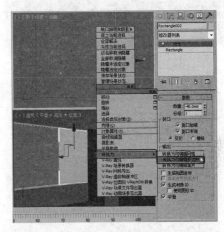

图 10-123 选择"转换为可编辑多边形"命令

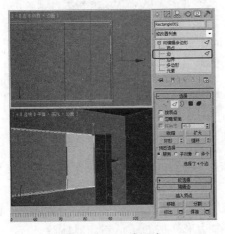

图 10-124 选择边

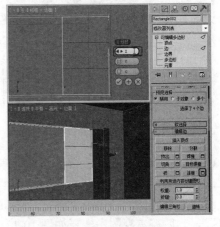

图 10-125 设置连接分段

(67) 设置完成后，单击"确定"按钮◯，按住 Alt 键减去下方选择的直线，右击"选择并移动"工具✛，然后在弹出的对话框中，将"绝对:世界"下的 Z 设置为 2320，具体如图 10-126 所示。

(68) 在视图中选择如图 10-127 所示的直线，在"移动变换输入"对话框中，将"绝对:世界"下的 Z 设置为 680。

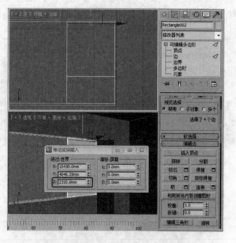

图 10-126 移动直线的位置

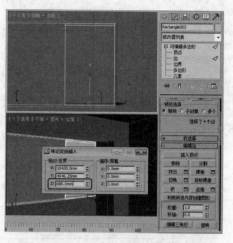

图 10-127 将直线位置设置为 680

(69) 调整完成后，根据相同的方法，对上下直线进行连接，并调整连接后的线段的位置，效果如图 10-128 所示。

(70) 将当前选择集定义为"多边形"，在左视图中，选择如图 10-129 所示的多边形。

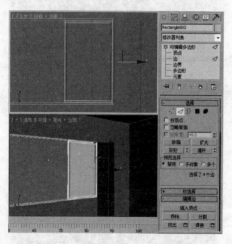

图 10-128 连接直线并调整其位置

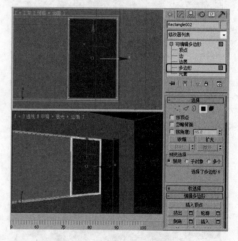

图 10-129 选择多边形

(71) 在"编辑多边形"卷展栏中，单击"挤出"右侧的"设置"按钮▢，将"高度"设置为-40，如图 10-130 所示。

(72) 设置完成后，单击"确定"按钮◯，确认该多边形处于选中状态，按 Delete 键将其删除，然后在右视图中选择如图 10-131 所示的多边形，按 Delete 键将其删除。

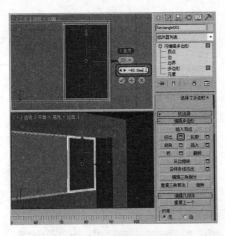

图 10-130　设置挤出高度

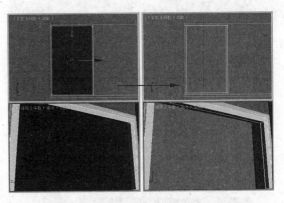

图 10-131　选中多边形并将其删除

(73) 关闭当前选择集，继续选中该对象，使用"选择并移动"工具，在左视图中按住 Shift 键，沿 X 轴向左移动，在弹出的对话框中单击"复制"单选按钮，将"副本数"设置为 3，如图 10-132 所示。

(74) 设置完成后，单击"确定"按钮，在视图中调整克隆对象的位置，调整后的效果如图 10-133 所示。

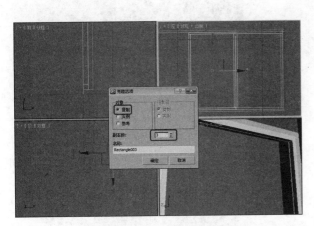

图 10-132　设置克隆参数

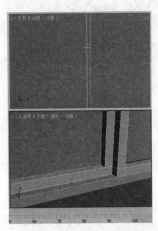

图 10-133　调整克隆对象的位置

(75) 退出孤立模式，使用同样的方法制作另一侧的窗框，并在视图中调整窗框的位置，如图 10-134 所示。

(76) 在视图中选中所有窗框，在菜单栏中单击"组"按钮，在弹出的下拉列表中选择"成组"命令，在弹出的对话框中，将"组名"设置为"窗框"，如图 10-135 所示。

(77) 设置完成后，单击"确定"按钮，在视图中选择"墙体"对象，切换到"修改"命令面板中，将当前选择集定义为"边"，在视图中选择如图 10-136 所示的边。

(78) 在"编辑边"卷展栏中，单击"连接"右侧的"设置"按钮，将"分段"设置为 1，如图 10-137 所示。

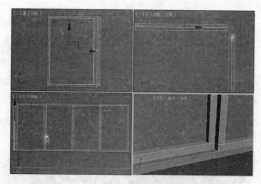

图 10-134　制作其他窗框并调整其位置

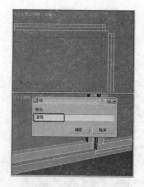

图 10-135　设置组名

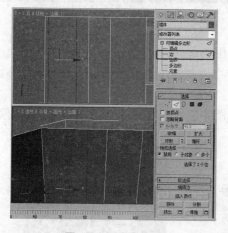

图 10-136　选择边

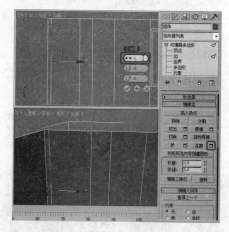

图 10-137　设置分段

(79) 设置完成后，单击"确定"按钮，在视图中选择如图 10-138 所示的边。

(80) 在"编辑边"卷展栏中，单击"连接"右侧的"设置"按钮，将"分段"设置为 1，设置完成后，单击"确定"按钮，将当前选择集定义为"顶点"，在视图中选择如图 10-139 所示的顶点。

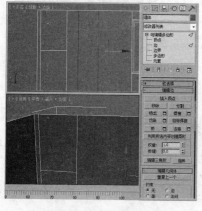

图 10-138　选择边

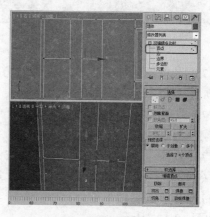

图 10-139　选择顶点

(81) 在工具栏中右击"选择并移动"工具 , 在弹出的对话框中，将"绝对:世界"下的 Z 设置为 2000，如图 10-140 所示。

(82) 调整完成后，关闭该对话框，将当前选择集定义为"多边形"，在视图中选择如图 10-141 所示的多边形。

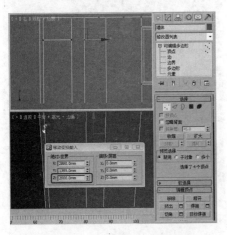

图 10-140　调整顶点的位置

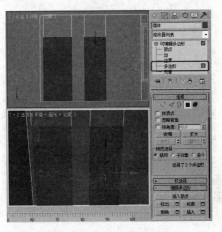

图 10-141　选择多边形

(83) 在"编辑多边形"卷展栏中，单击"挤出"右侧的"设置"按钮 ，将"高度"设置为-240，如图 10-142 所示。

(84) 设置完成后，单击"确定"按钮 ，按住 Ctrl 键，在视图中选择如图 10-143 所示的多边形。

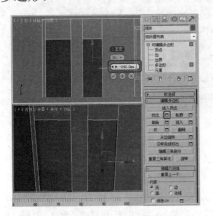

图 10-142　设置挤出高度

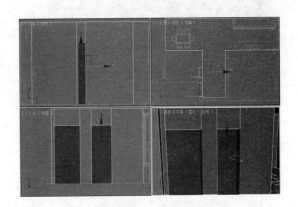

图 10-143　选择多边形

(85) 按 Delete 键，将选中的多边形删除，删除后的效果如图 10-144 所示。

(86) 关闭当前选择集，选择"创建" →"图形" →"矩形"工具，在顶视图中绘制一个矩形，然后在"参数"卷展栏中，将"长度"、"宽度"分别设置为 256、79，如图 10-145 所示。

(87) 继续选中该对象，切换至"修改" 命令面板，在修改器下拉列表中选择"编辑样条线"修改器，将当前选择集定义为"顶点"，按 Ctrl+A 组合键选中所有顶点，右击鼠标，在弹出的快捷菜单中选择"角点"命令，如图 10-146 所示。

(88) 在"几何体"卷展栏中，单击"优化"按钮，在视图中对矩形进行优化，并调整优化后的顶点，效果如图 10-147 所示。

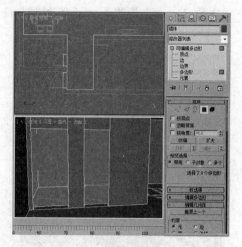

图 10-144　删除多边形后的效果

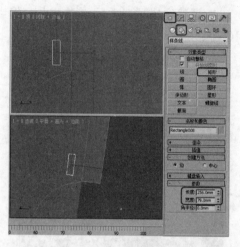

图 10-145　绘制矩形

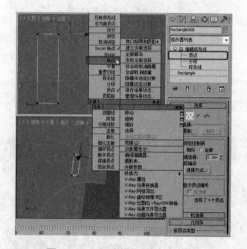

图 10-146　选择"角点"命令

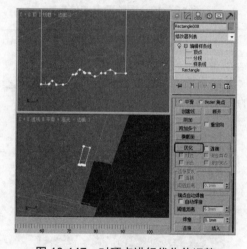

图 10-147　对顶点进行优化并调整

(89) 调整完成后，关闭当前选择集，选择"创建" ※ → "图形" ② → "线"工具，在左视图中捕捉门洞顶点，绘制一条样条线，将其命名为"门框 001"，如图 10-148 所示。

(90) 切换至"修改" ☑ 命令面板，在修改器下拉列表中选择"倒角剖面"修改器，在"参数"卷展栏中，单击"拾取剖面"按钮，在视图中拾取前面所绘制的矩形作为剖面对象，如图 10-149 所示。

(91) 在视图中使用"选择并移动"工具 ❖，在视图中调整门框的位置，调整完成后，将当前选择集定义为"剖面 Gizmo"，然后，在顶视图中调整，调整后的效果如图 10-150 所示。

(92) 关闭当前选择集，使用"选择并移动"工具 ❖，在顶视图中按住 Shift 键，沿 Y 轴向下进行移动，在弹出的对话框中单击"复制"单选按钮，如图 10-151 所示。

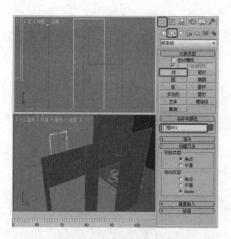

图 10-148 绘制样条线

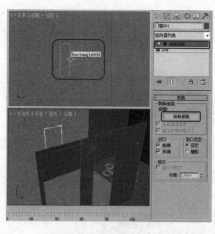

图 10-149 拾取剖面对象

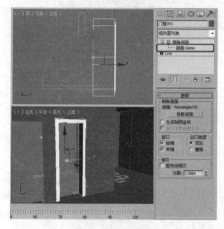

图 10-150 调整门框后的效果

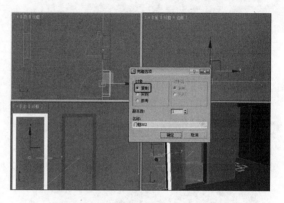

图 10-151 单击"复制"单选按钮

(93) 设置完成后，单击"确定"按钮，在视图中调整该对象的位置，切换至"修改" 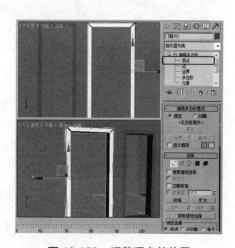 命令面板，在修改器下拉列表中选择"编辑多边形"修改器，将当前选择集定义为"顶点"，在视图中调整顶点的位置，效果如图 10-152 所示。调整完成后，关闭当前选择集即可。

10.2.2 制作电视墙

室内框架制作完成后，接下来，将介绍如何制作电视背景墙，其具体操作步骤如下。

(1) 选择"创建" →"几何体" →"平面"工具，在前视图中捕捉顶点，绘制一个平面，如图 10-153 所示。

图 10-152 调整顶点的位置

(2) 继续选中该对象，切换至"修改" 命令面板，将其命名为"电视墙"，在"参数"卷展栏中，将"长度"、"宽度"、"长度分段"、"宽度分段"分别设置为 2380、4150、5、8，在视图中调整该对象的位置，效果如图 10-154 所示。

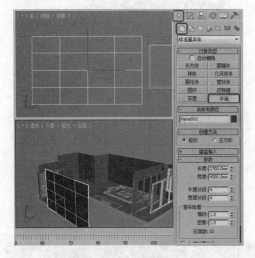

图 10-153　绘制平面

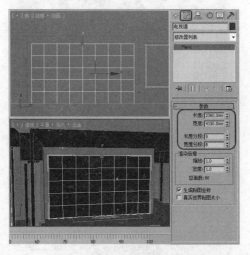

图 10-154　修改平面参数

(3) 在该对象上右击鼠标，在弹出的快捷菜单中选择"转换为"→"转换为可编辑多边形"命令，如图 10-155 所示。

(4) 将当前选择集定义为"元素"，在视图中选择整个元素，在"编辑元素"卷展栏中单击"翻转"按钮，如图 10-156 所示。

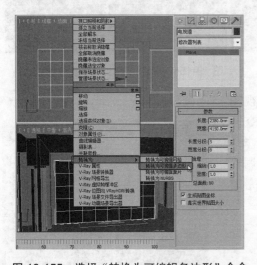

图 10-155　选择"转换为可编辑多边形"命令

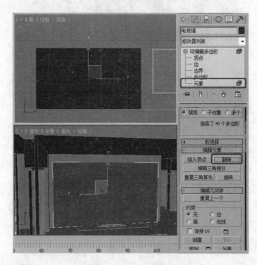

图 10-156　翻转元素

(5) 翻转完成后，将当前选择集定义为"边"，在视图中选中如图 10-157 所示的边。

(6) 在"编辑边"卷展栏中，单击"切角"右侧的"设置"按钮，将"边切角量"设置为 5，如图 10-158 所示。

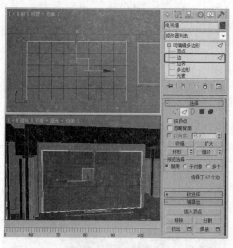

图 10-157　选择边

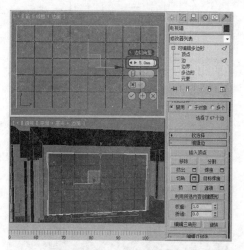

图 10-158　设置边切角量

（7）设置完成后，单击"确定"按钮，将当前选择集定义为"多边形"，在视图中按住 Ctrl 键，选择如图 10-159 所示的多边形。

（8）在"编辑多边形"卷展栏中单击"倒角"右侧的"设置"按钮，将"高度"设置为 10，将"轮廓"设置为 0，如图 10-160 所示。

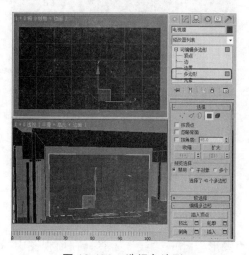

图 10-159　选择多边形

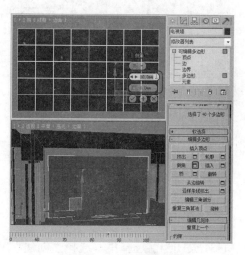

图 10-160　设置倒角值

（9）单击"应用并继续"按钮，然后将"高度"设置为 5，将"轮廓"设置为-5，如 10-161 所示。

（10）设置完成后，单击"确定"按钮，关闭当前选择集，选择"创建"→"图形"→"矩形"工具，在顶视图中捕捉顶点，绘制一个矩形，在"参数"卷展栏中，将"长度"、"宽度"分别设置为 136、175，并在视图中调整其位置，如图 10-162 所示。

（11）确定该对象处于选中状态，切换至"修改"命令面板，在修改器下拉列表中选择"编辑样条线"修改器，将当前选择集定义为"顶点"，按 Ctrl+A 组合键，选中所有顶点，右击鼠标，在弹出的快捷菜单中选择"角点"命令，如图 10-163 所示。

(12) 在"几何体"卷展栏中，单击"优化"按钮，在视图中对矩形进行优化，并使用"选择并移动"工具⊕对顶点进行调整，效果如图 10-164 所示。

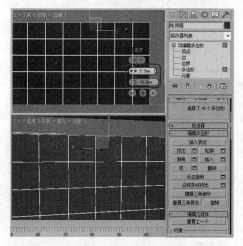

图 10-161　应用并继续设置倒角参数

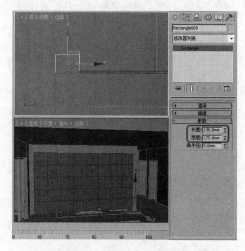

图 10-162　绘制矩形并调整其参数

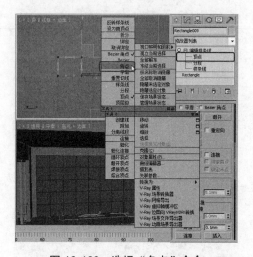

图 10-163　选择"角点"命令

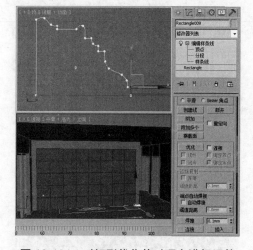

图 10-164　对矩形优化并对顶点进行调整

(13) 关闭当前选择集，选择"创建"　→"图形"　→"线"工具，在前视图中捕捉电视墙的轮廓，绘制一条样条线，将其命名为"电视装饰线"，如图 10-165 所示。

(14) 继续选中该对象，切换至"修改"　命令面板，在修改器下拉列表中选择"倒角剖面"修改器，在"参数"卷展栏中，单击"拾取剖面"按钮，在顶视图中拾取前面所调整的矩形，如图 10-166 所示。

(15) 确认该对象处于选中状态，激活顶视图，在工具栏中单击"镜像"按钮，在弹出的对话框中单击 Y 单选按钮，如图 10-167 所示。

(16) 单击"确定"按钮，在视图中调整该对象的位置，切换至"修改"　命令面板，在修改器下拉列表中选择"编辑多边形"修改器，将当前选择集定义为"顶点"，在视图中调整顶点的位置，效果如图 10-168 所示。调整完成后，关闭当前选择集即可。

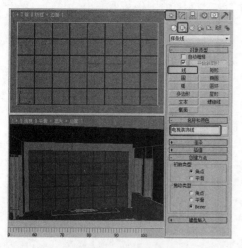

图 10-165　绘制样条线

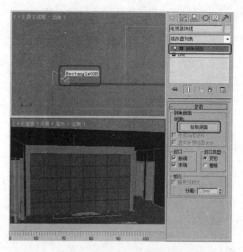

图 10-166　拾取剖面对象

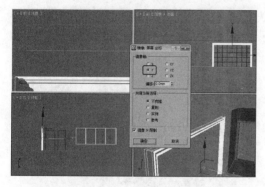

图 10-167　选择镜像轴

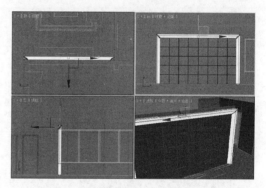

图 10-168　调整对象及顶点的位置

10.2.3　制作天花板

下面将介绍如何制作天花板，其具体操作步骤如下。

(1)　选择"创建" ![icon] → "图形" ![icon] → "线"工具，在顶视图中捕捉墙体的顶点，绘制一条闭合的样条线，将其命名为"天花板"，如图 10-169 所示。

(2)　选择"创建" ![icon] → "图形" ![icon] → "矩形"工具，取消勾选"开始新图形"复选框，在顶视图中绘制一个矩形，如图 10-170 所示。

(3)　继续选中该对象，切换至"修改"命令面板，将当前选择集定义为"顶点"，在顶视图中调整顶点的位置，调整后的效果如图 10-171 所示。

(4)　关闭当前选择集，在修改器下拉列表中选择"挤出"修改器，在"参数"卷展栏中，将"数量"设置为 60，在视图中调整该对象的位置，如图 10-172 所示。

(5)　选择"创建" ![icon] → "图形" ![icon] → "矩形"工具，在右视图中创建一个矩形，在"参数"卷展栏中，将"长度"、"宽度"都设置为 33，如图 10-173 所示。

(6)　确认该对象处于选中状态，切换至"修改"命令面板，在修改器下拉列表中选择"编辑样条线"修改器，将当前选择集定义为"顶点"，按 Ctrl+A 组合键，选中所有顶点，右击鼠标，在弹出的快捷菜单中选择"角点"命令，如图 10-174 所示。

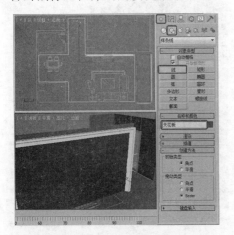

图 10-169　绘制闭合样条线

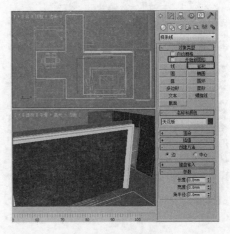

图 10-170　绘制矩形

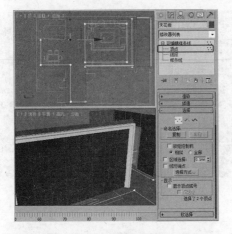

图 10-171　调整顶点的位置

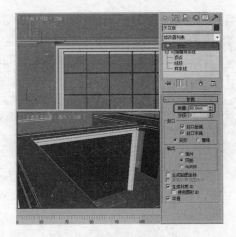

图 10-172　添加挤出修改器

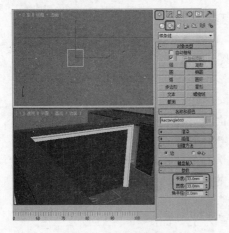

图 10-173　绘制矩形

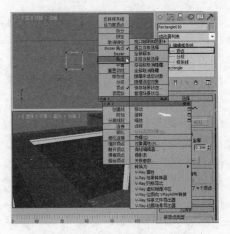

图 10-174　选择"角点"命令

(7) 在"几何体"卷展栏中单击"优化"按钮，在视图中对矩形进行优化，并调整顶点的位置，效果如图 10-175 所示。

(8) 关闭当前选择集，选择"创建" ✳ →"图形" ◎ →"矩形"工具，在顶视图中捕捉天花板中间矩形的顶点，绘制一个矩形，如图 10-176 所示。

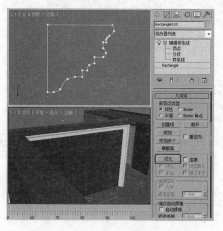

图 10-175　优化顶点并进行调整

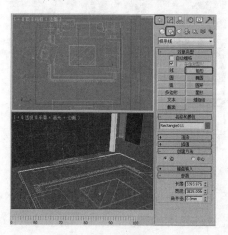

图 10-176　绘制矩形

(9) 确认该矩形处于选中状态，切换至"修改" ◪ 命令面板，将其命名为"天花板装饰线 001"，在修改器下拉列表中选择"倒角剖面"修改器，在"参数"卷展栏中单击"拾取剖面"按钮，在视图中拾取图 10-175 中所调整的矩形，如图 10-177 所示。

(10) 选中剖面对象，切换至"修改" ◪ 命令面板，将当前选择集定义为"样条线"，使用"选择并缩放"工具，在视图中对样条线进行缩放，效果如图 10-178 所示。

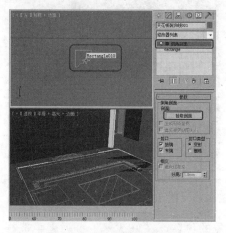

图 10-177　拾取剖面对象

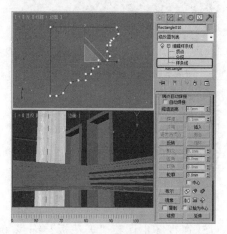

图 10-178　缩放样条线

(11) 关闭当前选择集，在视图中调整"天花板装饰线 001"对象的位置，如图 10-179 所示。

(12) 在视图中选择"天花板装饰线 001"对象，在修改器下拉列表中选择"编辑多边形"修改器，将当前选择集定义为"顶点"，在视图中调整顶点的位置，调整后的效果如图 10-180 所示。

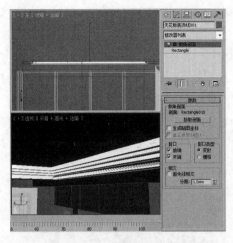

图 10-179 调整对象的位置

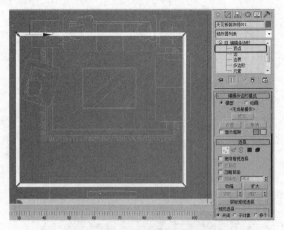

图 10-180 调整顶点的位置

(13) 关闭当前选择集，选择"创建" ⚙ →"图形" ⚙ →"线"工具，在顶视图中捕捉天花板外轮廓的顶点，绘制一条闭合的样条线，并将其命名为"天花板装饰线 002"，如图 10-181 所示。

(14) 选中该图形，切换至"修改"命令面板，在修改器下拉列表中选择"倒角剖面"修改器，在"参数"卷展栏中单击"拾取剖面"按钮，并在视图中拾取如图 10-182 所示的对象。

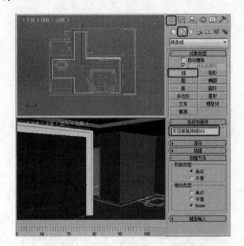

图 10-181 绘制闭合样条线

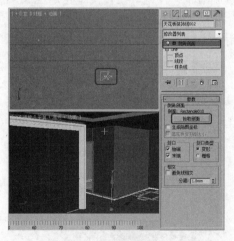

图 10-182 拾取剖面对象

(15) 在视图中调整"天花板装饰线 002"对象的位置，在修改器下拉列表中选择"编辑多边形"修改器，并将当前选择集定义为"顶点"，在视图中调整顶点的位置，效果如图 10-183 所示。

(16) 关闭当前选择集，在视图中选择"电视装饰线"对象，将当前选择集定义为"顶点"，在前视图中调整顶点的位置，调整后的效果如图 10-184 所示，调整完成后，关闭当前选择集即可。

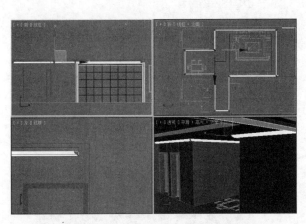

图 10-183　调整对象及顶点的位置

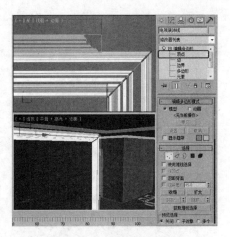

图 10-184　调整顶点的位置

10.2.4　制作踢脚线

下面将介绍如何为墙体添加踢脚线，其具体操作步骤如下。

(1)　在视图中选择"墙体"对象，按 Ctrl+Q 组合键将其孤立显示，切换至"修改"命令面板中，将当前选择集定义为"多边形"，按 Ctrl+A 键选中所有多边形，如图 10-185 所示。

(2)　在"编辑几何体"卷展栏中单击"切片平面"按钮，在工具栏中右击"选择并移动"工具，在弹出的对话框中将"绝对:世界"下的 Z 设置为 100，如图 10-186 所示。

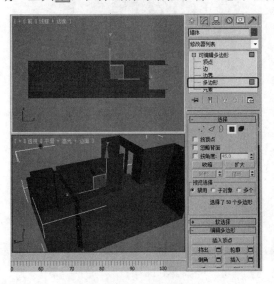

图 10-185　选择多边形

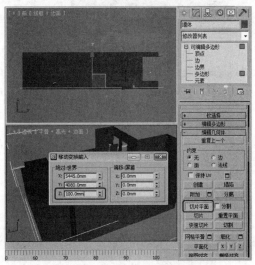

图 10-186　设置切片位置

(3)　单击"切片"按钮，再次单击"切片平面"按钮，将其关闭，关闭"移动变换输入"对话框，在视图中选择如图 10-187 所示的多边形。

(4)　在"编辑多边形"卷展栏中单击"挤出"右侧的"设置"按钮，将挤出类型设置为"按多边形",将"高度"设置为8,如图10-188所示。

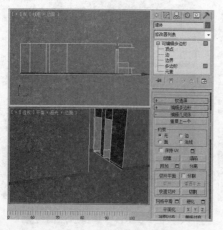

图 10-187　选择多边形

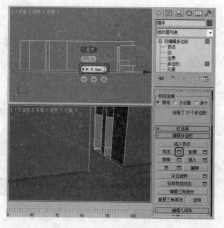

图 10-188　设置挤出参数

(5)　单击"应用并继续"按钮,在视图中对墙体所有拐角处的缺口进行挤出,效果如图 10-189 所示。

(6)　挤出完成后,在视图中查看挤出效果即可,效果如图 10-190 所示,关闭当前选择集即可。

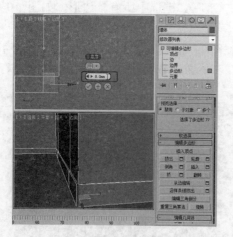

图 10-189　对缺口处的多边形进行挤出

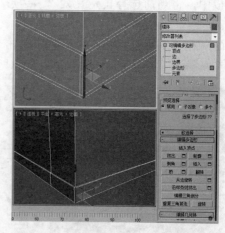

图 10-190　对缺口进行挤出后的效果

10.2.5　为对象添加材质

材质可以看成是材料和质感的结合。在渲染程序中,它是表面各可视属性的结合,这些可视属性是指表面的色彩、纹理、光滑度、透明度、反射率、折射率、发光度等。为对象添加材质的具体操作步骤如下。

(1)　按 F10 键,在弹出的对话框中选择"公用"选项卡,在"指定渲染器"卷展栏中单击"产品级"右侧的"选择渲染器"按钮，在弹出的对话框中选择"V-Ray Adv 2.10.01"选项,如图 10-191 所示。

(2) 单击"确定"按钮,将"渲染设置"对话框关闭,继续选中"墙体"对象,按 M 键,在弹出的对话框中选择一个材质样本球,单击 Standard 按钮,在弹出的对话框中选择"VR 材质"选项,如图 10-192 所示。

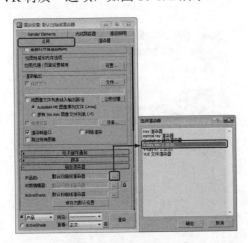

图 10-191　选择渲染器

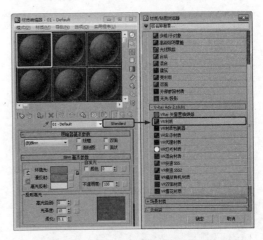

图 10-192　选择"VR 材质"选项

(3) 单击"确定"按钮,将其命名为"白色乳胶漆",在"基本参数"卷展栏中,将"漫反射"选项组中的"漫反射"颜色的 RGB 值设置为 245、245、245,将"反射"选项组中的"反射"的 RGB 值设置为 25、25、25,单击"高光光泽度"右侧的 L 按钮,将"高光光泽度"设置为 0.25,然后在"选项"卷展栏中,取消勾选"跟踪反射"复选框,如图 10-193 所示。

(4) 单击"将材质指定给选定对象"按钮 和"视口中显示明暗处理材质"按钮 ,指定材质后的效果如图 10-194 所示。

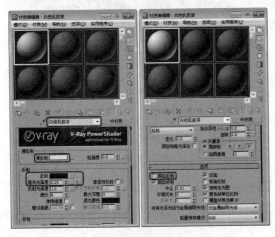

图 10-193　设置基本参数并取消勾选
"跟踪反射"复选框

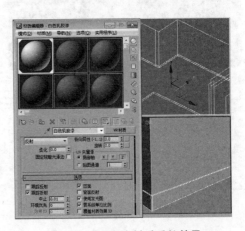

图 10-194　指定材质后的效果

(5) 选择"白色乳胶漆"材质球,按住鼠标左键,将其拖曳到第二个材质样本球上,将复制后的材质命名为"壁纸",在"贴图"卷展栏中,单击"漫反射"右侧的 None 按钮，在弹出的对话框中，选择"位图"选项，如图 10-195 所示。

(6) 单击"确定"按钮，在弹出的对话框中，选择本书下载资源中的"下载资源\Map\壁纸.jpg"位图文件，如图 10-196 所示。

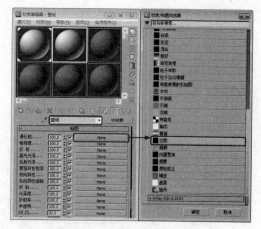

图 10-195　选择"位图"选项

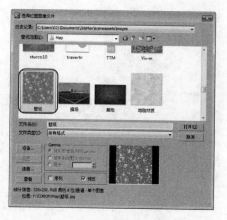

图 10-196　选择贴图文件

(7) 单击"打开"按钮，在"坐标"卷展栏中取消勾选"使用真实世界比例"复选框，将"模糊"设置为 0.5，单击"转到父对象"按钮，选择"漫反射"右侧的材质，按住鼠标左键，将其拖曳到"凹凸"右侧的材质按钮上，在弹出的对话框中单击"实例"单选按钮，如图 10-197 所示。

(8) 设置完成后，单击"确定"按钮。确认"墙体"处于选中状态，将当前选择集定义为"多边形"，在视图中选择如图 10-198 所示的多边形。

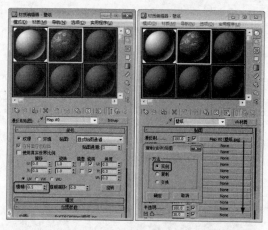

图 10-197　设置贴图参数

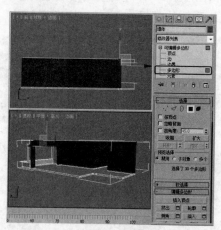

图 10-198　选择多边形

(9) 在"材质编辑器"对话框中单击"将材质指定给选定对象"按钮，然后在修改器下拉列表中选择"UVW 贴图"修改器，在"参数"卷展栏中，单击"长方体"单选按钮，将"长度"、"宽度"、"高度"都设置为 600，如图 10-199 所示。

(10) 在选中的多边形上右击鼠标，在弹出的快捷菜单中选择"转换为"→"转换为可编辑多边形"命令，如图 10-200 所示。

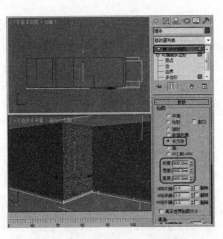

图 10-199　添加 UVW 贴图

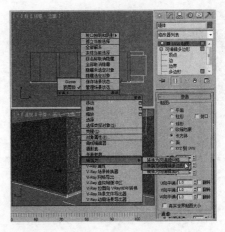

图 10-200　选择"转换为可编辑多边形"命令

(11) 在"材质编辑器"对话框中，选择"壁纸"材质球，按住鼠标左键，将其拖曳到一个新的材质样本球上，将复制后的材质命名为"地板"，在"贴图"卷展栏中，单击"漫反射"右侧的材质按钮，在"位图参数"卷展栏中，单击"位图"右侧的材质按钮，在弹出的对话框中，选择"地砖.jpg"位图图像文件，如图 10-201 所示。

(12) 单击"打开"按钮，在"位图参数"卷展栏中，勾选"裁剪/放置"选项组中的"启用"复选框，将 W、H 分别设置为 0.334、0.332，单击"转到父对象"按钮，在"贴图"卷展栏中，将"凹凸"右侧的"数量"设置为 20，如图 10-202 所示。

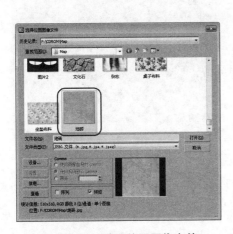

图 10-201　选择位图图像文件

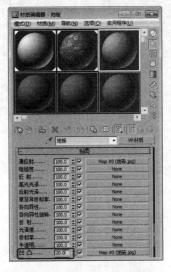

图 10-202　设置凹凸数量

(13) 在"贴图"卷展栏中，单击"反射"右侧的 None 按钮，在弹出的对话框中选择"衰减"选项，如图 10-203 所示。

(14) 单击"确定"按钮，在"衰减参数"卷展栏中，将"侧"的 RGB 值设置为 190、194、215，将"衰减类型"设置为 Fresnel，如图 10-204 所示。

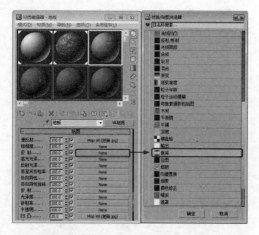

图 10-203　选择"衰减"选项

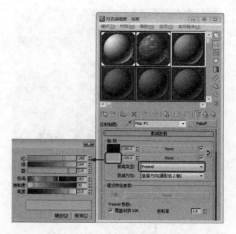

图 10-204　设置衰减参数

(15) 单击"转到父对象"按钮，在"选项"卷展栏中，勾选"跟踪反射"复选框，然后在"基本参数"卷展栏中，将"高光光泽度"、"反射光泽度"都设置为 0.85，具体如图 10-205 所示。

(16) 在视图中选择"墙体"对象，切换到"修改"命令面板中，将当前选择集定义为"多边形"，在视图中选择如图 10-206 所示的多边形。

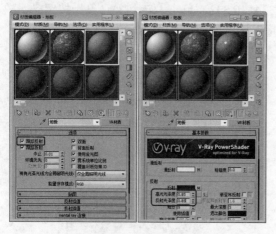

图 10-205　设置基本参数

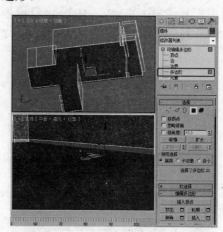

图 10-206　选择多边形

(17) 在"材质编辑器"对话框中，单击"将材质指定给选定对象"按钮，在修改器下拉列表中选择"UVW 贴图"修改器，在"参数"卷展栏中，将"长度"、"宽度"都设置为 800，如图 10-207 所示。

(18) 将当前选择集定义为 Gizmo，并在顶视图中调整 Gizmo 的位置，调整后的效果如图 10-208 所示。

(19) 关闭当前选择集，在选中的多边形上右击鼠标，在弹出的快捷菜单中，选择"转换为"→"转换为可编辑多边形"命令，如图 10-209 所示。

(20) 退出孤立模式，在视图中选中天花板、天花板装饰线等对象，在"材质编辑器"对话框中选择"白色乳胶漆"，单击"将材质指定给选定对象"按钮，效果如图 10-210

所示。

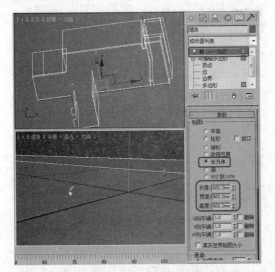

图 10-207　添加 UVW 贴图

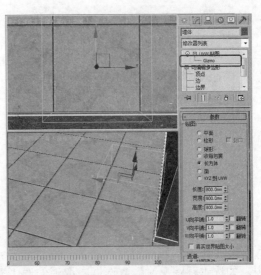

图 10-208　调整 Gizmo 的位置

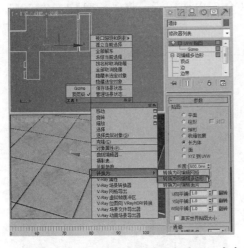

图 10-209　选择"转换为可编辑多边形"命令

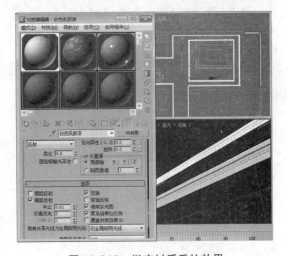

图 10-210　指定材质后的效果

(21) 在视图中选择"电视墙"对象，按 Ctrl+Q 组合键将其孤立显示，在"材质编辑器"对话框中选择"壁纸"材质样本球，按住鼠标左键，将其拖曳到一个新的材质样本球上，将复制后的材质命名为"电视墙背景"，在"贴图"卷展栏中，单击"漫反射"右侧的材质按钮，在"位图参数"卷展栏中，单击"位图"右侧的材质按钮，在弹出的对话框中选择本书下载资源中的"下载资源\Map\文化石.jpg"位图图像文件，如图 10-211 所示。

(22) 单击"打开"按钮，单击"转到父对象"按钮，在"贴图"卷展栏中，将"凹凸"右侧的"数量"设置为 50，在"基本参数"卷展栏中，将"漫反射"选项组中的"漫反射"的 RGB 值设置为 254、248、230，在"反射"选项组中，将"反射"的 RGB 值设置为 0、0、0，将"高光光泽度"设置为 1，并单击其右侧的 L 按钮，如图 10-212 所示。

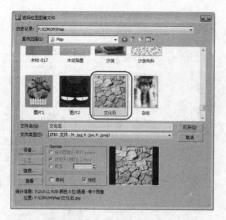

图 10-211　选择位图图像文件

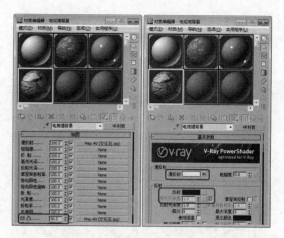

图 10-212　设置基本参数

(23) 在"双向反射分布函数"卷展栏中，将类型设置为"多面"，在"选项"卷展栏中，勾选"跟踪反射"复选框，取消勾选"雾系统单位比例"复选框，如图 10-213 所示。

(24) 单击"将材质指定给选定对象"按钮 ，在修改器下拉列表中选择"UVW 贴图"修改器，在"参数"卷展栏中，单击"长方体"单选按钮，将"长度"、"宽度"、"高度"都设置为 700，如图 10-214 所示。

图 10-213　设置双向反射分布函数类型及选项

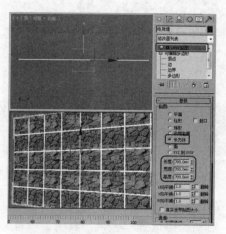

图 10-214　添加 UVW 贴图

(25) 在选中的对象上右击鼠标，在弹出的快捷菜单中选择"转换为"→"转换为可编辑多边形"命令，如图 10-215 所示。

(26) 在"材质编辑器"对话框中选择"电视墙背景"材质样本球，按住鼠标，将其拖曳到一个新的材质样本球上，将其命名为"镜子"，在"贴图"卷展栏中右击"漫反射"右侧的材质按钮，在弹出的快捷菜单中选择"清除"命令，并使用同样的方法，清除"凹凸"右侧的材质，如图 10-216 所示。

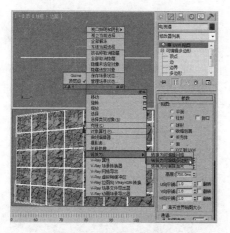
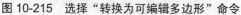

图 10-215 选择"转换为可编辑多边形"命令

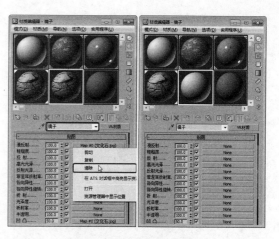

图 10-216 清除贴图

(27) 在"基本参数"卷展栏中，将"漫反射"选项组中的"漫反射"的 RGB 值设置为 71、83、104，在"反射"选项组中，将"反射"的 RGB 值设置为 255、255、255，将"最大深度"设置为 3，在"折射"选项组中，将"细分"、"最大深度"分别设置为 5、3，在"双向反射分布函数"卷展栏中，将类型如设置为"反射"，如图 10-217 所示。

(28) 确认"电视墙"处于选中状态，将当前选择集定义为"多边形"，在视图中选择如图 10-218 所示的多边形。

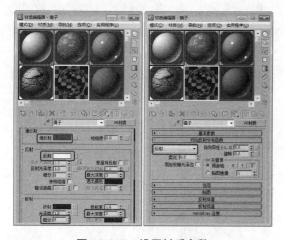

图 10-217 设置材质参数

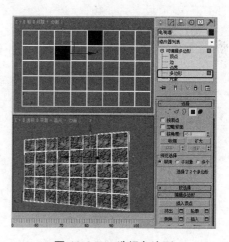

图 10-218 选择多边形

(29) 单击"将材质指定给选定对象"按钮即可。关闭当前选择集，在"材质编辑器"对话框中选择"镜子"材质样本球，按住鼠标左键，将其拖曳到一个新的材质样本球上，将其命名为"烤漆玻璃"，在"基本参数"卷展栏中，将"漫反射"选项组中的"漫反射"的 RGB 设置为 29、29、29，将"反射"选项组中的"反射"的 RGB 值设置为 122、122、122，单击"高光光泽度"右侧的 L 按钮，将"高光光泽度"、"细分"、"最大深度"分别设置为 0.9、3、2，在"折射"选项组中，将"细分"、"最大深度"分别设置为 8、5，如图 10-219 所示。

(30) 将当前选择集定义为"多边形"，在视图中选择如图 10-220 所示的多边形。

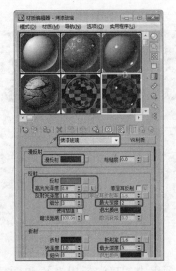

图 10-219　复制材质并进行设置

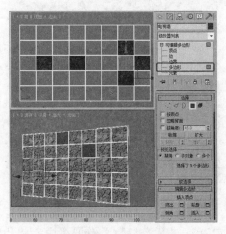

图 10-220　选择多边形

(31) 单击"将材质指定给选定对象"按钮 ，关闭当前选择集，在"材质编辑器"对话框中选择一个新的材质样本球，将其命名为"白油"，单击 Standard 按钮，在弹出的对话框中选择"VR 材质"选项，如图 10-221 所示。

(32) 单击"确定"按钮，在"基本参数"卷展栏中，将"漫反射"选项组中的"漫反射"的 RGB 值设置为 246、246、246，在"反射"选项组中，将"反射"的 RGB 值设置为 20、20、20，将"反射光泽度"设置为 0.95，将"反射插值"、"折射插值"卷展栏中的"最小比率"都设置为-3，将"最大比率"都设置为 0，如图 10-222 所示。

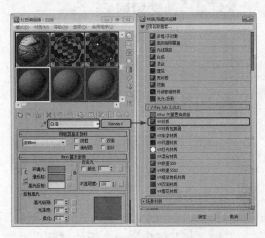

图 10-221　选择"VR 材质"选项

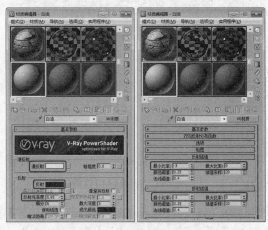

图 10-222　设置材质参数

(33) 退出当前孤立模式，在视图中选择电视装饰线、推拉门、窗框、门对象，单击"将材质指定给选定对象"按钮 ，如图 10-223 所示。

(34) 使用同样的方法，为墙体中的踢脚线和门框指定"白油"材质，指定完成后，将"材质编辑器"对话框关闭即可。单击应用程序按钮，在弹出的下拉列表中选择"导入"→"合并"命令，如图 10-224 所示。

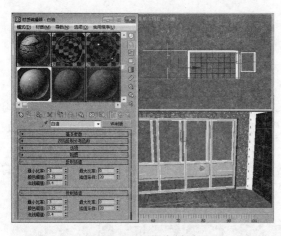

图 10-223　指定材质

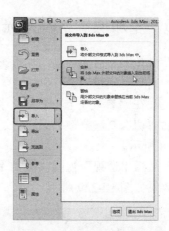

图 10-224　选择"合并"命令

(35) 在弹出的对话框中，选择本书下载资源中的"下载资源\Scenes\Cha10\家具.max"素材文件，如图 10-225 所示。

(36) 单击"打开"按钮，在弹出的对话框中单击"全部"按钮，如图 10-226 所示。

图 10-225　选择素材文件

图 10-226　选择全部对象

(37) 单击"确定"按钮，在视图中调整导入对象的位置，调整后的效果如图 10-227 所示。

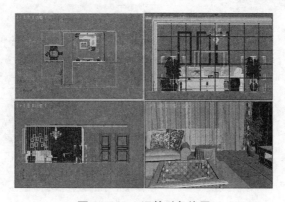

图 10-227　调整对象位置

10.2.6　添加摄影机及灯光

下面将介绍如何为场景添加摄影机及灯光，其具体操作步骤如下。

（1）选择"创建" 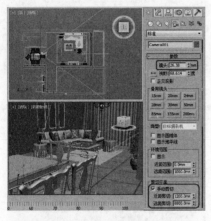→"摄影机"→"标准"→"目标"工具，在顶视图中创建一架摄影机，在"参数"卷展栏中，将"镜头"设置为 26.38，在"剪切平面"选项组中勾选"手动剪切"复选框，然后将"近距剪切"、"远距剪切"分别设置为 1200、8800，如图 10-228 所示。

（2）激活"透视"视图，按 C 键将其转换为摄影机视图，在其他视图中调整摄影机的位置，效果如图 10-229 所示。

图 10-228　创建摄影机并进行设置

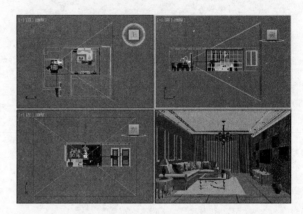

图 10-229　调整摄影机位置后的效果

（3）选择"创建"→"摄影机"→"标准"→"目标"工具，在顶视图中创建一架摄影机，在"参数"卷展栏中，将"镜头"设置为 28，取消勾选"剪切平面"选项组中的"手动剪切"复选框，如图 10-230 所示。

（4）激活任意视图，按 C 键将其转换为摄影机视图，在其他视图中调整摄影机的位置，效果如图 10-231 所示。

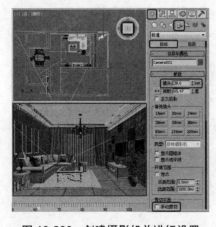

图 10-230　创建摄影机并进行设置

图 10-231　调整摄影机的位置

（5）按 Shift+C 组合键，对摄影机进行隐藏，选择"创建" →"灯光" →"标准"→"目标平行光"工具，在顶视图中创建一盏目标平行光，如图 10-232 所示。

（6）切换至"修改" 命令面板，在"常规参数"卷展栏中，勾选"阴影"选项组中的"启用"复选框，取消勾选"使用全局设置"复选框，将阴影类型设置为"VRay 阴影"，在"强度/颜色/衰减"卷展栏中，将"倍增"设置为 3，将阴影颜色的 RGB 值设置为 255、245、225，在"平行光参数"卷展栏中，将"聚光区/光束"设置为 4000，单击"矩形"单选按钮，在"VRay 阴影参数"卷展栏中勾选"区域阴影"复选框，单击"长方体"单选按钮，将"U 大小"、"V 大小"、"W 大小"都设置为 1000，如图 10-233 所示。

图 10-232　创建目标平行光

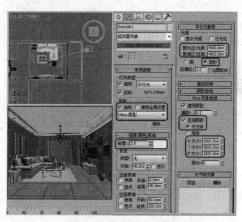

图 10-233　设置灯光参数

（7）使用"选择并移动"工具，在视图中调整灯光的位置，调整后的效果如图 10-234 所示。

提示： 为了方便灯光的调整，我们首先将 Camera002 转换为左视图。

（8）选择"创建" →"灯光" →"VRay"→"VR 灯光"工具，在左视图中创建一盏 VR 灯光，在"参数"卷展栏中，将"强度"选项组中的"倍增器"设置为 5，将"颜色"的 RGB 值设置为 170、205、249，在"大小"选项组中将"1/2 长"、"1/2 宽"分别设置为 1600、1100，勾选"选项"选项组中的"不可见"复选框，在"采样"选项组中，将"细分"设置为 20，如图 10-235 所示。

（9）选中该灯光对象，激活顶视图，在工具栏中单击"镜像"按钮 ，在弹出的对话框中单击 X 单选按钮，如图 10-236 所示。

（10）单击"确定"按钮，然后使用"选择并移动"工具，在视图中调整其位置，效果如图 10-237 所示。

（11）选择"创建" →"灯光" →"VRay"→"VR 灯光"工具，在顶视图中创建一盏 VR 灯光，在"参数"卷展栏中，将"强度"选项组中的"倍增器"设置为 4，将"颜色"的 RGB 值设置为 253、245、228，在"大小"选项组中将"1/2 长"、"1/2 宽"分别设置为 1857、1640，如图 10-238 所示。

（12）使用"选择并移动"工具在视图中调整该灯光的位置，调整后的效果如图 10-239

所示。

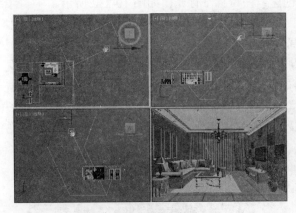

图 10-234 调整灯光的位置

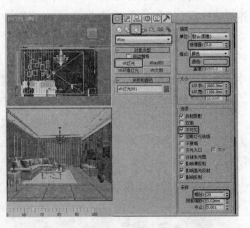

图 10-235 创建 VR 灯光并进行设置

图 10-236 选择镜像轴

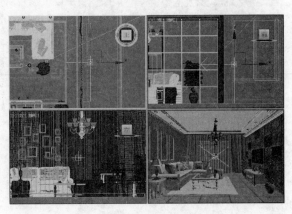

图 10-237 调整灯光的位置

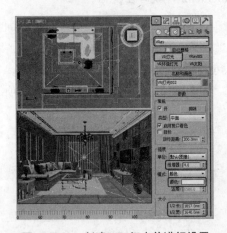

图 10-238 创建 VR 灯光并进行设置

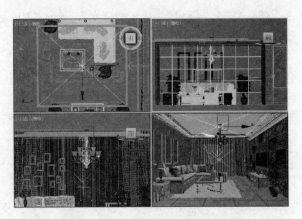

图 10-239 调整灯光位置后的效果

(13) 继续选中该灯光，在顶视图中按住 Shift 键，沿 X 轴向左进行移动，在弹出的对话框中，单击"复制"单选按钮，如图 10-240 所示。

(14) 设置完成后，单击"确定"按钮，选中复制后的灯光，切换至"修改" 命令面板，在"参数"卷展栏中，将"大小"选项组中的"1/2 长"、"1/2 宽"分别设置为1270、1005，并在视图中调整其位置，效果如图 10-241 所示。

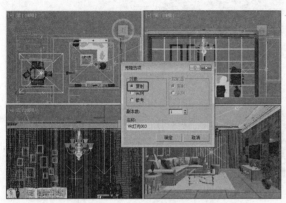

图 10-240　设置克隆选项

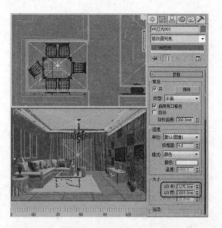

图 10-241　调整复制后的灯光的参数及位置

(15) 用同样方法对 VR 灯光进行复制，并调整其参数及位置，效果如图 10-242 所示。

(16) 选择"创建"→"灯光"→"光度学"→"自由灯光"工具，在顶视图中创建一盏自由灯光，切换至"修改"命令面板，在"常规参数"卷展栏中，将"目光距离"设置为 2006，取消勾选"阴影"选项组中的"使用全局设置"复选框，将阴影类型设置为"VRay 阴影"，将"灯光分布(类型)"设置为"光度学 Web"，单击"选择光度学文件"按钮，如图 10-243 所示。

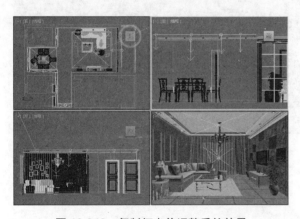

图 10-242　复制灯光并调整后的效果

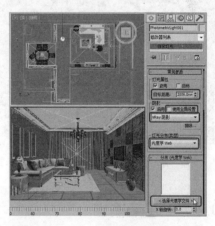

图 10-243　单击"选择光度学文件"按钮

(17) 在弹出的对话框中，选择本书下载资源中的"下载资源\Map\TD-2.IES"光度学文件，如图 10-244 所示。

(18) 单击"打开"按钮，在"强度/颜色/衰减"卷展栏中，将"过滤颜色"的 RGB 值设置为 252、233、181，在"强度"选项组中单击 cd 单选按钮，将其参数设置为 34000，在"VR 阴影参数"卷展栏中，勾选"区域阴影"复选框，单击"长方体"单选按钮，将

"细分"设置为 10，如图 10-245 所示。

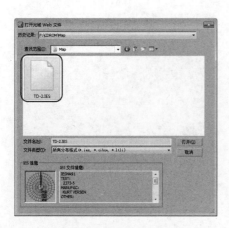

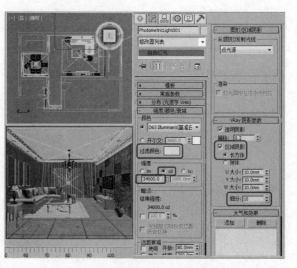

图 10-244　选择光度学文件　　　　　　　　　图 10-245　设置灯光参数

(19) 用"选择并移动"工具，在视图中调整该灯光的位置，调整后的效果如图 10-246 所示。

(20) 对该灯光进行复制，并调整其位置及参数，然后将左视图转换为摄影机视图，如图 10-247 所示。

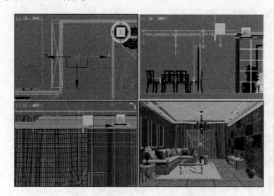

图 10-246　调整灯光的位置　　　　　　　　　图 10-247　复制并调整灯光后的效果

10.2.7　渲染输出

至此，客餐厅效果就制作完成了，接下来，将介绍如何将制作完成后的场景进行渲染输出，具体操作步骤如下。

(1) 按 Shift+L 组合键对灯光进行隐藏，按 8 键，在弹出的对话框中选择"环境"选项卡，在"公用参数"卷展栏中单击"环境贴图"下的材质按钮，在弹出的对话框中选择"位图"选项，如图 10-248 所示。

(2) 单击"确定"按钮，在弹出的对话框中选择本书下载资源中的"下载资源\Map\户外景色.jpg"位图图像文件，如图 10-249 所示。

（3）单击"打开"按钮，按 M 键打开"材质编辑器"对话框，按鼠标左键，将环境贴图拖曳到一个新的材质样本球上，在弹出的对话框中单击"实例"单选按钮，如图 10-250 所示。

（4）单击"确定"按钮。然后，在"坐标"卷展栏中，将"贴图"设置为"屏幕"，如图 10-251 所示。

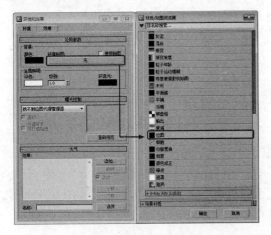

图 10-248　选择"位图"选项

图 10-249　选择位图图像文件

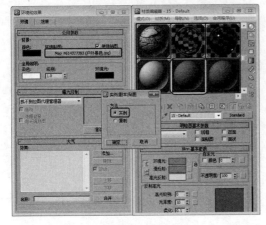

图 10-250　复制材质

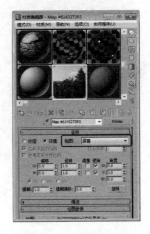

图 10-251　设置贴图

（5）将"环境和背景"和"材质编辑器"对话框关闭。然后激活 Camera001 视图，按 Alt+B 组合键，在弹出的对话框中，勾选"使用环境背景"以及"显示背景"复选框，如图 10-252 所示。

（6）按 F10 键，在弹出的对话框中选择 V-Ray 选项卡，在"V-Ray::全局开关[无名]"卷展栏中，取消勾选"过滤贴图"复选框，在"V-Ray::图像采样器(抗锯齿)"卷展栏中，将"类型"设置为"自适应确定性蒙特卡洛"，将抗锯齿类型设置为 Mitchell-Netravali，在"V-Ray::颜色贴图"卷展栏中，将"类型"设置为"指数"，将"伽玛值"设置为 1，如图 10-253 所示。

图 10-252　使用环境背景

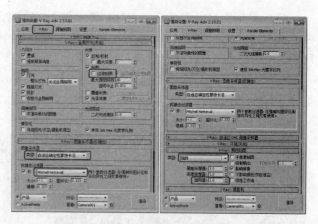

图 10-253　设置抗锯齿类型及颜色贴图类型

（7）在该对话框中选择"间接照明"选项卡，在"V-Ray::间接照明(GI)"卷展栏中，勾选"开"复选框，将"二次反弹"选项组中的"全局照明引擎"设置为"灯光缓存"，在"V-Ray::发光图(无名)"卷展栏中，将"当前预置"设置为"低"，在"V-Ray::灯光缓存"卷展栏中，勾选"显示计算机相位"复选框，如图 10-254 所示。

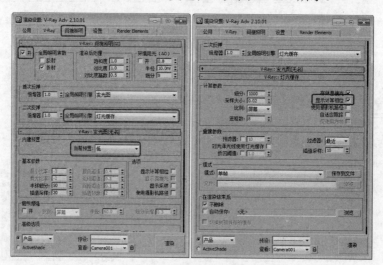

图 10-254　设置间接照明参数

（8）设置完成之后，分别对两个摄影机视图进行渲染即可，然后对完成后的场景进行保存。

10.3　制作节目片头

本例将介绍一个片头动画的制作。该例的制作比较复杂，主要通过为实体文字添加动画，并创建粒子系统和光斑作为发光物体，并为它们设置特效来完成，其效果如图 10-255 所示。

图 10-255 电视台片头动画效果

10.3.1 制作文本标题

文本标题的制作在片头动画中最为常见，在制作上也非常便于实现。这里将介绍如何创建文本，并为创建的文本添加材质等。

(1) 启动 3ds Max 2012，在动画控制区域中单击"时间配置"按钮，在打开的对话框中，将"动画"选项组中的"长度"设置为 330，如图 10-256 所示。

(2) 设置完成后，单击"确定"按钮，选择"创建" → "图形" → "文本"工具，在"参数"卷展栏中，将"字体"设置为"汉仪书魂体简"，然后在"文本"文本框中输入"环球时讯"，在前视图中单击鼠标创建文本，并且将其命名为"环球时讯"，如图 10-257 所示。

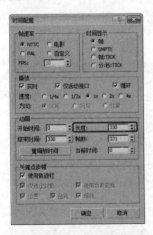

图 10-256 设置结束时间

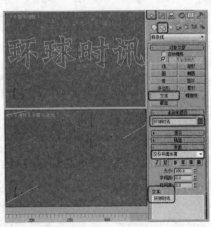

图 10-257 创建文本

(3) 选择"修改"命令面板，在修改器下拉列表中选择"倒角"修改器，在"参数"卷展栏的"相交"选项组中，勾选"避免线相交"复选框，在"倒角值"卷展栏中，将"级别 1"下的"高度"设置为 4，勾选"级别 2"复选框，将"高度"和"轮廓"分别设置为 1 和-1，如图 10-258 所示。

提示：选中"避免线相交"复选框，会增加系统的运算时间，可能会等待很久，而且将来在改动其他倒角参数时也会变得迟钝，所以，应尽量避免使用这个功能。如果遇到线相交的情况，最好返回到曲线图形中手动进行修改，将转折过于尖锐的地方调节圆滑。

(4) 设置完成后，在修改器下拉列表中选择"UVW 贴图"修改器，并使用其默认参数，效果如图 10-259 所示。

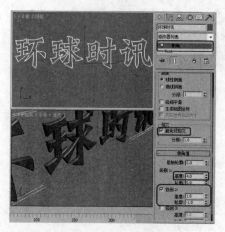

图 10-258　添加倒角修改器

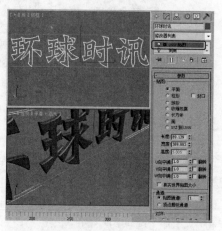

图 10-259　添加"UVW 贴图"修改器

(5) 确认该对象处于选中状态，按 Ctrl+V 组合键，在弹出的对话框中单击"复制"单选按钮，如图 10-260 所示。

(6) 单击"确定"按钮，确认复制后的对象处于选中状态，在"修改"命令面板中按住 Ctrl 键，选择"UVW 贴图"和"倒角"修改器，右击鼠标，在弹出的快捷菜单中选择"删除"命令，如图 10-261 所示。

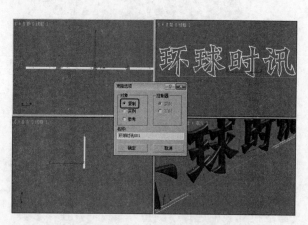

图 10-260　单击"复制"单选按钮

图 10-261　选择"删除"命令

(7) 选中复制的对象，右击鼠标，在弹出的快捷菜单中选择"转换为"→"转换为可编辑样条线"命令，如图 10-262 所示。

（8）转换完成后，在"渲染"卷展栏中勾选"在渲染中启用"和"在视口中启用"复选框，将"厚度"设置 2，如图 10-263 所示。

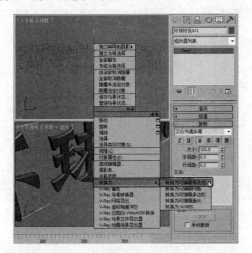

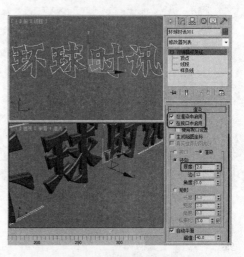

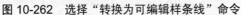

图 10-262　选择"转换为可编辑样条线"命令　　　　图 10-263　设置样条线的厚度

（9）选择"创建" → "图形" → "文本"工具，在"参数"卷展栏中，将"字体"设置为 TW Cen MT Bold Italic，将"大小"和"字间距"分别设置为 55、5，在"文本"文本框中输入"Global Newsletter"，然后在前视图中单击鼠标左键创建文本，并调整文本的位置，将其命名为"字母"，如图 10-264 所示。

（10）切换至"修改"命令面板，在"渲染"卷展栏中，取消勾选"在渲染中启用"和"在视口中启用"复选框，效果如图 10-265 所示。

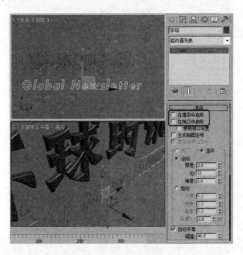

图 10-264　输入文字　　　　　　　　　　图 10-265　取消勾选复选框

（11）在修改器下拉列表中选择"挤出"修改器，在"参数"卷展栏中，将"数量"设置为 5，勾选"生成贴图坐标"复选框，如图 10-266 所示。

（12）确认该对象处于选中状态，按 Ctrl+V 组合键，在弹出的对话框中单击"复制"单选按钮，如图 10-267 所示。

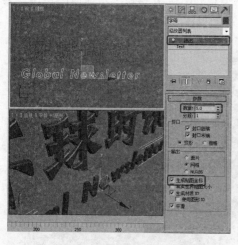

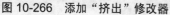

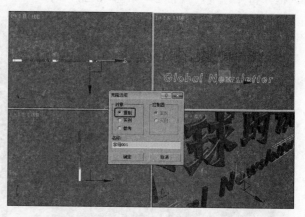

图 10-266　添加"挤出"修改器　　　　　图 10-267　单击"复制"单选按钮

(13) 单击"确定"按钮，确认复制后的对象处于选中状态，将"挤出"修改器删除，在"修改"命令面板中选择 Text，在修改器下拉列表中选择"编辑样条线"修改器，将当前选择集定义为"样条线"，在视图中框选选中样条线，在"几何体"卷展栏中，将"轮廓"设置为-0.8，如图 10-268 所示。

(14) 调整完成后，将当前选择集关闭，在"修改"命令面板中选择"挤出"修改器，使用其默认参数即可，如图 10-269 所示。

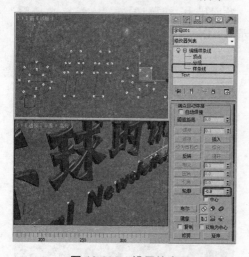

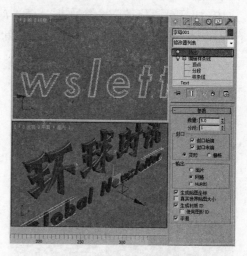

图 10-268　设置轮廓　　　　　　　图 10-269　调整顶点的位置

(15) 按 H 键，并在弹出的对话框中选择"环球时讯"和"字母"对象，如图 10-270 所示。

(16) 单击"确定"按钮，按 M 键，打开"材质编辑器"对话框，选择一个新的材质样本球，将其命名为"标题"，然后单击右侧的 Standard 按钮，在弹出的对话框中选择"混合"贴图，如图 10-271 所示。

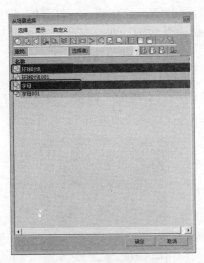

图 10-270　选择对象

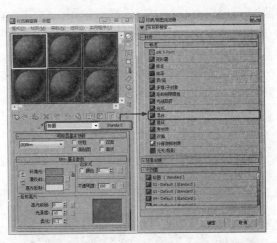

图 10-271　选择"混合"选项

(17) 单击"确定"按钮，在弹出的"替换材质"对话框中，单击"将旧材质保存为子材质"单选按钮，单击"确定"按钮，在"混合基本参数"卷展栏中，单击"材质 1"通道后面材质按钮，进入材质 1 的通道。在"Blinn 基本参数"卷展栏中，单击"环境光"左侧的 C 按钮，取消颜色的锁定，将"环境光"的 RGB 值设置为 0、0、0，将"漫反射"的 RGB 值设置为 128、128、128，将"不透明度"设置为 0；在"反射高光"选项组中，将"光泽度"设置为 0，如图 10-272 所示。

(18) 设置完成后，单击"转到父对象"按钮 ，在"混合基本参数"卷展栏中，单击"材质 2"右侧的材质通道按钮，在"明暗器基本参数"卷展栏中，将"明暗器类型"设置为"金属"，在"金属基本参数"卷展栏中，单击"环境光"左侧的 C 按钮，取消颜色的锁定，将"环境光"的 RGB 值设置为 118、118、118，将"漫反射"的 RGB 值设置为 255、255、255，将"不透明度"设置为 0；在"反射高光"选项组中，将"高光级别"和"光泽度"分别设置为 120 和 65，如图 10-273 所示。

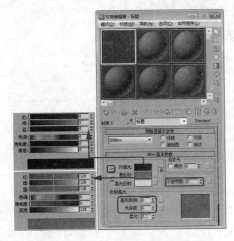

图 10-272　设置 Blinn 基本参数

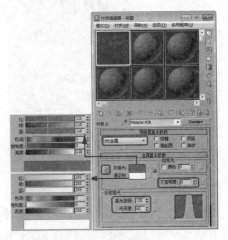

图 10-273　设置金属基本参数

(19) 在"贴图"卷展栏中单击"漫反射颜色"后面的 None 按钮，在打开的"材质/贴图浏览器"对话框中，选择"位图"贴图，单击"确定"按钮。在打开的对话框中选择本书下载资源中的"下载资源\Map\Metal01.jpg"文件，单击"打开"按钮，在"坐标"卷展栏中，将"瓷砖"下的 U 和 V 都设置为 0.08，如图 10-274 所示。

(20) 单击"转到父对象"按钮，然后，将"凹凸"右侧的"数量"设置为 15，如图 10-275 所示。

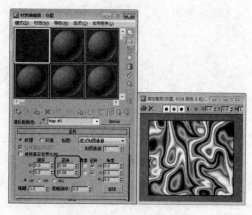

图 10-274　设置贴图参数

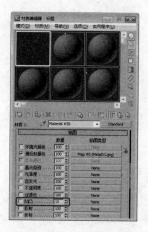

图 10-275　设置凹凸数量

(21) 单击其后面的 None 按钮，在打开的"材质/贴图浏览器"对话框中选择"噪波"贴图，进入"噪波"贴图层级。在"噪波参数"卷展栏中选择"分形"单选按钮，将"大小"设置为 0.5，将"颜色#1"的 RGB 值设置为 134、134、134，如图 10-276 所示。

(22) 单击两次"转到父对象"按钮，单击"遮罩"通道右侧的 None 按钮，在弹出的"材质/贴图浏览器"对话框中选择"渐变坡度"选项，如图 10-277 所示。

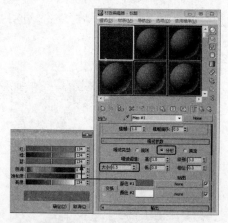

图 10-276　设置噪波参数

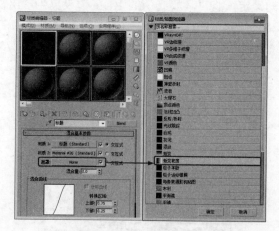

图 10-277　选择"渐变坡度"选项

(23) 单击"确定"按钮，在"渐变坡度参数"卷展栏中，将"位置"为第 50 帧的色标滑动到第 95 帧位置处，并将其 RGB 值设置为 0、0、0，在"位置"为第 97 帧处添加一个色标，并将其 RGB 值设置为 255、255、255；在"噪波"选项组中，将"数量"设置为

0.01，选择"分形"单选按钮，如图 10-278 所示。

(24) 设置完毕后，将时间滑块移动到第 150 帧位置处，单击"自动关键点"按钮，将"位置"为第 95 帧处的色标移动至 1 位置处，将第 97 帧位置处的色标移动至第 2 帧位置处，如图 10-279 所示。

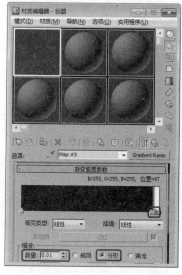

图 10-278　设置渐变坡度参数

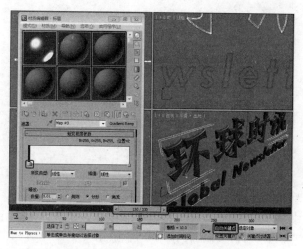

图 10-279　添加关键点

(25) 关闭自动关键点记录模式，选择"图形编辑器"→"轨迹视图 - 摄影表"命令，即可打开"轨迹视图 - 摄影表"对话框，如图 10-280 所示。

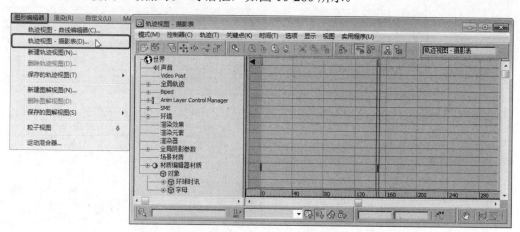

图 10-280　选择"轨迹视图-摄影表"命令

(26) 在面板左侧的序列中打开"材质编辑器材质"→"标题"→"遮罩"→"Gradient Ramp"，将第 0 帧处的关键帧移动至第 95 帧位置处，如图 10-281 所示。

(27) 调整完成后，将该对话框关闭，在"材质编辑器"对话框中，将设置完成后的材质指定给选定对象，指定完成后，在菜单栏中选择"编辑"→"反选"命令，如图 10-282 所示。

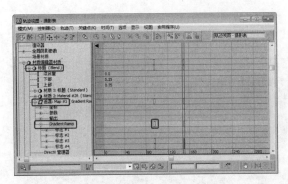

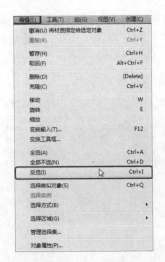

图 10-281　调整关键帧的位置　　　　　　　图 10-282　选择"反选"命令

(28) 在材质编辑器对话框中选择一个材质样本球，将其命名为"文字轮廓"，在"明暗器基本参数"卷展栏中，将明暗器类型设置为"金属"，在"金属基本参数"卷展栏中，单击"环境光"右侧的 C 按钮，取消颜色的锁定，将"环境光"的 RGB 值设置为 77、77、77，将"漫反射"的 RGB 值设置为 178、178、178；将"反射高光"选项组中的"高光级别"和"光泽度"分别设置为 75 和 51，如图 10-283 所示。

(29) 在"贴图"卷展栏中将"反射"后面的"数量"设置为 80，单击其右侧的 None 按钮，在打开的"材质/贴图浏览器"对话框中，选择"位图"贴图，如图 10-284 所示。

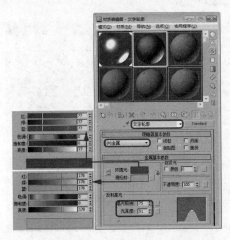

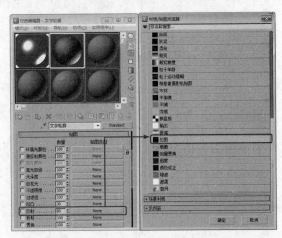

图 10-283　设置金属材质参数　　　　　　图 10-284　设置反射参数并选择"位图"选项

(30) 单击"确定"按钮。在打开的对话框中选择本书下载资源中的"下载资源\Map\Metals.jpg"文件，单击"打开"按钮，在"坐标"卷展栏中，将"瓷砖"下的 U 和 V 分别设置为 0.5 和 0.2，如图 10-285 所示。

(31) 单击"转到父对象"按钮 ，返回到上一层级，将设置完成后的材质指定给选定对象，将材质编辑器对话框关闭，指定材质后的效果如图 10-286 所示。

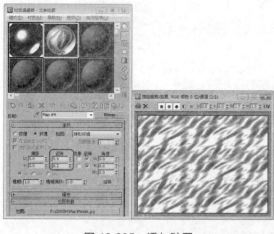

图 10-285　添加贴图　　　　　　　　　　图 10-286　添加材质后的效果

(32) 在视图中选择所有的"环球时讯"对象，选择"组"→"组"命令，在弹出的对话框中，将"组名"命名为"文字标题"，如图 10-287 所示，然后单击"确定"按钮。

(33) 按 Ctrl+I 组合键进行反选，选择"组"→"组"命令，在弹出的对话框中，将"组名"命名为"字母标题"，如图 10-288 所示，单击"确定"按钮。

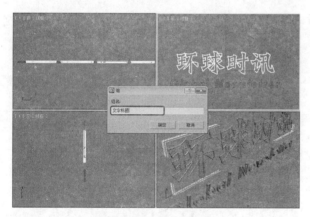

图 10-287　将对象成组　　　　　　　　　图 10-288　设置组名称

10.3.2　创建摄影机和灯光

文本标题制作完成后，接下来，就要介绍如何在场景中创建摄影机与灯光了，并通过调整其参数达到所需的效果。

(1) 在视图中调整两个对象的位置，选择"创建"　→"摄影机"　→"目标"摄影机，在顶视图中创建一架摄影机，激活"透视"视图，按 C 键，将当前视图转换为"摄影机"视图，在"环境范围"选项组中，勾选"显示"复选框，将"近距范围"和"远距范围"分别设置为 8 和 811，然后在场景中调整摄影机的位置，如图 10-289 所示。

(2) 激活摄影机视图，并在菜单栏中选择"视图"→"视口配置"命令，如图 10-290 所示。

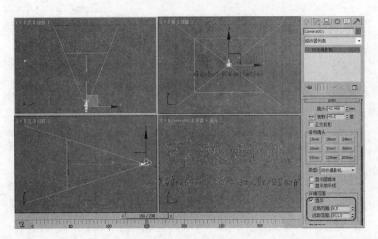

图 10-289 创建摄影机

图 10-290 选择"视口
配置"命令

(3) 在弹出的对话框中选择"安全框"选项卡，勾选"动作安全区"和"标题安全区"复选框，在"应用"选项组中勾选"在活动视图中显示安全框"复选框，如图 10-291 所示。

(4) 设置完成后，单击"确定"按钮，选择"创建"→"灯光"→"标准"→"泛光灯"工具，在顶视图中创建一盏泛光灯，在视图中调整灯光的位置，如图 10-292 所示。

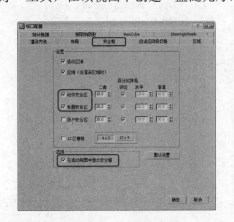

图 10-291 设置安全框

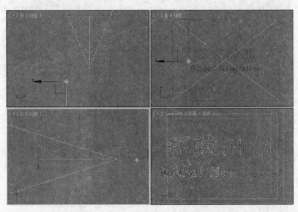

图 10-292 调整泛光灯的位置

(5) 确认该灯光处于选中状态，切换至"修改"命令面板，在"常规参数"卷展栏中取消勾选"阴影"选项组中的"启用"和"使用全局设置"复选框，将"阴影类型"设置为"阴影贴图"，如图 10-293 所示。

(6) 使用同样的方法，继续创建一盏泛光灯，在"常规参数"卷展栏中，取消勾选"阴影"选项组中的"启用"和"使用全局设置"复选框，将"阴影类型"设置为"阴影贴图",在"强度/颜色/衰减"卷展栏中,将"倍增"设置为 0.6,并在视图中调整其位置,如图 10-294 所示。

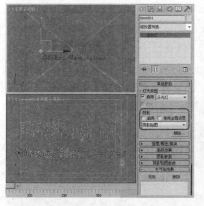
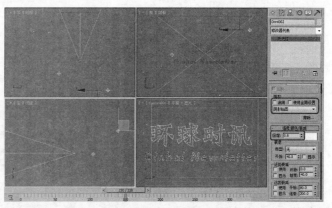

图 10-293 设置泛光灯的阴影选项　　　　图 10-294 创建灯光并调整其位置

10.3.3 设置背景

本案例将主要介绍如何为节目片头设置背景,该案例主要通过在"环境和效果"对话框中添加环境贴图,然后在材质编辑器对话框中通过设置其参数,来实现动画效果。

(1) 按 8 键,弹出"环境和效果"对话框,在"背景"选项组中单击"环境贴图"下面的 None 按钮,在打开的"材质/贴图浏览器"对话框中,选择"位图"贴图,单击"确定"按钮。在打开的对话框中,选择本书下载资源中的"下载资源\Map\4_2.jpg"文件,单击"打开"按钮,如图 10-295 所示。

(2) 激活摄影机视图,按 Alt+B 组合键,在弹出的对话框中勾选"使用环境背景"与"显示背景"复选框,如图 10-296 所示。

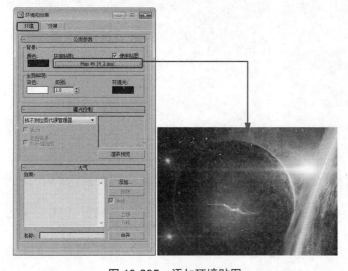

图 10-295 添加环境贴图　　　　图 10-296 设置视口背景

（3）设置完成后，单击"确定"按钮，按 M 键打开"材质编辑器"对话框，将环境贴图拖曳到"材质编辑器"中新的样本球上，在弹出的对话框中选择"实例"单选按钮，如图 10-297 所示，单击"确定"按钮。

（4）将时间滑块拖到第 0 帧处，然后按 N 键打开动画记录模式，勾选"裁剪/放置"选项组中的"启用"复选框，将 U、V、W、H 分别设置为 0.271、0.266、0.314、0.274，如图 10-298 所示。

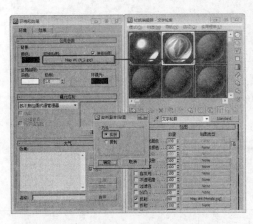

图 10-297　单击"实例"单选按钮

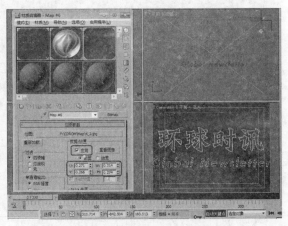

图 10-298　设置裁剪参数

（5）将时间滑块拖到第 250 帧处，在"裁剪/放置"选项组中，将 U、V、W、H 分别设置为 0、0、1、1，如图 10-299 所示。

（6）将时间滑块拖到第 210 帧位置处，在"坐标"卷展栏中，将"模糊"设置为 0.01，如图 10-300 所示。

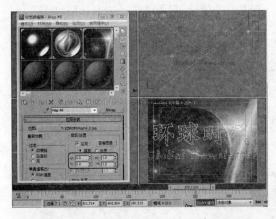

图 10-299　在第 250 帧处设置裁剪参数

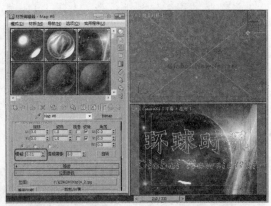

图 10-300　在第 210 帧处设置模糊参数

（7）将时间滑块拖到第 250 帧位置处，在"坐标"卷展栏中，将"模糊"参数设置为 5，如图 10-301 所示。

（8）设置完成后，关闭"自动关键点"按钮和"材质编辑器"对话框，激活摄影机视图，拖动时间滑块查看效果即可，效果如图 10-302 所示。

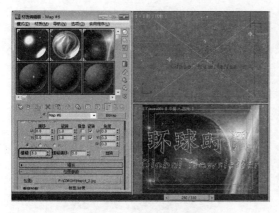

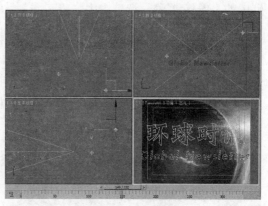

图 10-301　设置模糊参数　　　　　　　　　　　　　　图 10-302　查看效果

10.3.4　为标题添加动画效果

在本案例中，主要介绍如何通过自动关键点为标题添加动画效果。

(1) 按 Shift+L 组合键，将场景中的灯光隐藏，按 Shift+C 组合键，将场景中的摄影机隐藏，在场景中选择"文字标题"对象，激活顶视图，在工具栏中右击"选择并旋转"工具，在弹出的对话框中，将"偏移:屏幕"选项组中的 Z 设置为 90，如图 10-303 所示。

(2) 在工具栏中单击"选择并移动"工具，在"移动变换输入"对话框中，将"绝对:世界"选项组中的 XYZ 分别设置为 2.43、2813.511、29.299，如图 10-304 所示。

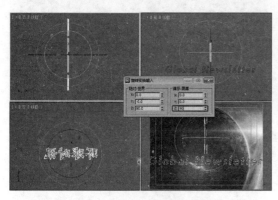

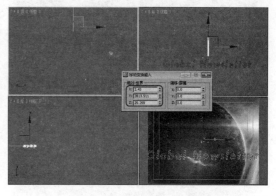

图 10-303　设置旋转参数　　　　　　　　　　　　　　图 10-304　设置位置参数

(3) 在视图中选中"字母标题"对象，在"移动变换输入"对话框中，将"绝对:世界"选项组中的 XYZ 分别设置为-760.99、-584.03、-55.368，如图 10-305 所示。

(4) 将时间滑块拖曳到第 90 帧位置处，单击"自动关键点"按钮，确认"字母标题"对象处于选中状态，在"移动变换输入"对话框中，将"绝对:世界"选项组中的 XYZ 分别设置为 1.689、-0.678、-51.445，如图 10-306 所示。

(5) 在视图中选择"文字标题"对象，在"移动变换输入"对话框中，将"绝对:世界"选项组中的 XYZ 分别设置为 2.43、-0.678、29.299，如图 10-307 所示。

(6) 在工具栏中右击"选择并旋转"工具，激活顶视图，在"旋转变换输入"对话框中的"偏移:屏幕"选项组中，将 Z 设置为-90，如图 10-308 所示。

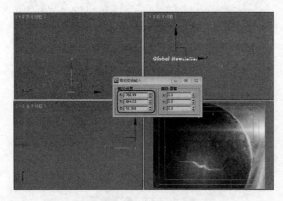

图 10-305　调整字母标题的位置

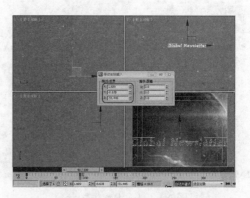

图 10-306　在第 90 帧处添加关键帧

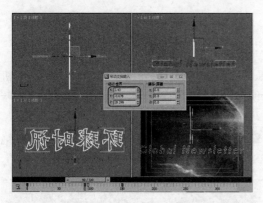

图 10-307　调整文字标题的位置

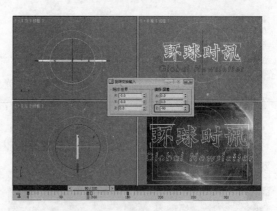

图 10-308　旋转文字标题的角度

(7)　设置完成后，将该对话框关闭，按 N 键关闭自动关键点记录模式，使用"选择并移动"工具，在场景中选择"文字标题"和"字母标题"对象，打开"轨迹视图 - 摄影表"对话框，如图 10-309 所示。

(8)　选择"文字标题"右侧第 0 帧处的关键帧，按住鼠标左键，将其拖曳至第 10 帧位置处，如图 10-310 所示。

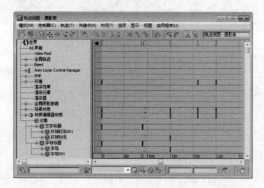

图 10-309　"轨迹视图 - 摄影表"对话框

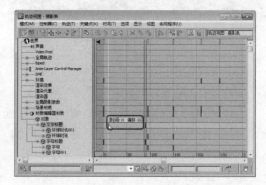

图 10-310　调整文字标题第 0 帧的位置

(9) 选择"字母标题"右侧第 0 帧处的关键帧,按住鼠标左键,将其拖曳至第 30 帧位置处,如图 10-311 所示。

(10) 调整完成后,将对话框关闭,可拖动时间滑块查看效果,如图 10-312 所示。

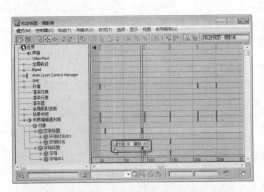

图 10-311 调整字母标题关键帧的位置

图 10-312 查看动画效果

10.3.5 为文本添加电光效果

下面将介绍如何为文本添加电光效果,该案例主要通过利用"线"工具绘制一条直线,然后,再为其添加关键帧及材质。

(1) 激活前视图,选择"创建" →"图形" →"线"工具,创建一个与"环球时讯"高度相等的线段,在"渲染"卷展栏中勾选"在渲染中启用"和"在视口中启用"复选框,并将线调整至文字的最右侧,如图 10-313 所示。

(2) 确定新创建的线段处于选中状态,单击鼠标右键,在弹出的快捷菜单中选择"对象属性"命令,在弹出的对话框中,将"对象 ID"设置为 1,如图 10-314 所示。

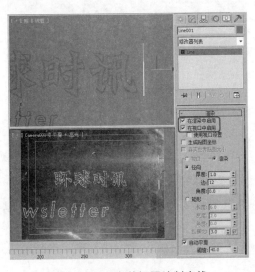

图 10-313 在前视图绘制直线

图 10-314 设置对象属性

(3) 设置完成后,单击"确定"按钮,将时间滑块拖曳到第 150 帧处,单击"自动关键帧"按钮,选择工具栏中的"选择并移动" 工具,激活前视图,将线沿 X 轴向左移至"环"字的左侧边缘,如图 10-315 所示。设置完成后,关闭"自动关键点"按钮。

(4) 确定线处于选中状态,打开"轨迹视图 - 摄影表"对话框,在左侧的面板中选择 Line001 下的"变换",并将其右侧第 0 帧处的关键帧移动至第 95 帧位置处,如图 10-316 所示。

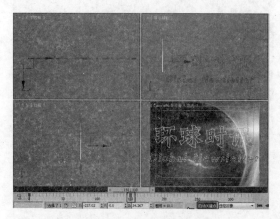

图 10-315 调整直线的位置

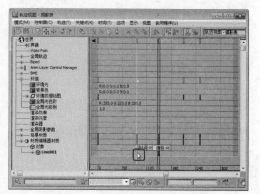

图 10-316 调整关键帧的位置

(5) 在"轨迹视图 - 摄影表"对话框左侧的选项栏中,选择 Line001,然后在菜单栏中选择"轨迹"→"可见性轨迹"→"添加"命令,为 Line001 添加一个可见性轨迹,如图 10-317 所示。

(6) 选择"可见性"选项,在工具栏中选择"插入关键点"工具 ,在第 94 帧的位置处添加一个关键点,并将值设置为 0.000,表示在该帧时不可见,如图 10-318 所示。

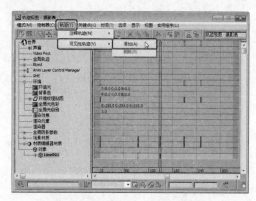

图 10-317 选择"添加"命令

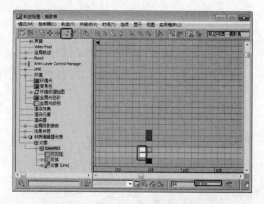

图 10-318 添加关键帧并设置其参数

(7) 继续在第 95 帧位置处添加关键点,并将其值设置为 1.000,表示在该帧时可见,如图 10-319 所示。

(8) 使用同样的方法,在第 150 帧处添加关键帧,并将值设置为 1.000,即在第 150 帧位置处添加一个可见关键点,如图 10-320 所示。

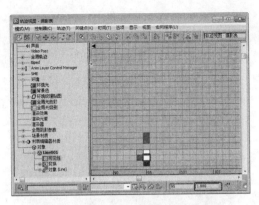

图 10-319　在第 95 帧处添加关键帧

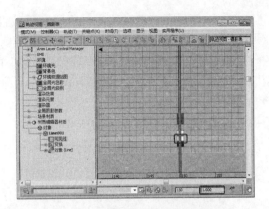

图 10-320　在第 150 帧处添加关键帧

（9）继续在第 151 帧处添加关键帧，并将值设置为 0.000，在第 151 帧位置处添加一个不可见关键点，如图 10-321 所示。

（10）添加完成后，将该对话框关闭，按 M 键，在弹出的"材质编辑器"中，选择一个新样本球，将其命名为"线"，在"Blinn 基本参数"卷展栏中，将"不透明度"设置为 0；在"反射高光"选项组中，将"光泽度"设置为 0，如图 10-322 所示，设置完成后，将该材质指定给选定对象，并将该对话框关闭。

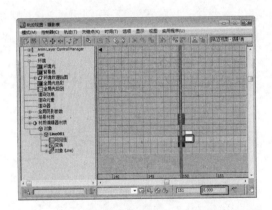

图 10-321　在第 151 帧处添加一个不可见关键帧

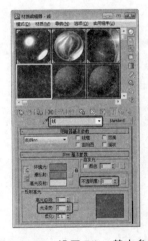

图 10-322　设置 Blinn 基本参数

10.3.6　创建粒子系统

本案例将介绍如何为节目片头创建粒子系统，在该案例中，主要通过为"超级喷射"工具创建粒子，并使用"螺旋线"工具绘制路径，然后为创建的粒子添加路径约束，使其沿路径进行运动。

（1）选择"创建" ![icon] →"几何体" ![icon] →"粒子系统" →"超级喷射"工具，在左视图中创建粒子系统，在"基本参数"卷展栏中，将"粒子分布"选项组中的"轴偏离"下的"扩散"设置为 15，将"平面偏离"下的"扩散"设置为 180.0；将"图标大小"设置为

45，在"视口显示"选项组中，将"粒子数百分比"设置为 50%，如图 10-323 所示。

（2）在"粒子生成"卷展栏中，将"粒子运动"选项组中的"速度"和"变化"分别设置为 8 和 5，将"粒子计时"选项组中的"发射开始"、"发射停止"、"显示时限"、"寿命"和"变化"分别设置为 30、150、180、25 和 5；然后将"粒子大小"选项组中的"大小"、"变化"、"增长耗时"和"衰减耗时"分别设置为 8、18、5 和 8，如图 10-324 所示。

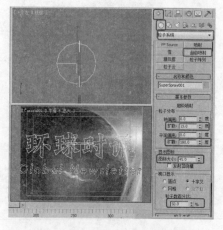

图 10-323　设置粒子基本参数

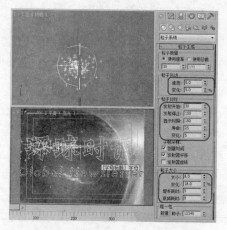

图 10-324　设置粒子生成参数

（3）在"气泡运动"卷展栏中，将"幅度"、"变化"和"周期"分别设置为 10、0 和 45。在"粒子类型"卷展栏中，选择"标准粒子"选项组中的"球体"单选按钮，在"材质贴图和来源"选项组中，将"时间"下的参数设置为 60，如图 10-325 所示。

（4）在"旋转和碰撞"卷展栏中，将"自旋速度控制"选项组中的"自旋时间"设置为 60，如图 10-326 所示。

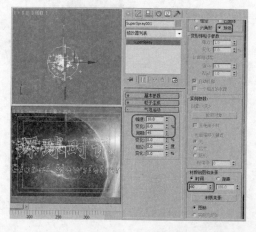

图 10-325　设置气泡运动和粒子类型

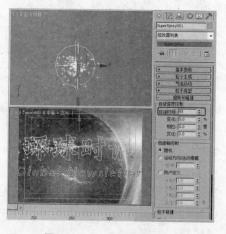

图 10-326　设置自旋时间

（5）按 M 键，打开"材质编辑器"，选择一个新的样本球，将其命名为"粒子"，然后在"贴图"卷展栏中，单击"漫反射颜色"后面的 None 按钮，选择"粒子年龄"贴图，如图 10-327 所示。

（6）单击"确定"按钮，进入"漫反射"贴图通道，在"粒子年龄参数"卷展栏中，将"颜色#1"的 RGB 值设置为 255、255、255；将"颜色#2"的 RGB 值设置为 245、148、25；将"颜色#3"的 RGB 值设置为 255、0、0，如图 10-328 所示。

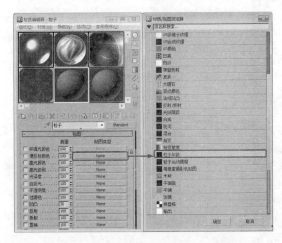

图 10-327　选择"粒子年龄"贴图

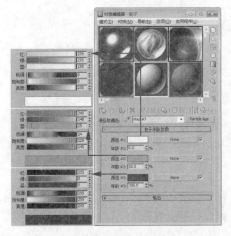

图 10-328　设置粒子年龄参数

（7）单击"转到父对象"按钮，在"贴图"卷展栏中，单击"不透明度"通道右侧的 None 按钮，在弹出的对话框中选择"渐变"贴图，如图 10-329 所示。

（8）单击"确定"按钮，使用其默认参数，设置完成后，将材质指定给选定对象，并将该对话框关闭，在视图中调整其位置，如图 10-330 示。

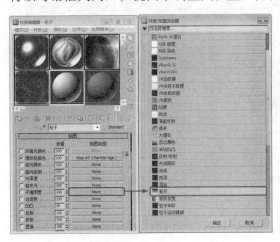

图 10-329　选择"渐变"选项

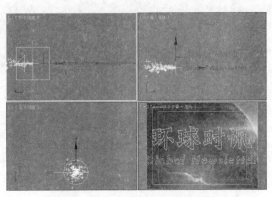

图 10-330　调整粒子对象的位置

（9）将时间滑块拖曳到第 170 帧处，单击"自动关键点"按钮，激活前视图，选择工具栏中的"选择并移动"工具，确定当前作用轴为 X 轴，将粒子对象移动至"字母标题"对象的右侧，如图 10-331 所示，设置完成后，关闭"自动关键点"按钮。

（10）打开"轨道视图 - 摄影表"对话框，在对话框左侧选择 SuperSpray001 下的"变换"，将其右侧第 0 帧处的关键帧拖曳至第 80 帧处，如图 10-332 所示。

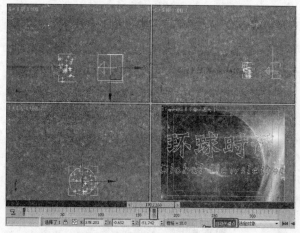

图 10-331　添加自动关键点

图 10-332　移动关键帧的位置

（11）调整完成后，将该对话框关闭，选择"创建" →"图形" →"螺旋线"工具，在左视图中创建一条螺旋线，如图 10-333 所示。

（12）确认该对象处于选中状态，切换至"修改"命令面板中，将其命名为"路径"，在"渲染"卷展栏中，取消勾选"在渲染中启用"和"在视口中启用"复选框，在"参数"卷展栏中，将"半径 1"、"半径 2"、"高度"、"圈数"、"偏移"分别设置为60、50、492、5、-0.04，并在视图中调整其位置，如图 10-334 所示。

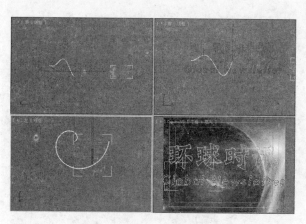

图 10-333　创建螺旋线

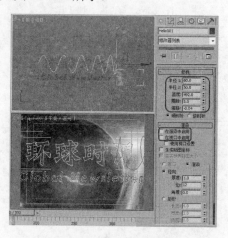

图 10-334　设置螺旋线参数

（13）选择"创建" →"几何体" →"粒子系统"→"超级喷射"工具，在顶视图中创建粒子系统，在"基本参数"卷展栏中，将"粒子分布"选项组中的"轴偏离"和"扩散"都设置为 180，将"平面偏离"下的"扩散"设置为 180；将"图标大小"设置为 3.9，在"视口显示"选项组中单击"网格"单选按钮，如图 10-335 所示。

（14）在"粒子生成"卷展栏中，单击"使用速率"单选按钮，并将其参数设置为 20，将"粒子运动"选项组中的"速度"和"变化"分别设置为 0.46 和 30，将"粒子计时"选项组中的"发射开始"、"发射停止"、"显示时限"、"寿命"和"变化"分别设置为 150、250、260、54 和 50；将"粒子大小"选项组中的"大小"、"变化"、"增长耗时"和"衰减耗时"分别设置为 6.976、26.58、8 和 50，如图 10-336 所示。

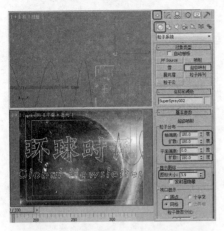

图 10-335　设置粒子系统的基本参数

图 10-336　设置粒子生成参数

(15) 在"粒子类型"卷展栏中，选择"标准粒子"选项组中的"面"单选按钮，在"材质贴图和来源"选项组中，将"时间"下的参数设置为 45，如图 10-337 所示。

(16) 在"对象运动继承"卷展栏中，将"倍增"设置为 0，在"旋转和碰撞"卷展栏中，将"自旋速度控制"选项组中的"自旋时间"、"变化"、"相位"分别设置为 0、0、180，如图 10-338 所示。

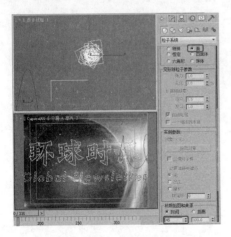

图 10-337　设置粒子类型

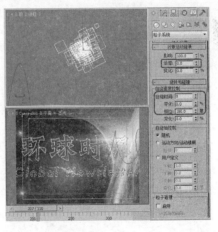

图 10-338　设置对象运动继承、旋转和碰撞参数

(17) 设置完成后，切换到"运动"命令面板，在"指定控制器"卷展栏中，选择"变换"下的"位置:位置 XYZ"选项，然后单击"指定控制器" 按钮，在打开的"指定位置控制器"对话框中选择"路径约束"选项，如图 10-339 所示，单击"确定"按钮。

(18) 在"路径参数"卷展栏中，单击"添加路径"按钮，在视图中选择"路径"对象，在"路径选项"选项组中勾选"跟随"复选框，在"轴"选项组中，选择 Z 并勾选"翻转"复选框，如图 10-340 所示。

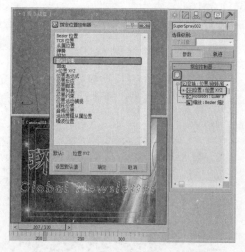

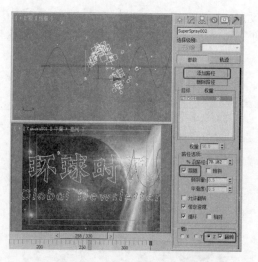

图 10-339　选择"路径约束"选项　　　　图 10-340　添加路径并设置其参数

(19) 确认该对象处于选中状态，打开"轨迹视图 - 摄影表"对话框，在该对话框中，选择左侧列表框中的 SuperSpray002，然后将其左侧第 0 帧处的关键帧拖曳至第 150 帧处，如图 10-341 所示。

(20) 然后将 SuperSpray002 右侧第 330 帧处的关键帧拖曳至第 239 帧处，如图 10-342 所示。

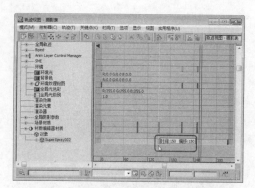

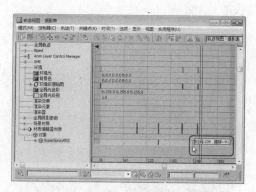

图 10-341　将第 0 帧处的关键帧拖曳至　　　图 10-342　将第 330 帧处的关键帧拖曳至
第 150 帧处　　　　　　　　　　　　　　第 239 帧处

(21) 调整完成后，将该对话框关闭，按 M 键打开"材质编辑器"对话框，将其命名为"粒子 02"，在"明暗器基本参数"卷展栏中，勾选"面贴图"复选框，将"Blinn 基本参数"卷展栏中的"环境光"的 RGB 值设置为 189、138、2，如图 10-343 所示。

(22) 在"贴图"卷展栏中，单击"不透明度"通道后面的 None 按钮，在打开的"材质/贴图浏览器"对话框中，双击"渐变"贴图。在"渐变参数"卷展栏中，将"颜色 2 位置"设置为 0.3，将"渐变"类型定义为"径向"，将"噪波"选项组中的"数量"设置为 1，将"大小"设置为 4.4，选择"分形"单选按钮，在工具列表中，将"采样类型"定义为□，如图 10-344 所示，设置完成后，将该材质指定给选定对象即可。

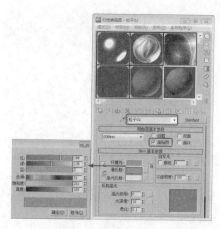

图 10-343　设置环境光颜色

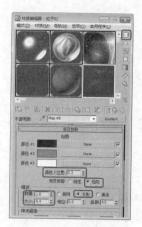

图 10-344　设置渐变参数

10.3.7　创建点

在本案例中，将主要介绍如何使用"点"工具创建点，并为其添加动画效果。

(1) 选择"创建" ![]→"辅助对象" ![]→"点"工具，在前视图中单击鼠标，创建点对象，如图 10-345 所示。

(2) 确定点对象处于选中状态，选择工具栏中的"选择并链接" ![]工具，然后在"点"对象上按下鼠标左键，移动鼠标至"粒子"对象，当光标顶部变色为白色时，按下鼠标左键确定，如图 10-346 所示。

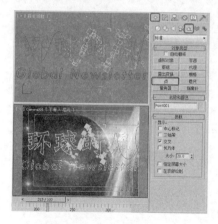

图 10-345　创建点对象

图 10-346　链接对象

(3) 选择工具栏中的"对齐"工具 ![]，在场景中选择"粒子"对象，在弹出的对话框中勾选"X 位置"、"Y 位置"和"Z 位置"复选框，然后选择"当前对象"和"目标对象"选项组中的"中心"单选按钮，如图 10-347 所示，设置完成后单击"确定"按钮，将视图中的"点"对象与"粒子"对象对齐。

(4) 选择"创建" ![]→"辅助对象" ![]→"点"工具，在前视图中"环球时讯"的右上角单击鼠标，创建点对象，如图 10-348 所示。

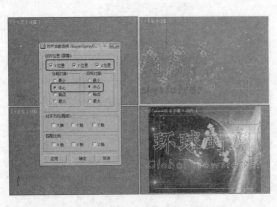

图 10-347　对齐设置对话框

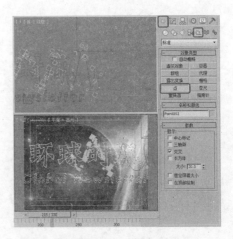

图 10-348　创建点对象

（5）　确定新创建的"点"对象处于选中状态，将时间滑块拖曳至第 310 帧处，单击"自动关键点"按钮，选择工具栏中的"选择并移动"工具，在视图中对其进行调整，如图 10-349 所示。设置完成后，关闭"自动关键点"按钮。

（6）　打开"轨迹视图 - 摄影表"对话框，在对话框左侧选择 Point002 下的"变换"，将第 0 帧处的关键帧拖曳至第 261 帧位置处，如图 10-350 所示，调整完成后，将该对话框关闭即可。

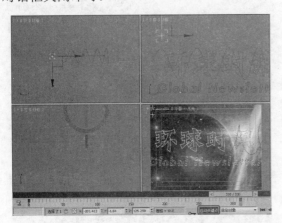

图 10-349　在第 310 帧添加关键帧

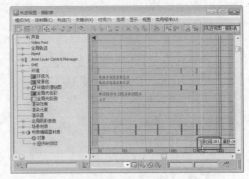

图 10-350　移动关键帧的位置

10.3.8　设置特效

至此，节目片头就基本制作完成了。下面将介绍如何为前面所创建的对象添加特效，其中主要包括添加"镜头效果光晕"、"镜头效果光斑"等。

（1）　在菜单栏中选择"渲染"→"Video Post"命令，如图 10-351 所示，打开"视频后期处理"对话框。

（2）　在该对话框中单击"添加场景事件"按钮，在弹出的"添加场景事件"对话框中使用默认的参数，如图 10-352 所示，单击"确定"按钮，添加场景事件。

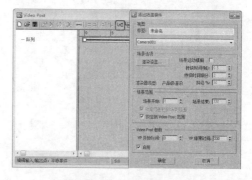

图 10-351　选择"视频后期处理"命令

图 10-352　添加场景事件

（3）单击工具栏中的"添加图像过滤事件"按钮 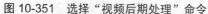，在弹出的对话框中，选择"镜头效果光晕"选项，将"标签"命名为"线"，如图 10-353 所示，设置完成后，单击"确定"按钮，添加光晕特效滤镜。

（4）双击"线"选项，在弹出的对话框中，单击"设置"按钮，打开"镜头效果光晕"对话框，单击"VP 队列"和"预览"按钮，选择"首选项"选项卡，在"效果"选项组中，将"大小"设置为 6，选择"颜色"选项组中的"渐变"单选按钮，如图 10-354 所示。

图 10-353　添加图像过滤事件

图 10-354　设置镜头效果光晕参数

（5）选择"噪波"选项卡，将"设置"选项组中的"运动"值设置为 1，然后勾选"红"、"绿"和"蓝"这 3 个复选框；在"参数"选项组中，将"大小"设置为 6，如图 10-355 所示。

（6）设置完成后，单击"确定"按钮，单击工具栏中的"添加图像过滤事件"按钮 ，在弹出的对话框中，将"标签"命名为"点 01"，选择"镜头效果光斑"选项，如图 10-356 所示，设置完成后，单击"确定"按钮，即添加了光斑特效滤镜。

图 10-355　设置噪波参数

图 10-356　添加"镜头效果光斑"过滤事件

（7）在序列区域中双击"点 01"，在打开的"编辑过滤事件"对话框中单击"设置"按钮，打开"镜头效果光斑"面板，单击"VP 队列"和"预览"按钮，在"镜头光斑属性"选项组中，将"大小"设置为 100，然后单击"节点源"按钮，在打开的对话框中选择 Point001，如图 10-357 所示，单击"确定"按钮。

（8）在"首选项"选项卡中取消勾选不需要的效果，勾选要应用的效果，如图 10-358 所示。

图 10-357　选择节点源

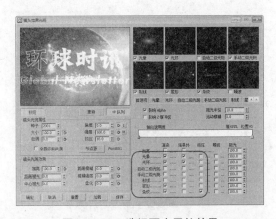

图 10-358　选择要应用的效果

（9）在"光晕"选项卡中，将"大小"设置为 20，将"径向颜色"左侧色标的 RGB 值设置为 225、255、162；将第 2 个色标调整至"位置"为 19 的位置处，并将 RGB 值设置为 174、172、155；在 36 的位置处添加色标，并将 RGB 值设置为 5、3、155；在 55 的位置处添加一个色标，并将 RGB 值设置为 132、1、68；将色标最右侧的 RGB 值设置为 0、0、0，如图 10-359 所示。

(10) 选择"光环"选项卡,将"大小"设置为 5,将"径向颜色"左侧色标的 RGB 值设置为 218、179、12,将右侧色标的 RGB 值设置为 255、244、18,将"径向透明度"的第 2 个色标调整至 45 的位置处,将第 3 个色标调整至 55 的位置处,然后在位置为 50 处添加色标,并将其 RGB 值设置为 255、255、255,如图 10-360 所示。

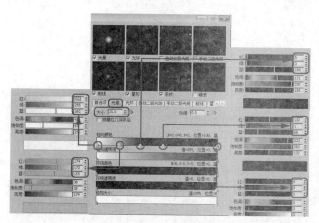

图 10-359　设置径向颜色

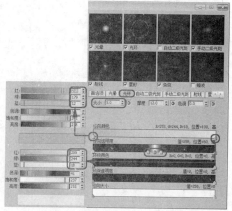

图 10-360　"光环"选项卡

(11) 选择"射线"选项卡,将"大小"设置为 250,如图 10-361 所示。

(12) 选择"星形"选项卡,将"大小"、"角度"、"数量"、"色调"、"锐化"和"锥化"分别设置为 50、0、4、100、8 和 0,在"径向颜色"区域中位置为 30 处添加一个色标,并将其 RGB 值设置为 235、230、245;将最右侧色标的 RGB 值设置为 180、0、160,如图 10-362 所示。

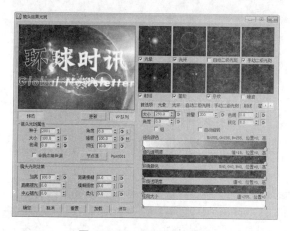

图 10-361　设置射线大小

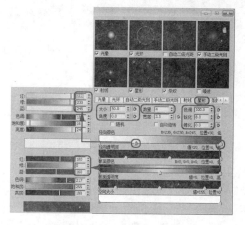

图 10-362　设置星形参数

(13) 选择"条纹"选项卡,将"大小"设置为 25,如图 10-363 所示,设置完成后,单击"确定"按钮,返回到"视频后期处理"对话框。

(14) 单击工具栏中的"添加图像过滤事件"按钮,然后在弹出的对话框中,将"标签"命名为"点 02",选择"镜头效果光斑"选项,将"VP 开始时间"设置为 261,如图 10-364 所示,设置完成后,单击"确定"按钮,即添加了光斑特效滤镜。

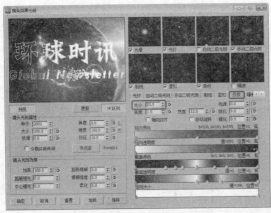

图 10-363　设置条纹大小

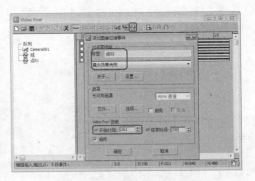

图 10-364　添加图像过滤事件

(15) 双击"点 02"，在打开的"编辑过滤器事件"对话框中单击"设置"按钮，在打开的"镜头效果光斑"对话框中，单击"VP 队列"和"预览"按钮，在"镜头光斑属性"选项组中，将"大小"设置为 50，单击"节点源"按钮，在打开的对话框中，选择 Point002，如图 10-365 所示，单击"确定"按钮。

(16) 选择"首选项"选项卡，在其中勾选要应用的效果选项，如图 10-366 所示。

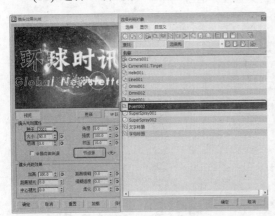

图 10-365　选择节点源

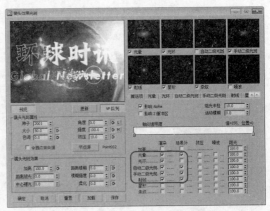

图 10-366　选择要应用的效果

(17) 选择"光晕"选项卡，将"大小"设置为 95，将"径向颜色"左侧色标的 RGB 值设置为 149、154、255；将第 2 个色标调整至 30 的位置处，将 RGB 值设置为 202、142、102；在 54 位置处添加一个色标，并将其 RGB 值设置为 192、120、72；在 73 位置处添加一个色标，并将其 RGB 值设置为 180、98、32；将最右侧色标的 RGB 值设置为 174、15、15，将"径向透明度"左侧色标的 RGB 值设置为 215、215、215；在 7 位置处添加一个色标，并将其 RGB 值设置为 145、145、145，如图 10-367 所示。

(18) 选择"光环"选项卡，将"大小"设置为 20，在"径向颜色"区域中的 50 位置处添加一个色标，并将 RGB 值设置为 255、124、18，在"径向透明度"区域中 50 位置处添加一个色标，并将 RGB 值设置为 168、168、168，将左侧的第二个色标调整至 35 位置处，将右侧的倒数第二个色标调整至第 65 帧处，如图 10-368 所示。

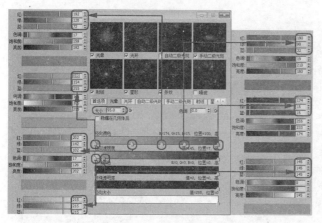

图 10-367 设置光晕参数

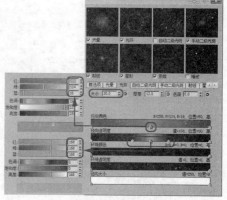

图 10-368 设置光环参数

(19) 选择"自动二级光斑"选项卡，将"最小"、"最大"和"数量"分别设置为2、5 和 50，将"轴"设置为 0，并勾选"启用"复选框，然后将时间滑块拖曳至第 310 帧处，单击"自动关键点"按钮，并将"轴"设置为 5，如图 10-369 所示。

(20) 关闭自动关键帧记录模式，打开"轨迹视图 - 摄影表"对话框，选择 Video Post下的"点 02"，将其右侧第 0 帧处的关键帧拖曳至第 261 帧处，如图 10-370 所示，调整完成后，关闭该对话框。

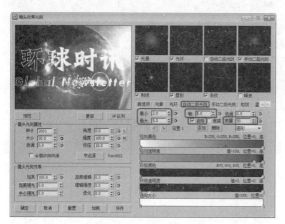

图 10-369 设置自动二级光斑

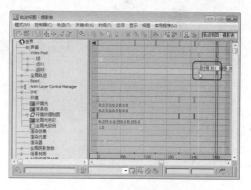

图 10-370 调整关键帧的位置

(21) 选择"手动二级光斑"选项卡，将"大小"和"平面"分别设置为 95 和 430，取消"启用"复选框的勾选，在"径向颜色"区域中，将左侧色标的 RGB 值设置为 9、0、191；在第 89 帧位置处添加色标，并将其 RGB 值设置为 11、2、190；在第 92 帧位置处添加色标，并将其 RGB 参数设置为 0、162、54；在第 95 帧位置处添加色标，并将其 RGB值设置为 14、138、48；在第 96 帧位置处添加色标，并将其 RGB 值设置为 126、0、0，将位置为 3、50 处的色标删除，如图 10-371 所示。

(22) 选择"射线"选项卡，将"大小"、"数量"和"锐化"分别设置为 125、175和 10，在"径向颜色"区域中，将最右侧色标的 RGB 值设置为 95、80、10，如图 10-372

所示。

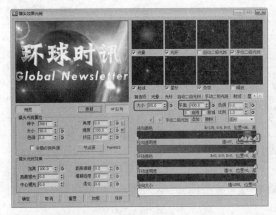

图 10-371　设置手动二级光斑

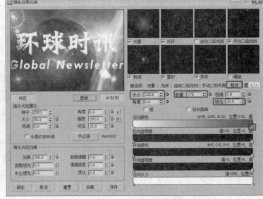

图 10-372　设置射线参数

提示： 二级光斑可以成组设计，即面板中的参数只独立作用于一组二级光斑，这样，我们可以设计几组形态、大小、颜色不同的二级光斑，将它们组合成更真实的光斑效果。

(23) 设置完成后，单击"确定"按钮，返回到"视频后期处理"对话框中，添加一个输出事件，在 Video Post 对话框中，单击"执行序列"按钮，在弹出的"执行视频后期处理"对话框中，将"范围"定义为 0 至 330，将"宽度"和"高度"分别定义为 640 和480，单击"渲染"按钮，即可对动画进行渲染。

10.4　本章小结

本章主要根据前面所介绍的知识来制作三维文字、客餐厅、节目片头等对象。

通过对这些案例的学习，读者可以对前面所学的文字创建、材质、灯光、多边形建模、粒子系统等知识进行巩固，从而进一步提升自身的制作水平。

附录一 快捷键及功能

快 捷 键	功 能
F1	帮助
F2	加亮所选物体的面(开关)
F3	线框显示(开关)/光滑加亮
F4	在透视图中的线框显示(开关)
F5	约束到 X 轴
F6	约束到 Y 轴
F7	约束到 Z 轴
F8	约束到 XY/YZ/ZX 平面(切换)
F9	用前一次的配置进行渲染(渲染先前渲染过的那个视图)
F10	打开渲染菜单
F11	打开脚本编辑器
F12	打开移动/旋转/缩放等精确数据输入对话框
`	刷新所有视图
1	进入物体层级 1 层
2	进入物体层级 2 层
3	进入物体层级 3 层
4	进入物体层级 4 层
Shift+4	进入有指向性灯光视图
5	进入物体层级 5 层
Alt+6	显示/隐藏主工具栏
7	计算选择的多边形的面数(开关)
8	打开环境效果编辑框
9	打开高级灯光效果编辑框
0	打开渲染纹理对话框
Alt+0	锁住用户定义的工具栏界面
-(主键盘)	减小坐标显示
+(主键盘)	增大坐标显示
[	以鼠标点为中心放大视图
]	以鼠标点为中心缩小视图
'	打开自定义(动画)关键帧模式
\	声音(开关)
,	下一时间单位

快 捷 键	功 能
.	前一时间单位
/	播放/停止动画
SPACE	锁定/解锁选择的
INSERT	切换次物体集的层级(同 1、2、3、4、5 键)
HOME	跳到时间线的第一帧
END	跳到时间线的最后一帧
PAGEUP	选择当前子物体的父物体
PAGEDOWN	选择当前父物体的子物体
Ctrl+PAGEDOWN	选择当前父物体以下所有的子物体
A	旋转角度捕捉开关(默认为 5 度)
Ctrl+A	选择所有物体
Alt+A	使用对齐工具
B	切换到底视图
Ctrl+B	子物体选择(开关)
Alt+B	视图背景选项
Alt+Ctrl+B	背景图片锁定(开关)
Shift+Alt+Ctrl+B	更新背景图片
C	切换到摄像机视图
Shift+C	显示/隐藏摄像机物体
Shift+F	显示/隐藏安全框
Ctrl+C	使摄像机视图对齐到透视图
Alt+C	在 Poly 物体的 Polygon 层级中进行面剪切
D	冻结当前视图(不刷新视图)
Ctrl+D	取消所有的选择
E	旋转模式
Ctrl+E	切换缩放模式(切换等比、不等比、等体积), 同 R 键
Alt+E	挤压 Poly 物体的面
F	切换到前视图
Ctrl+F	显示渲染安全方框
Alt+F	切换选择的模式(矩形、圆形、多边形、自定义。同 Q 键)
Ctrl+Alt+F	调入缓存中所存的场景
G	隐藏当前视图的辅助网格
Shift+G	显示/隐藏所有几何体(非辅助体)
H	显示选择物体列表菜单
Shift+H	显示/隐藏辅助物体

快 捷 键	功 能
Ctrl+H	使用灯光对齐工具
Ctrl+Alt+H	把当前场景存入缓存中(Hold)
I	平移视图到鼠标中心点
Shift+I	间隔放置物体
Ctrl+I	反向选择
J	显示/隐藏所选物体的虚拟框(在透视图、摄像机视图中)
K	切换到背视图
L	切换到左视图
Shift+L	显示/隐藏所有灯光
Ctrl+L	在当前视图使用默认灯光(开关)
M	打开材质编辑器
Ctrl+M	光滑 Poly 物体
N	打开自动(动画)关键帧模式
Ctrl+N	新建文件
Alt+N	使用法线对齐工具
O	降级显示(移动时使用线框方式)
Ctrl+O	打开文件
P	切换到透视用户视图
Shift+P	隐藏/显示粒子物体
Ctrl+P	平移当前视图
Alt+P	在 Border 层级下使选择的 Poly 物体封顶
Shift+Ctrl+P	百分比捕捉(开关)
Q	选择模式(切换矩形、圆形、多边形、自定义)
Shift+Q	快速渲染
Alt+Q	隔离选择的物体
R	缩放模式(切换等比、不等比、等体积)
Ctrl+R	旋转当前视图
S	捕捉网格(方式需自定义)
Shift+S	隐藏线段
Ctrl+S	保存文件
Alt+S	捕捉周期
T	切换到顶视图
U	改变到等角用户视图
Ctrl+V	原地克隆所选择的物体
W	移动模式

快 捷 键	功 能
Shift+W	隐藏/显示空间扭曲物体
Ctrl+W	根据框选进行放大
Alt+W	最大化当前视图(开关)
X	显示/隐藏物体的坐标(Gizmo)
Ctrl+X	专业模式(最大化视图)
Alt+X	半透明显示所选择的物体
Y	显示/隐藏工具条
Shift+Y	重做对当前视图的操作(平移、缩放、旋转)
Ctrl+Y	重做场景(物体)的操作
Z	放大各个视图中选择的物体
Shift+Z	还原对当前视图的操作(平移、缩放、旋转)
Ctrl+Z	还原对场景(物体)的操作
Alt+Z	对视图的拖放模式(放大镜)
Shift+Ctrl+Z	放大各个视图中所有的物体(各视图最大化显示所有物体)
Alt+Ctrl+Z	放大当前视图中所有的物体(最大化显示所有物体)
中键	移动
Shift+移动	复制

附录二　习题参考答案

第1章

1. 使用"保存"和"另存为"命令的区别是什么？

答：选择"保存"命令，可以将当前场景快速保存，覆盖旧的同名文件，这种保存方法没有提示。

而使用"另存为"命令进行场景文件的存储时，可以以一个新的文件名称来存储当前场景，以便不改动旧的场景文件。

2. 命令面板的作用是什么？

答：通过命令面板，可以做创建对象、修改对象、控制对象各种属性的一系列工作。

3. 如何在功能栏中添加新的工具按钮？

答：在工具栏上单击鼠标右键，执行"自定义"命令，进入到"工具栏"选项卡，将列表中的命令拖曳到工具栏上。

第2章

1. 3ds Max 2012 中提供了哪几种创建基本二维形体的绘图工具？

答：提供了线、矩形、圆形、椭圆形、弧、圆环、多边形、星形、文字、螺旋线和截面共 11 种创建基本二维形体的绘图工具。

2. 将图形转换为可编辑样条线有几种方法？

答：两种。第一种方法，是在编辑修改器堆栈中单击鼠标右键，执行"转换为"→"转换为可编辑样条线"命令。第二种方法，是在编辑修改器列表中加入"编辑样条线"修改器。

3. 样条线的作用是什么？

答：直接将样条线转换为网格物体；为"挤出"、"车削"等修改器充当截面图形；为放样功能充当截面和路径；用于制作各种类型的路径动画。

第3章

1. 隐藏对象和冻结对象的区别是什么？
答：被隐藏的对象不会显示在视口中。

2. 变换中心的作用是什么？
答：确定对象在进行旋转和缩放操作时所围绕的轴心位置。

第4章

1. 3ds Max 2012 中的布尔运算包括哪几种？

答：3ds Max 2012 提供的布尔运算包括并集运算、交集运算、差集运算和切割运算。

2. 如何利用"放样"工具进行放样？

答：制作放样对象的一般方法如下。

(1) 画出一个二维样条曲线作为放样的路径。

(2) 画出一个或多个二维样条曲线作为放样对象的截面。

(3) 任意选取一个路径或者截面。

(4) 在"创建"命令面板的下拉列表中选择"复合物体"类别，单击"放样"按钮。

第 5 章

简述多边形建模的一般过程。

答：多边形建模的一般过程如下。

(1) 选择原始模型。

(2) 把模型转变为"可编辑网格"或者"编辑多边形"形式。

(3) 选择"可编辑网格"或者"编辑多边形"的次物体。

(4) 对次物体进行调整(分割、焊接或者挤压)和增加修改器。

(5) 完善多边形建模。

第 6 章

1. 如何创建 NURBS 曲面？

答：创建 NURBS 曲面有两种方法。一种方法是选择"创建"→"几何体"面板，在下拉列表中选择 NURBS 曲面几何体类型，然后在"物体类型"卷展栏中选择一种曲面类型，在视图中拖动鼠标，产生一个 NURBS 曲面。另一种方法是将其他几何体直接转化成 NURBS 模型。

2. 略。

3. 略。

第 7 章

1. 修改材质类型的方法有几种？

答：两种。第一种方法是单击水平工具栏上的"获取材质"按钮；第二种方法是单击材质名称按钮。

2. 贴图通道的作用是什么？

答：贴图通道可以在物体的不同区域产生凹凸、自发光、发射等效果。

3. 哪种材质类型用于创建卡通材质效果？哪种材质类型专门用作建筑方面的材质？

答：卡通材质类型用来创建卡通材质效果。建筑材质是 3ds Max 2012 专门表现建筑物的材质。

4. 简单叙述"UVW 贴图"编辑器和"UVW 展开"修改器的区别。

答：通常情况下，"UVW 贴图"修改器可以胜任大多数工作，但是，不能够对物体的具体位置指定贴图坐标。这样，当需要在物体表面详细地描述贴图位置时，"UVW 贴图"修改器的功能就远远不够了，而"UVW 展开"修改器可以胜任这一项工作，允许直接手动调节物体贴图坐标的位置。

5. 简述混合材质的创建方法。

答：略。

第 8 章

1. 3ds Max 灯光系统可以分为哪两种类型？

答：分为标准灯光和光度学灯光两种类型。

2. 哪种灯光可以用于模拟自然光？

答：略。

3. 如何表现阴影效果？

答：略。

4. 灯光的阴影类型包括哪几种类型？

答：略。

5. 标准灯光有哪几种类型？

答：略。

6. 简单叙述摄影机参数卷展栏中的镜头和视野。

答：略。

第 9 章

1. 动画的原理是什么？

答：略。

2. 链接约束如何使用？

答：略。

3. 什么是方向约束？

答：略。

参 考 文 献

[1] 郑艳，徐伟伟，李绍勇.3ds Max 2012 基础教程[M].北京：清华大学出版社，2012.

[2] 郑艳，徐慧，李少勇.3ds Max 2012 入门与提高[M].北京：北京希望电子出版社，2011.

[3] 黄梅，刘文红，李绍勇.3ds Max 2009 中文版入门与提高[M].北京：清华大学出版社，2009.

[4] 王强，牟艳霞.3ds Max 2014 动画制作案例课堂[M].北京：清华大学出版社，2015.